数控加工编程技术

第 2 版

主编　陈为国
参编　姚坤弟　陈　昊　杨红飞

机械工业出版社

本书立足数控加工实用技术，以理论知识做引导，以实际应用为目标，融基础知识、工艺知识、编程原理与方法等为一体，力求体现先进性与实用性，基础理论以必须、实用、够用为度，应用知识紧密结合生产实际，注重与其他相关知识的联系与区别。

全书共7章，主要内容包括绪论、数控加工工艺基础、数控加工编程基础、数控车床编程、数控铣床与加工中心编程、数控电火花线切割机床编程和数控加工自动编程等。主要章节配有大量的例题及分析，每章末均配有思考与练习，便于检验与扩充读者的学习范围。自动编程部分以Mastercam X6版软件为对象，在简介了编程原理与步骤的基础上，主要通过实例进行讲解。

本书可作为普通高等学校机械设计制造及其自动化、机械电子工程、机械工程自动化等机械类专业的教材，也可作为数控加工技术人员和数控加工编程爱好者与自学者的自学或培训教学用书，对从事数控加工技术应用的工程技术人员也有一定的参考价值。

图书在版编目（CIP）数据

数控加工编程技术/陈为国主编. —2版. —北京：机械工业出版社，2016.3（2024.1重印）
ISBN 978-7-111-52702-2

Ⅰ.①数… Ⅱ.①陈… Ⅲ.①数控机床—程序设计—高等学校—教材 Ⅳ.①TG659

中国版本图书馆 CIP 数据核字（2016）第 011876 号

机械工业出版社（北京市百万庄大街22号　邮政编码100037）
策划编辑：周国萍　责任编辑：周国萍　责任校对：杜雨霏
封面设计：路恩中　责任印制：单爱军
北京虎彩文化传播有限公司印刷
2024 年 1 月第 2 版第 11 次印刷
184mm×260mm · 17 印张 · 413 千字
标准书号：ISBN 978-7-111-52702-2
定价：48.00 元

凡购本书，如有缺页、倒页、脱页，由本社发行部调换
电话服务　　　　　　　　　　网络服务
服务咨询热线：010-88379833　机 工 官 网：www.cmpbook.com
读者购书热线：010-88379649　机 工 官 博：weibo.com/cmp1952
　　　　　　　　　　　　　　教育服务网：www.cmpedu.com
封底无防伪标均为盗版　　金 书 网：www.golden-book.com

第 2 版前言

本书经过 3 年多的教学应用，获得了广大授课教师与学生的良好评价，应用效果较好，许多教师与学生在使用本书的过程中提出了一些学习的体会与建议，促使编者有意进行第 2 版修订。

本书在保持原有结构体系的基础上，对原书的第 2~6 章进行了部分修订。

第 2 章，基于最新的国家标准，修订了部分内容，如基于 GB/T 24740—2009 修订了数控加工常用定位支承与夹紧符号以及常见装置符号、数控车削和铣削加工部分常见装夹方案示例与分析；基于 GB/T 25668—2010 和 GB/T 25669—2010 更新了 TSG 镗铣类整体式工具系统的型式组成和 TMG21 镗铣类模块式工具系统模块形式插图示例。为了读者更好地掌握与应用数控刀具知识，修订和加强了数控刀具、刀柄和常用装夹装置的内容。

第 3 章，修订了书中不足部分，进一步完善了教学内容，增加了子程序调用例题以及机床参考点相关指令 G27 与 G29。

第 4、5 章，总体内容变化不大，增加了切削进给移动速度方式控制指令以及部分例题，对有关程序增强了刀具轨迹插图内容，使其程序的可读性更强。对某些叙述不足部分增加了学习内容，如数控车削编程部分的刀尖圆弧半径补偿、简单固定循环指令的应用拓展、螺纹车削方式等；数控铣削编程部分基于三维铣削的特点，加强了三维刀具轨迹的表达，使得程序的阅读更加直观具体。增加了应用广泛的螺旋插补指令应用示例，强化了孔加工固定循环指令中程序段重复执行次数 K 的应用示例与讨论等。

第 6 章，根据 CAXA 线切割软件的发展实际，基于 CAXA 线切割 2013r1 版软件，对原章节 6.4 数控电火花线切割机床的自动编程的内容进行了修订，克服了原 XP 版对新操作系统的兼容性问题，使其更好地适应当前主流的操作系统环境。

关于未修订的第 1 章和第 7 章，编者的思路是，第 1 章绪论的教学本身就与教师的知识结构与发展现状关系密切，有较大的发挥空间，因此教材内容仅起到教学思路的目的。而第 7 章的内容，现有 Mastercam X6 版本的内容基本紧跟该软件的发展，虽然已推出了 X8 甚至 X9 版，但其对计算机配置要求更高，从实际应用角度看，X6 版本能够较好地适应版本更新与计算机配置环境的需要。

此次修订，虽然编者认真努力，但限于水平，书中仍然不可避免地存在错误和不足之处，敬请读者和同仁提出宝贵意见。

编　者

2016 年 1 月

第1版前言

随着现代制造业的不断发展以及数控机床与数控加工技术的不断普及，现代企业对掌握数控技术、数控编程和数控机床操作的技术人才需求越来越大，了解和掌握数控技术相关知识与技能，是企业对工程技术人员的基本要求。为适应这种人才需求的变化和要求，高等学校工科机械类学生的培养体系也应有所创新与发展，可喜的是，近年来，大部分高校机械类专业均开设了这类课程。

本书参考国内外数控机床的发展，参照国内兄弟院校数控加工编程教学的经验，数控车削与数控铣削部分选择以 FANUC 0i 系列数控系统的编程指令集为主，线切割部分定位于国内应用广泛的 3B 格式基础性指令，自动编程部分选择了在中小型企业应用较广泛的 Mastercam 软件进行编写，满足了通用性和知识基础性的需要。

全书共 7 章。第 1 章主要介绍数控机床、数控技术、数控编程方面的概念、组成、原理、分类与发展趋势。第 2 章介绍数控加工工艺基础知识，包括工艺分析，常见装夹方案及其描述，常用刀具及其切削用量的选用原则。第 3 章介绍数控加工编程基础，将数控车削和数控铣削编程中基础和共性问题集中讨论。第 4 章介绍数控车床编程知识，包括数控车床编程特点、数控车床的位置偏置与刀尖圆弧半径补偿知识、车削固定循环指令及其应用等。第 5 章介绍数控铣床与加工中心编程知识，在介绍铣削编程基本知识的基础上，着重介绍了刀具半径补偿和长度补偿的原理、方法与应用，孔加工固定循环指令及其应用，加工中心程序结构的特点、分析及编程。第 6 章介绍数控线切割 3B 格式指令及其编程，并借助 CAXA 线切割编程软件介绍线切割编程的应用问题。第 7 章以 Mastercam X6 编程软件为载体，在简单介绍自动编程原理和方法的基础上，通过实例教学介绍数控车削与数控铣削自动编程方法，力争为学习自动编程技术奠定基础。

本书可作为普通高等学校机械设计制造及其自动化、机械工程自动化、机械电子工程、模具设计与制造、数控技术等机械类专业的教材，也可作为数控技术爱好者和工程技术人员的自学和培训教材，对从事数控技术应用研究的科技工作者也有一定的参考价值。

全书由南昌航空大学陈为国教授担任主编并负责全书的统稿工作，参加编写的人员有姚坤弟、陈昊、杨红飞。本书为南昌航空大学教材建设基金资助项目。

本书在编写过程中参阅了同行专家学者及兄弟院校的教材、资料和文献，在此谨致谢意。由于编者的水平所限，书中难免存在错误与不足之处，敬请读者和同仁提出宝贵意见，以便进一步修改与完善。编者联系方式：wgchen0113@ sina. com。读者可通过 QQ：296447532 获得免费电子教案。

编 者

2012 年 7 月

目　录

第 1 章 绪 论

1.1 数控机床概述

数控机床（Numerical Control Machine Tools）是指采用数字控制技术对机床加工过程进行自动控制的一类机床。国际信息处理联盟第五次技术委员会对数控机床做的定义是：数控机床是一个装有程序控制系统的机床，该系统能够逻辑地处理具有使用代码或其他编码指令规定的程序。它是集现代机械制造技术、自动控制技术及计算机信息技术于一体，采用数控装置或计算机来部分或全部地取代一般通用机床在加工零件时的各种动作（如启动、加工顺序、改变切削用量、主轴变速、选择刀具、切削液开停以及停车等）的人工控制，是高效率、高精度、高柔性和高自动化的光、机、电一体化的数控设备。

1.1.1 数控技术的概念与发展

1. 数控技术的概念

数控技术，简称数控（NC，Numerical Control），是以数字控制的方法对某一工作过程实现自动控制的技术。它所控制的参数通常是位置、角度、速度等机械量和与机械能量流向有关的开关量。数控技术产生的初期，由于受技术的限制，其数控系统不得不采用数字逻辑电路"搭"接数控机床的控制系统，这种数控系统被称为硬件连接的数控系统，也就是简称为 NC 的数控系统。NC 的数控系统可细分为电子管、晶体管和小规模集成电路三个阶段。

随着时代的发展，20 世纪 70 年代以后，计算机技术和微处理器的发展和普及，为现代计算机数控技术的出现和发展奠定了基础。由于小型计算机技术和微处理器的功能强大，控制能力极强，人们考虑用计算机软件程序控制部分或全部替代 NC 时代的硬件逻辑电路，基于这种思想和技术的数控技术就称为计算机数控技术（CNC，Computer Numerical Control）。CNC 数控系统的初期，使用计算机软件程序控制部分地取代 NC 时代的硬件逻辑电路。随着微处理器功能的不断强大，开始出现了专用的 CNC 数控系统，这种数控系统是以功能强大的微处理器（Microprocessor），也称为中央处理单元（CPU）为基础构建的专用数控系统，其实质是一台专用的小型计算机。目前这种结构的数控系统应用广泛。近年来，CNC 系统朝着基于 PC 方向发展，这种数控系统具有开放性、低成本、高可靠性、软硬件资源丰富等特点，是未来数控系统的发展趋势。

2. 数控技术的发展

数控技术自其产生至今，大致经历两个阶段 6 个时代的发展。

第一阶段：硬件数控（NC）阶段。在这个阶段，受技术发展的限制，数控系统的数字逻辑控制主要是靠硬件连接而成，即常说的硬件连线系统（Hard-Wired NC），简称为数控（NC）。随着电子元器件的发展，这个阶段大约历经了 3 个时代发展，即 1952 年的第一代——电子管；1959 年的第二代——晶体管；1965 年的第三代——小规模集成电路。第 1

阶段硬件连线的硬逻辑数控系统目前基本淘汰。

第二阶段：计算机数控（CNC）阶段。随着计算机技术的发展及其向数控领域的渗透，在 20 世纪 60 年代末，先后出现了由一台计算机直接控制多台机床的直接数控系统（简称 DNC），又称群控系统；以及采用计算机软件程序代替硬件连线逻辑电路的计算机数控系统（简称 CNC）。这个阶段的发展目前认为大致经历了 3 个时代的发展，即 1970 年开始的小型计算机为特征的第四代；1974 年开始的以微处理器为核心的第五代；1990 年开始的基于 PC（PC—Based）的第六代。

以上 6 代数控机床的发展具体表述是：

1952 年，采用电子管元件连线构成数控系统逻辑元件。

1959 年，采用了晶体管元件和印制电路板，出现带自动换刀装置的数控机床，称为加工中心（MC，Machining Center），使数控装置进入了第二代。

1965 年，出现了第三代的集成电路数控装置，不仅体积小，功率消耗少，且可靠性提高，价格进一步下降，促进了数控机床品种和产量的发展。

20 世纪 60 年代末，先后出现了由一台计算机直接控制多台机床的直接数控系统（简称 DNC），又称群控系统；采用小型计算机控制的计算机数控系统（简称 CNC），使数控装置进入了以小型计算机化为特征的第四代。

1974 年，研制成功使用微处理器和半导体存储器的微型计算机数控装置（简称 MNC），这是第五代数控系统。

20 世纪 80 年代初，随着计算机软、硬件技术的发展，出现了能进行人机对话式自动编制程序的数控装置；数控装置愈趋小型化，可以直接安装在机床上；数控机床的自动化程度进一步提高，具有自动监控刀具破损和自动检测工件等功能。

20 世纪 90 年代后期，出现了 PC + CNC（国外称为 PC-Based）智能数控系统，即以 PC 为控制系统的硬件部分，在 PC 上安装 NC 软件系统，此种方式系统维护方便，易于实现网络化制造。

注意，虽然国外早已改称为计算机数控（CNC），而我国仍习惯称数控（NC）。所以若粗略地理解，NC 和 CNC 的含义基本相同。

1.1.2　数控机床的产生与发展

采用数字技术进行机械加工，可追溯到 20 世纪 40 年代，由美国北密支安的一个小型飞机工业承包商帕森斯公司（Parsons Corporation）实现的。他们在制造飞机的框架及直升机的旋翼时，利用全数字电子计算机对机翼加工路径进行数据处理，并考虑到刀具直径对加工路线的影响，使得加工精度达到 ±0.0381mm（±0.0015in），是当时的最高水平。1949 年，该公司与美国麻省理工学院（MIT）开始共同研究，并于 1952 年试制成功第一台三坐标数控铣床，这是目前公认的数控机床产生的标志。这台机床是一台试验性机床，到 1954 年 11 月，在帕森斯专利的基础上，第一台工业用的数控机床由美国本迪克斯公司（Bendix-Cooperation）正式生产出来。

从 1960 年开始，其他一些工业国家，如德国、日本都陆续开发、生产及使用了数控机床。最早出现并使用的数控机床是数控铣床，因为它能够解决普通机床难于胜任的、需要进行轮廓加工的曲线或曲面零件。早期的数控系统由于采用的是电子管，体积庞大，功耗高，因此除了在军事部门使用外，在其他行业没有得到推广使用。

1960 年以后，点位控制的数控机床得到了迅速的发展。因为点位控制的数控系统比起轮廓控制的数控系统要简单得多，因此数控铣床、冲床、坐标镗床大量发展。据统计资料表明，到 1966 年实际使用的约 6000 台数控机床中，85% 是点位控制的机床。

加工中心是数控机床中的亮点之一，它具有自动换刀装置，能实现工件一次装夹多工序的加工。它最初是在 1959 年 3 月，由美国卡耐 & 特雷克公司（Keaney&TreckerCorp.）开发出来的。这种机床在刀库中装有丝锥、钻头、铰刀、铣刀等刀具，根据穿孔纸带的指令自动选择刀具，并通过机械手将刀具装在主轴上对工件进行加工。它可缩短机床上零件的装卸时间和更换刀具的时间。如今，加工中心已经成为数控机床中一种非常重要的品种，不仅有立式、卧式等用于箱体零件加工的镗、铣类加工中心，还有用于回转整体零件加工的车削中心、磨削中心等。

早期的数控系统是硬件连线的数控系统，其对应的机床称为 NC 机床。20 世纪 70 年代数控系统进入了 CNC 时代，这之后的数控机床可以称为 CNC 机床。

1967 年，英国首先把几台数控机床连接成具有柔性的加工系统，这就是所谓的柔性制造系统（FMS，Flexible Manufacturing Systems）。之后，美国、欧洲、日本等也相继进行开发及应用。

20 世纪 80 年代，国际上出现了以 1 ~ 4 台加工中心或车削中心为主体，再配上工件自动装卸和监控检验装置的柔性制造单元（FMC，Flexible Manufacturing Cell）。这种单元投资少，见效快，既可以单独长时间无人看管运行，也可以集成到 FMS 或更高级的集成制造系统中使用。

20 世纪 90 年代，出现了包括市场预测、生产决策、产品设计与制造和销售全过程均由计算机集成管理和控制的计算机集成制造系统（CIMS，Computer Integrated Manufacturing System），它是在信息技术、自动化技术与制造技术的基础上，通过计算机技术把分散在产品设计与制造过程中各种孤立的自动化子系统有机地集成起来，形成适用于多品种、小批量生产，实现整体效益的集成化和智能化制造系统。

综上所述可见，数控机床已成为现代制造生产系统中重要的组成部分之一，也是实现计算机辅助设计（CAD，Computer Aided Design）、计算机辅助制造（CAM，Computer Aided Manufacturing）等现代制造技术的基础。

1.2　数控加工技术

1.2.1　数控机床的工作过程

数控机床的工作过程如图 1-1 所示，首先数控系统读入数控加工程序，并对其进行译码等处理，然后分别驱动主轴旋转、进给轴协调移动以及切削液的开关等动作，对零件进行预定的加工。

数控机床的工作过程具体表述如下：

（1）加工程序输入　将零件加工程序以及补偿数据等通过键盘、存储卡、通信传输和在线加工等方式输入机床的数控系统中。

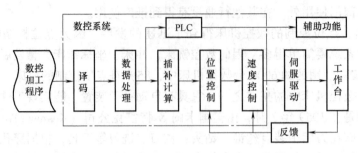

图 1-1　数控机床的工作过程

（2）译码　数控系统通过译码程序来识别输入的内容，将加工程序翻译成计算机内部能够识别的信息。

（3）数据处理　数据处理就是处理译码信息。数控系统的数据处理部分一般设置有若干缓冲区，每读入一个程序段，并对其进行译码处理，将译码处理的数据存入一个缓冲区，同时继续读入下一个程序段，以此类推。译码数据处理包括刀具补偿处理、速度预处理、控制机床顺序逻辑动作的开关量信号等。

（4）PLC 控制　接收数据处理后控制机床顺序逻辑动作开关量信号部分信息，并用于控制各种辅助控制功能（M 功能）、主轴速度控制（S 功能）、选刀功能（T 功能，主要用于加工中心和数控车床）等。

（5）插补计算　接收数据处理后控制机床切削运动的信息，并进行插补处理。插补处理就是依据插补原理，在给定的走刀轨迹类型（如直线、圆弧）及其特征参数，如直线的起点和终点，圆弧的起点、终点及半径，在起点和终点之间进行数据点的密化处理，并给相应坐标轴的伺服系统进行脉冲分配。密化处理的实质就是采用一小段直线或圆弧去对实际的轮廓曲线进行拟合，以满足加工精度的要求。

（6）位置控制　对于闭环或半闭环控制系统，需要通过位置控制处理程序来计算理论指令坐标位置与工作台实际坐标位置的偏差，通过偏差信号来对伺服驱动系统进行控制。

（7）速度控制　同位置控制，对于闭环或半闭环控制系统，需要通过速度控制来控制工作台实际的移动速度。

（8）伺服驱动　伺服驱动是由伺服驱动电动机和伺服驱动装置组成，它能对数控系统输出的位置和控制信号进行放大处理，并驱动工作台运动，它是数控机床的执行部分。

（9）反馈　是闭环或半闭环控制所必需的一部分，它能将数控机床工作台的实际位置和移动速度反馈给数控系统，对工作台的位置误差和移动速度的误差进行修正，实现高精度的控制。

除了上述的基本功能外，规范的数控系统还具有显示和诊断等辅助功能。

（10）显示　主要为操作者提供方便，通常显示零件的加工程序、参数、刀具位置、机床状态、报警等。有些还具有刀具加工轨迹的静态和动态图形显示。

（11）诊断　对系统中出现的不正常情况进行检查、定位，包括联机诊断和脱机诊断。

1.2.2　数控机床的组成与工作原理

1. 数控机床的组成

数控机床主要由数控系统与机床本体两大部分组成。数控系统主要由数控装置（大部分内置了 PLC，具有输入与输出接口）、进给伺服系统、主轴伺服系统以及反馈装置等部分组成。进给伺服系统包括进给驱动单元、进给电动机和位置检测装置。主轴伺服系统包括主轴驱动单元、主轴电动机和主轴准停装置等。数控机床的具体组成如图1-2所示。

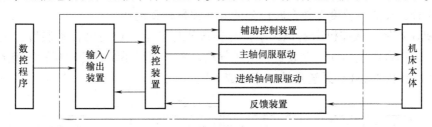

图 1-2 数控机床的组成

数控机床组成详述如下：

（1）数控程序 数控程序是数控机床自动加工零件的工作指令，是在零件工艺分析的基础上编制出的描述机床加工过程的程序，是由文字、数字和符号等按一定的规则和格式组成的代码。数控程序可由手工编程或计算机自动编程获得。早期数控程序的载体是程序单或穿孔纸带，现代程序的载体多为电子文档，故程序的载体可以是存储卡、计算机、磁盘等，采用哪一种存储介质取决于数控装置的设计。

（2）输入/输出装置 输入装置的作用是将系统外部程序载体上的数控代码输入数控系统。输入装置主要有键盘、存储卡和 RS232 接口的传输线等，早期还有光电阅读机、磁带机或软盘驱动器等。对于存储卡或 RS232 接口的传输线等还可以进行在线加工（又称 DNC 加工）或加工程序、系统参数的输出备份。

（3）数控装置 数控装置是数控系统的核心部件，它的功能是接收输入装置输入的加工信息，经过系统软件或逻辑电路进行译码、运算和逻辑处理后，发出相应的脉冲送给伺服系统，通过伺服系统控制机床的各个运动部件按规定要求动作。数控装置常常集成有可编程序控制器（PMC 或 PLC），数控装置读入或接受输入装置送来的一段或几段数控加工程序，经过数控装置的逻辑电路或系统软件进行编译、运算和逻辑处理后，输出各种控制信息和指令，控制机床各部分的工作，使其进行规定有序的运动和动作。数控装置还可以进行参数设置、程序的输出、相关参数和数据的输入和输出等。

（4）驱动装置（主轴伺服驱动和进给轴伺服驱动） 驱动装置接收来自数控装置的指令信息，经功率放大后，严格按照指令信息的要求驱动机床移动部件，以加工出符合图样要求的零件。因此它的伺服精度和动态响应性能是影响数控机床加工精度、表面质量和生产率的重要因素之一。驱动装置包括控制器（含功率放大器）和执行机构两大部分。目前大都采用直流或交流伺服电动机作为执行机构。数控机床的驱动装置可分为开环、半闭环和全闭环伺服系统。

主轴伺服系统主要控制机床的主轴转速，目前广泛采用矢量控制变频调速和伺服调速的方法。

（5）反馈装置（位置检测装置） 反馈装置将数控机床各坐标轴的实际位移量检测出来，经反馈系统输入机床的数控装置后，数控装置将反馈回来的实际位移量值与设定值进行比较，控制驱动装置按照指令设定值运动。

（6）辅助控制装置 辅助控制装置的主要作用是接收数控装置（内置的 PLC）输出的

开关量指令信号，经过编译、逻辑判别和运动，再经功率放大后驱动相应的电器，带动机床的机械、液压、气动等辅助装置完成指令规定的开关量动作。这些控制包括主轴运动部件的变速、换向和启停指令，刀具的选择和交换指令，冷却、润滑装置的启动、停止，工件和机床部件的松开、夹紧，分度工作台转位分度等开关量辅助动作。

（7）机床本体　数控机床的机床本体与传统机床相近，由主轴传动装置、进给传动装置、床身、工作台以及辅助运动装置、液压气动系统、润滑系统、冷却装置等组成。

图 1-3 所示为 FANUC 系统数控车床组成框图。

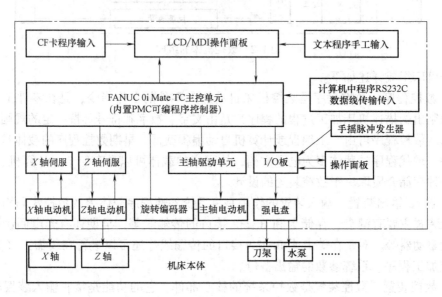

图 1-3　FANUC 系统数控车床组成框图

2. 常用数控系统简介

数控系统（Numerical Control System）是根据计算机存储器中存储的控制程序，执行部分或全部数值控制功能，并配有接口电路和伺服驱动装置的专用计算机系统。狭义的理解数控系统是包含其适配的伺服电动机及其驱动器等，否则，仅称为数控装置。但人们常将数控装置也称为数控系统。常用的数控系统有发那科、西门子、三菱、广州数控、华中数控等。

（1）发那科（FANUC）系统　FANUC 系统是日本富士通公司的产品，其中文译名通常为发那科。FANUC 系统进入中国市场有非常悠久的历史，主要为中档产品。目前使用较为广泛的产品有 FANUC 0i、FANUC16、FANUC18、FANUC21 等。

北京发那科机电有限公司是由北京机床研究所与日本 FANUC 公司于 1992 年共同组建的合资公司，专门从事机床数控装置的生产、销售与维修。FANUC 0i 系列产品是其代表作，在我国占有比较大的市场份额。

FANUC 系统在设计中大量采用模块化结构。这种结构易于拆装，便于维修、更换，而且各个控制板高度集成，使可靠性有很大提高。FANUC 系统设计了比较健全的自我保护电路。PMC 信号和 PMC 功能指令极为丰富，便于机床厂商编制 PMC 控制程序，而且增加了编程的灵活性。系统提供串行 RS232C 接口、以太网接口、存储卡接口，能够完成 PC 和机床之间的数据传输。

（2）西门子（SINUMERIK）系统　SINUMERIK 数控系统是德国西门子公司的产品，其在我国也具有极高的市场占有率，主要型号有 SINUMERIK 801、SINUMERIK 802S/C、SI-NUMERIK 802D、SINUMERIK 808D、SINUMERIK 828D、SINUMERIK 840D/810D 等。

西门子数控（南京）有限公司是西门子公司与中国北方工业集团公司共同出资组建的合资企业，建立于 1996 年。公司按照中国、东南亚地区及世界市场的特殊要求，依照世界级质量标准，研发和制造工厂自动化领域的数控系统、驱动器、人机对话界面及可编程逻辑控制器等产品。

SINUMERIK 系统具有高度的模块化、开放性以及规范化的结构，适于操作、编程和监控。主要包括控制及显示单元、PLC 输入/输出单元、PROFIBUS 总线单元、伺服驱动单元、伺服电动机等部分。

SINUMERIK 系统的主要类型有：

1）SINUMERIK 802S/C 系统，是为低端数控机床市场开发的经济型 CNC 控制系统。802S/C 两个系统具有同样的显示器、操作面板、数控功能、PLC 编程方法等。所不同的是802S 为步进驱动系统，而 802C 带有伺服驱动系统；两者最多均可带三个驱动轴和一个主轴。

2）SINUMERIK 802D、808D、828D 系统，属普及型中档数控系统，早期的 802D 系统已逐渐退出市场，现在供应市场的主要是 808D 和 828D 系统。808D 系统为高性能普及型数控机床，可为车削和铣削应用实现完美的预先配置，可较好地适应车间及恶劣的应用环境。而 828D 系统是一款紧凑型数控系统，直接按照车、铣工艺应用系统专门生产，其耐用性和免维护设计特别适用于中国的使用环境。

3）SINUMERIK 840D/810D 系统，840D/810D 几乎同时推出，具有非常高的系统一致性，显示/操作面板、机床操作面板、S7—300PLC、输入/输出模块、PLC 编程语言、数控系统操作、工件程序编程、参数设定、诊断、伺服驱动等许多部件均相同。810D 是 840D 的CNC 和驱动控制集成形，其没有驱动接口，NC 软件的选件基本包含了 840D 的全部功能。

4）SINUMERIK 840C 系统，一直雄居世界数控系统水平之首，内装功能强大的 PLC135WB2，可以控制 SIMODRIVE 611A/D 模拟式或数字式交流驱动系统，适合于高复杂度的数控机床。

国内市场上能见到的国外数控系统的品牌还有日本的三菱（MITSUBISHI）、德国的海德汉（HEIDENHAIN）、意大利的菲迪亚（FIDIA）、西班牙的发格（FAGOR）、美国的哈斯（HAAS）、法国的纽目（NUM）等。

（3）广州数控（GSK）系统 广州数控系统是广州数控设备有限公司（简称广州数控、GSK）的数控产品。该公司能够为用户提供 GSK 全系列机床控制系统、进给伺服驱动装置和伺服电动机、大功率主轴伺服驱动装置和主轴伺服电动机等数控系统的集成解决方案，成套机床数控系统包括数控系统、伺服驱动、伺服电动机等。

广州数控系统包括车床数控系统、钻铣床数控系统、加工中心数控系统和磨床数控系统等系列产品。

（4）华中数控系统 武汉华中数控股份有限公司成立于 1994 年，由华中科技大学、中国国家科技部、湖北省、武汉市科委、武汉市东湖高新技术开发区、香港大同工业设备有限公司等政府部门和企业共同投资组建，其产品包括数控系统、伺服单元和电动机、主轴单元及主轴电动机等。华中数控系统的主要型号有 HNC—1T 车床数控系统、HNC—1M 铣床、加工中心数控系统、HNC—2000 型高性能数控系统等。

国内市场上能见到的国产数控系统的品牌还有北京的凯恩帝（KND）、北京的航天数控、南京大地数控、南京四开、成都广泰等。

1.2.3　数控机床的分类

数控机床的分类形式多种多样，从不同的角度分类就有不同的分类方式，如按机床结构布局分：卧式、立式、龙门式等；按是否有刀库分：单一功能的数控车床或数控铣床以及加工中心等。下面主要介绍按加工原理分类、按控制运动轨迹分类和按驱动装置的特点分类。

1. 按加工原理分类

按加工原理的不同，数控机床可以分为金属切削类数控机床，如数控车床、数控铣床、加工中心、数控磨床等；特种加工类数控机床，如数控电火花线切割机床、数控电火花成形机床、数控火焰切割机床、数控激光加工机床等；板材加工类数控机床，如数控压力机、数控剪板机、数控折弯机和数控旋压机等。图 1-4 ~ 图 1-6 列举了常见的金属切削类数控机床。

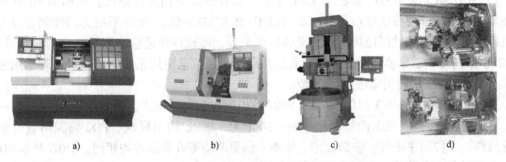

a)　　　　　　　b)　　　　　　　c)　　　　　　　d)

图 1-4　数控车床

a) 平床身前置刀架卧式车床　b) 斜床身后置刀架卧式车床　c) 立式数控车床　d) 车削加工中心

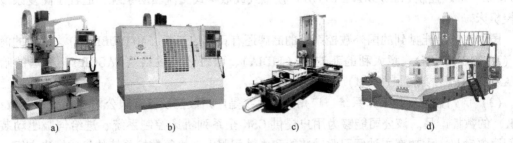

a)　　　　　　　b)　　　　　　　c)　　　　　　　d)

图 1-5　数控铣床

a) 无防护罩立式数控铣床　b) 带防护罩立式数控铣床　c) 卧式数控镗铣床　d) 龙门式数控铣床

2. 按控制运动轨迹分类

按运动轨迹的不同，数控机床可以分为以下几类：

（1）点位控制数控机床　其特点是机床移动部件只能实现由一个位置到另一个位置的精确定位，在移动和定位过程中不进行任何加工。机床数控系统只控制行程终点的坐标值，不控制点与点之间的运动轨迹，因此几个坐标轴之间的运动无任何联系。可以几个坐标同时向目标点运动，也可以各个坐标单独依次运动。如数控坐标镗床、数控钻床、数控冲床、数

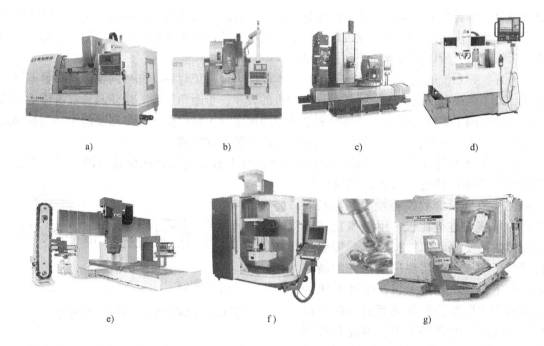

图 1-6 加工中心
a) 斗笠式刀库立式加工中心 b) 圆盘式刀库立式加工中心 c) 链式刀库卧式加工中心
d) 数控雕铣机 e) 摆头式五轴加工中心 f) 摆台式五轴加工中心 g) 五轴加工案例

控点焊机等都是点位控制数控机床。

（2）直线控制数控机床 其可控制刀具或工作台以适当的进给速度，沿着平行于坐标轴的方向进行直线移动和切削加工，进给速度根据切削条件可在一定范围内变化。直线控制的简易数控车床只有两个坐标轴，可加工阶梯轴。直线控制的数控铣床有三个坐标轴，可用于平面的铣削加工。现代组合机床采用数控进给伺服系统，驱动动力头带有多轴箱的轴向进给进行钻镗加工，它也可算是一种直线控制数控机床。

（3）轮廓控制数控机床 其能对两个或两个以上运动的位移及速度进行联动控制，使合成的平面或空间的运动轨迹能满足零件轮廓的要求。它不仅能控制机床移动部件的起点与终点坐标，而且能控制整个加工轮廓每一点的速度和位移，将工件加工成要求的轮廓形状。当前常用的数控车床、数控铣床、数控磨床就是典型的轮廓控制数控机床。数控火焰切割机、电火花加工机床以及数控绘图机等也采用了轮廓控制系统。轮廓控制系统的结构要比点位/直线控制系统更为复杂，在加工过程中需要不断进行插补运算，然后进行相应的速度与位移控制。

3. 按驱动装置的特点分类

（1）开环控制数控机床 其控制系统没有位置检测元件，如图 1-7 所示，伺服驱动部件通常为反应式步进电动机或混合式伺服步进电动机。数控系统每发出一个进给脉冲，经驱动电路功率放大后，驱动步进电动机旋转一个角度，再经过齿轮减速装置带动丝杠旋转，通过

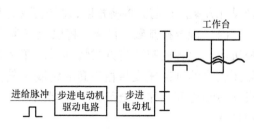

图 1-7 开环控制数控机床系统框图

丝杠螺母机构转换为移动部件的直线位移。移动部件的移动速度与位移量是由输入脉冲的频率与脉冲数所决定的。此类数控机床的信息流是单向的，即进给脉冲发出去后，实际移动值不再反馈回来，所以称为开环控制数控机床。

开环控制系统的数控机床结构简单，成本较低。但系统对移动部件的实际位移量不进行监测，也不能进行误差校正。因此步进电动机的失步、步距角误差、齿轮与丝杠等传动误差都将影响被加工零件的精度。开环控制系统仅适用于加工精度要求不是很高的中小型简易经济型数控机床。另外，快走丝线切割机床常采用这种控制方式。

（2）闭环控制数控机床　该种机床的移动部件上直接安装直线位移检测装置，直接对工作台的实际位移进行检测，将测量的实际位移值反馈到数控装置中，与输入的指令位移值进行比较，用差值对机床进行控制，使移动部件按照实际需要的位移量运动，最终实现移动部件的精确运动和定位。从理论上讲，闭环系统的运动精度主要取决于检测装置的检测精度，与传动链的误差无关，因此其控制

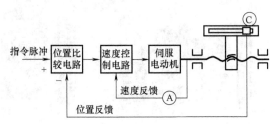

图1-8　闭环控制数控机床系统框图

精度高。图1-8所示为闭环控制数控机床的系统框图。图中A为速度传感器、C为直线位移传感器。当位移指令值发送到位置比较电路时，若工作台没有移动，则没有反馈量，指令值使得伺服电动机转动，通过A将速度反馈信号送到速度控制电路，通过C将工作台实际位移量反馈回去，在位置比较电路中与位移指令值相比较，用比较后得到的差值进行位置控制，直至差值为零为止。

闭环控制数控机床的定位精度高，但调试和维修都较困难，系统复杂，成本高。

（3）半闭环控制数控机床　该种机床的传动丝杠上装有角位移电流检测装置（如光电编码器等），通过检测丝杠的转角间接地检测移动部件的实际位移，然后反馈到数控装置中去，并对误差进行修正，如图1-9所示。通过测速元件A和光电编码盘B可检测出伺服电动机的转速和转角，从而计算出工作台的实际

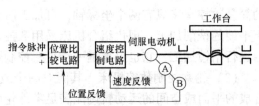

图1-9　半闭环控制数控机床系统框图

位移量，将此值与指令值进行比较，用差值来实现控制。由于工作台没有包括在控制回路中，因而称为半闭环控制数控机床。

半闭环控制数控系统的调试比较方便，并且具有很好的稳定性，中档数控机床常采用这种设计方案。目前大多将角度检测装置和伺服电动机设计成一体，使结构更加紧凑。

（4）混合控制数控机床　将以上三类数控机床的特点结合起来，就形成了混合控制数控机床。混合控制数控方式特别适用于大型或重型数控机床，因为大型或重型数控机床需要较高的进给速度与相当高的精度，其传动链惯量与力矩大，如果只采用全闭环控制，机床传动链和工作台全部置于控制闭环中，闭环调试比较复杂。混合控制系统又分为两种形式：

1）开环补偿型。它的基本控制选用步进电动机的开环伺服机构，另外附加一个校正电

路，用装在工作台的直线位移测量元件的反馈信号校正机械系统的误差，如图 1-10 所示。

2）半闭环补偿型。它是用半闭环控制方式取得高精度控制，再用装在工作台上的直线位移测量元件实现全闭环修正，以获得高速度与高精度的统一。如图 1-11 所示，其中 A 是速度测量元件（如测速发电机），B 是角度测量元件，C 是直线位移测量元件。

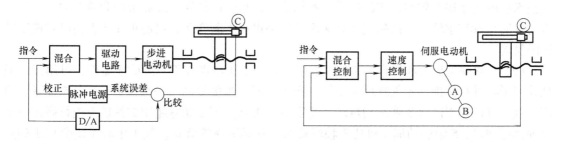

图 1-10　开环补偿型控制方式　　　　图 1-11　半闭环补偿型控制方式

1.3　数控加工技术的应用与数控机床的发展趋势

1.3.1　数控加工技术的应用

数控机床具有取代普通机床的趋势，已成为普通机床更新换代的主选。数控加工技术已经应用于普通机床所能加工的各个领域，特别是形状复杂、单件小批量、加工精度要求较高的零件加工。在航空航天、机械制造、汽车制造、模具制造等行业有着广泛的应用。图 1-12 列举了部分数控加工零件及应用图例供参考。

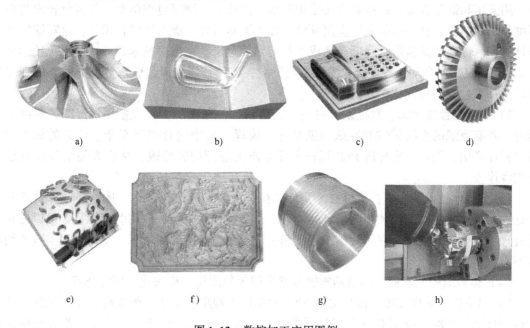

图 1-12　数控加工应用图例

a）、d）叶轮　b）模具　c）电极　e）复杂件　f）雕刻件　g）车削件　h）车铣复合

1.3.2　数控机床的发展趋势

1. 数控技术的发展趋势

（1）高精度、高速度的发展趋势　效率、质量是先进制造技术的主体。高速、高精加工技术可极大地提高效率、产品的质量和档次，缩短生产周期，提高市场竞争能力。科学技术的发展是没有止境的，高精度、高速度的内涵也在不断变化，目前正在向着精度和速度的极限发展。

（2）5轴联动加工和复合加工快速发展　采用5轴联动加工三维曲面零件，可用刀具最佳几何形状进行切削，不仅表面质量好，而且效率大幅度提高。一般认为，1台5轴联动机床的效率可以等于两台3轴联动机床，特别是使用立方氮化硼等超硬材料铣刀进行高速铣削淬硬钢零件时，5轴联动加工可比3轴联动加工发挥更高的效益。加工中心是复合加工的典型成功案例，在加工中心上一次装夹可进行多种工序的加工。近年来，数控机床的多工种复合化成为发展趋势，如镗铣类加工中心、车削加工中心、车铣复合加工中心等。

（3）功能不断加强　数控机床的功能发展方向是：用户界面图形化，科学计算可视化，内装高性能PLC，多媒体技术应用等。

1）用户界面图形化。用户界面是数控系统与使用者之间的对话接口。由于不同用户对界面的要求不同，因而开发用户界面的工作量极大，用户界面设计成为计算机软件研制中最困难的部分之一。当前，Internet、虚拟现实、科学计算可视化及多媒体等技术也对用户界面提出了更高要求。图形用户界面极大地方便了非专业用户的使用，人们可以通过窗口和菜单进行操作，便于蓝图编程和快速编程、三维彩色立体动态图形显示、图形模拟、图形动态跟踪和仿真、不同方向的视图和局部显示比例缩放功能的实现。

2）科学计算可视化。科学计算可视化可用于高效处理和解释数据，使信息交流不再局限于用文字和语言表达，而可以直接使用图形、图像、动画等可视信息。可视化技术与虚拟环境技术相结合，进一步拓宽了应用领域，如无图样设计、虚拟样机技术等，这对缩短产品设计周期、提高产品质量、降低产品成本具有重要意义。在数控技术领域，可视化技术可用于CAD/CAM，如自动编程设计、参数自动设定、刀具补偿和刀具管理数据的动态处理与显示以及加工过程的可视化仿真演示等。

3）内装高性能PLC。数控系统内装高性能PLC控制模块，可直接用梯形图或高级语言编程，具有直观的在线调试和在线帮助功能。编程工具中包含用于车床、铣床的标准PLC用户程序实例，用户可在标准PLC用户程序基础上进行编辑修改，从而方便地建立自己的应用程序。

4）多媒体技术应用。多媒体技术集计算机、声像和通信技术于一体，使计算机具有综合处理声音、文字、图像和视频信息的能力。在数控技术领域，应用多媒体技术可以做到信息处理综合化、智能化，在实时监控系统和生产现场设备的故障诊断、生产过程参数监测等方面有着重大的应用价值。

（4）体系结构的发展　体系结构的发展表现为集成化、模块化、网络化等。

1）集成化。采用高度集成化CPU和大规模可编程集成电路，可提高数控系统的集成度和软硬件运行速度，应用FPD平板显示技术，可提高显示器性能。平板显示器具有科技含量高、质量轻、体积小、功耗低、便于携带等优点，可实现超大尺寸显示，成为和CRT抗衡的新兴显示技术，是 21 世纪显示技术的主流。通过提高集成电路密度、减少互连长度和数量来降低产品价格，改进性能，减小组件尺寸，提高系统的可靠性。

2）模块化。硬件模块化易于实现数控系统的集成化和标准化。根据不同的功能需求，将基本模块，如 CPU、存储器、位置伺服、PLC、输入/输出接口、通信等模块，做成标准的系列化产品，通过积木方式进行功能裁剪和模块数量的增减，构成不同档次的数控系统。

3）网络化。机床联网可进行远程控制和无人化操作。通过机床联网，可在任何一台机床上对其他机床进行编程、设定、操作、运行，不同机床的画面可同时显示在每一台机床的屏幕上。

（5）多轴化 多轴联动加工，零件在一台数控机床上一次装夹后，可进行自动换刀、旋转主轴头、旋转工作台等操作，完成多工序、多表面的复合加工，不仅表面粗糙度值低，而且效率也大幅度提高。

（6）智能化、开放式、网络化 这已成为当代数控系统发展的主要趋势。

智能化的内容体现在数控系统的各个方面：为追求加工效率和加工质量方面的智能化，如加工过程的自适应控制，工艺参数自动生成；为提高驱动性能及使用连接方便的智能化，如前馈控制、电动机参数的自适应运算、自动识别负载、自动选定模型、自整定等；简化编程、操作方面的智能化，如智能化的自动编程、智能化的人机界面等；还有智能诊断、智能监控方面的内容，方便系统的诊断及维修等。

所谓开放式数控系统就是数控系统的开发可以在统一的运行平台上，面向机床厂家和最终用户，通过改变、增加或剪裁结构对象（数控功能），形成系列化，并可方便地将用户的特殊应用和技术诀窍集成到控制系统中，快速实现不同品种、不同档次的开放式数控系统，形成具有鲜明个性的名牌产品。目前许多国家对开放式数控系统进行研究，如美国的 NGC（The Next Generation Work-Station/Machine Control，下一代工作站/机床控制器）、欧盟的 OSACA（Open System Architecture for Control within Automation Systems，自动化系统中开放式系统结构控制器）、日本的 OSEC（Open System Environment for Controller，开放式系统环境的控制器），中国的 ONC（Open Numerical Control System，开放式数控系统）等。数控系统开放化已经成为数控系统的未来之路。

数控装备的网络化将极大地满足生产线、制造系统、制造企业对信息集成的需求，也是实现新的制造模式如敏捷制造、虚拟企业、全球制造的基础单元。

（7）重视新技术标准、规范的建立 数控系统的标准、规范包括开放式体系结构数控系统的规范，数控代码的标准发展等。

美国、欧盟和日本等均进行了开放式体系结构数控系统规范（OMAC：Open Modular Architecture Controller 开放式系统模块化结构控制器、OSACA、OSEC）的研究和制定，我国在 2000 年开始进行中国的 ONC 数控系统规范框架的研究和制定。

数控标准是制造业信息化发展的一种趋势。数控技术诞生后的 50 年间的信息交换都是基于 ISO 6983 标准，即采用 G、M 代码描述如何（how）加工，其本质特征是面向加工过程。显然，它已越来越不能满足现代数控技术高速发展的需要。为此，国际上正在研究和制定一种新的 CNC 系统标准 ISO 14649（STEP—NC），其目的是提供一种不依赖于具体系统的中性机制，能够描述产品整个生命周期内的统一数据模型，从而实现整个制造过程，乃至各个工业领域产品信息的标准化。

　　STEP—NC 的出现对数控技术的发展乃至整个制造业将产生深远的影响。首先，STEP—NC 提出一种崭新的制造理念，传统的制造理念中，NC 加工程序都集中在单个计算机上；而在新标准下，NC 程序可以分散在互联网上，这正是数控技术开放式、网络化发展的方向。其次，STEP—NC 数控系统还可大大减少加工图样（约 75%）、加工程序编制时间（约 35%）和加工时间（约 50%）。目前，这种新的数据交换格式已经在配备了 SIEMENS、FIDIA 以及欧洲 OSACA—NC 数控系统的原型样机上进行了验证。

2. 数控机床的发展趋势

　　数控机床的发展离不开数控系统的发展，其某些方面是相互关联的，数控机床的发展主要体现在以下几方面：

　　（1）高速化　随着汽车、国防、航空、航天等工业的高速发展以及铝合金等新材料的应用，对数控机床加工的高速化要求越来越高。要实现数控机床的高速化，必须满足以下几条：

　　1）高主轴转速：机床采用电主轴（内装式主轴电动机），主轴最高转速达 200000r/min。

　　2）大进给率：在分辨率为 $0.01\mu m$ 时，最大进给率达到 240m/min 且可获得复杂型面的精确加工。

　　3）运算速度快：微处理器的迅速发展为数控系统向高速、高精度方向发展提供了保障，开发出 CPU 已发展到 32 位以及 64 位的数控系统，频率提高到几百兆赫、上千兆赫。由于运算速度的极大提高，使得当分辨率为 $0.1\mu m$、$0.01\mu m$ 时仍能获得高达 24 ~ 240m/min 的进给速度。

　　4）换刀速度快：目前国外先进加工中心的刀具交换时间普遍已在 1s 左右，高的已达 0.5s。德国 Chiron 公司将刀库设计成篮子样式，以主轴为轴心，刀具在圆周布置，其刀到刀的换刀时间仅 0.9s。

　　（2）高精度化　现在对数控机床精度的要求已经不局限于静态的几何精度，机床的运动精度、热变形以及对振动的监测和补偿越来越获得重视。

　　1）提高 CNC 系统控制精度：采用高速插补技术，以微小程序段实现连续进给，使 CNC 控制单位精细化，并采用高分辨率位置检测装置，提高位置检测精度（日本已开发装有 106 脉冲/r 的内藏位置检测器的交流伺服电动机，其位置检测精度可达到 $0.01\mu m$/脉冲），位置伺服系统采用前馈控制与非线性控制等方法。

　　2）采用误差补偿技术：采用反向间隙补偿、丝杠螺距误差补偿和刀具误差补偿等技术，对设备的热变形误差和空间误差进行综合补偿。研究结果表明，综合误差补偿技术的应用可将加工误差减少 60% ~ 80%。

　　3）采用网格解码器检查和提高加工中心的运动轨迹精度，并通过仿真预测机床的加工精度，以保证机床的定位精度和重复定位精度，使其性能长期稳定，能够在不同运行条件下完成多种加工任务，并保证零件的加工质量。

　　（3）功能复合化　复合机床的含义是指在一台机床上实现或尽可能完成从毛坯至成品的多种要素加工。根据其结构特点可分为工艺复合型和工序复合型两类。工艺复合型机床如镗铣钻复合——加工中心，车铣复合——车削中心，铣镗钻车复合——复合加工中心等；工序复合型机床如多面多轴联动加工的复合机床和双主轴车削中心等。采用复合机床进行加工，减少了工件装卸、更换和调整刀具的辅助时间以及中间过程中产生的误差，提高了零件加工精度，缩短了产品制造周期，提高了生产效率和制造商的市场反应能力，相对于传统的工序分散的生产方法具有明显的优势。

加工过程的复合化也导致了机床向模块化、多轴化发展。德国 Index 公司最新推出的车削加工中心是模块化结构，该加工中心能够完成车削、铣削、钻削、滚齿、磨削、激光热处理等多种工序，可完成复杂零件的全部加工。随着现代机械加工要求的不断提高，大量的多轴联动数控机床越来越受到各大企业的欢迎。

在近年来的中国国际机床展览会（CIMT）上，国内外制造商展出了形式各异的多轴加工机床（包括双主轴、双刀架、带机械手装卸工件等等），可实现 4～5 轴联动的立式、卧式和龙门式加工中心，以及各种车铣复合加工中心，且多为高速加工机床。更为可喜的是，常常可见国产高档机床的身影。

（4）控制智能化　随着人工智能技术的发展，为了满足制造业生产柔性化、制造自动化的发展需求，数控机床的智能化程度在不断提高。具体体现在以下几个方面：

1）加工过程自适应控制技术：通过监测加工过程中的切削力、主轴和进给电动机的功率、电流、电压等信息，利用传统的或现代的算法进行识别，以辨识出刀具的受力、磨损、破损状态及机床加工的稳定性状态，并根据这些状态实时调整加工参数（主轴转速、进给速度）和加工指令，使设备处于最佳运行状态，以提高加工精度、降低加工表面粗糙度值并提高设备运行的安全性。

2）加工参数的智能优化与选择：将工艺专家或技师的经验、零件加工的一般与特殊规律，用现代智能方法，构造基于专家系统或基于模型的"加工参数的智能优化与选择器"，利用它获得优化的加工参数，从而达到提高编程效率和加工工艺水平、缩短生产准备时间的目的。

3）智能故障自诊断与自修复技术：根据已有的故障信息，应用现代智能方法实现故障的快速准确定位。

4）智能故障回放和故障仿真技术：能够完整记录系统的各种信息，对数控机床发生的各种错误和事故进行回放和仿真，用以确定错误引起的原因，找出解决问题的办法，积累生产经验。

5）智能化交流伺服驱动装置：能自动识别负载，并自动调整参数的智能化伺服系统，包括智能主轴交流驱动装置和智能化进给伺服装置。这种驱动装置能自动识别电动机及负载的转动惯量，并自动对控制系统参数进行优化和调整，使驱动系统获得最佳运行状态。

6）智能 4M 数控系统：在制造过程中，加工、检测一体化是实现快速制造、快速检测和快速响应的有效途径，将测量（Measurement）、建模（Modelling）、加工（Manufacturing）、机器操作（Manipulator）四者（即 4M）融合在一个系统中，实现信息共享，促进测量、建模、加工、装夹、操作的一体化。

（5）体系开放化　体系开放化包括以下几个方面。

1）向未来技术开放：由于软硬件接口都遵循公认的标准协议，只需少量的重新设计和调整，新一代的通用软硬件资源就可能被现有系统所采纳、吸收和兼容，这就意味着系统的开发费用将大大降低，而系统性能与可靠性将不断改善并处于长生命周期。

2）向用户特殊要求开放：更新产品、扩充功能、提供软硬件产品的各种组合以满足特殊应用要求。

3）数控标准的建立：标准化的编程语言，既方便用户使用，又降低了和操作效率直接有关的劳动消耗。

（6）驱动并联化 并联运动机床克服了传统机床串联机构移动部件质量大、系统刚度低、刀具只能沿固定导轨进给、作业自由度偏低、设备加工灵活性和机动性不够等固有缺陷，在机床主轴（一般为动平台）与机座（一般为静平台）之间采用多杆并联连接机构驱动，通过控制杆系中杆的长度使杆系支撑的平台获得相应自由度的运动，可实现多坐标联动数控加工、装配和测量多种功能，更能满足复杂特种零件的加工，具有现代机器人的模块化程度高、质量轻和速度快等优点。并联机床作为一种新型的加工设备，已成为当前机床技术的一个重要研究方向，受到了国际机床行业的高度重视，被认为是"自发明数控技术以来在机床行业中最有意义的进步"和"21世纪新一代数控加工设备"。

（7）极端化（大型化和微型化） 国防、航空、航天事业的发展和能源等基础产业装备的大型化需要大型且性能良好的数控机床的支撑。而超精密加工技术和微纳米技术是21世纪的战略技术，需发展能适应微小型尺寸和微纳米加工精度的新型制造工艺和装备，所以微型机床如微切削加工（车、铣、磨）机床、微电加工机床、微激光加工机床和微型压力机等的需求量正在逐渐增大。

（8）信息交互网络化 对于面临激烈竞争的企业来说，使数控机床具有双向、高速的联网通信功能，以保证信息流在车间各个部门间畅通无阻是非常重要的。这样既可以实现网络资源共享，又能实现数控机床的远程监视、控制、培训、教学、管理，还可实现数控装备的数字化服务（数控机床故障的远程诊断、维护等）。例如，日本 Mazak 公司推出新一代的加工中心配备了一个称为信息塔（e-Tower）的外部设备，包括计算机、手机、机外和机内摄像头等，能够实现语音、图形、视像和文本的通信故障报警显示，在线帮助排除故障等功能，是独立的、自主管理的制造单元。

（9）开发新型功能部件 为了提高数控机床各方面的性能，具有高精度和高可靠性的新型功能部件的应用成为必然。具有代表性的新型功能部件包括以下3种。

1）高频电主轴：高频电主轴是高频电动机与主轴部件的集成，具有体积小、转速高、可无级调速等一系列优点，在各种新型数控机床中已经获得广泛的应用。

2）直线电动机：近年来，直线电动机的应用日益广泛，虽然其价格高于传统的伺服系统，但由于负载变化扰动、热变形补偿、隔磁和防护等关键技术的应用，机械传动结构得到简化，机床的动态性能有了提高。如西门子公司生产的1FN1系列三相交流永磁式同步直线电动机已开始广泛应用于高速铣床、加工中心、磨床、并联机床以及动态性能和运动精度要求高的机床等；德国 EX-CELL-O 公司的 XHC 卧式加工中心三向驱动均采用两个直线电动机。

3）电滚珠丝杠：电滚珠丝杠是伺服电动机与滚珠丝杠的集成，可以大大简化数控机床的结构，具有传动环节少、结构紧凑等一系列优点。

（10）高可靠性 数控机床与传统机床相比，增加了数控系统和相应的监控装置等，应用了大量的电气、液压和机电装置，导致出现失效的概率增大；工业电网电压的波动和干扰对数控机床的可靠性极为不利，而数控机床加工的零件型面较为复杂，加工周期长，要求平均无故障时间在2万 h以上。为了保证数控机床有高的可靠性，就要精心设计系统、严格制造和明确可靠性目标，以及通过维修分析故障模式找出薄弱环节。国外数控系统平均无故障时间在 7 万～10 万 h 以上，国产数控系统平均无故障时间仅为 1 万 h 左右，国外整机平均无故障时间达 800h 以上，而国内最高只有 300h。

（11）加工过程绿色化　随着日趋严格的环境与资源约束，制造加工的绿色化越来越重要，而中国的资源、环境问题尤为突出。因此近年来不用或少用切削液，实现干切削、半干切削节能环保的机床不断出现，并在不断发展当中。未来绿色制造的大趋势将使各种节能环保机床加速发展，占领更多的世界市场。

（12）应用多媒体技术　多媒体技术使计算机具有综合处理声音、文字、图像和视频信息的能力，因此也对用户界面提出了图形化的要求。合理的人性化的用户界面极大地方便了非专业用户的使用，可以通过窗口和菜单进行操作，便于蓝图编程和快速编程、三维彩色立体动态图形显示、图形模拟、图形动态跟踪和仿真、不同方向的视图和局部显示比例缩放功能的实现。除此以外，在数控技术领域应用多媒体技术可以做到信息处理综合化、智能化，应用于实时监控系统和生产现场设备的故障诊断、生产过程参数监测等，因此有着重大的应用价值。

思考与练习

1. 名词解释：数控技术、数控机床、NC 与 CNC。
2. 简述数控机床的工作过程。
3. 简述开环控制数控机床、半闭环控制数控机床和闭环控制数控机床各自有什么特点。
4. 简述数控机床的产生，数控技术的发展阶段。
5. 何谓联动控制？其有什么特点？

第 2 章　数控加工工艺基础

2.1　数控加工工艺分析

　　数控加工是现代制造业中广泛应用的加工方法之一，在加工包含曲线、曲面等复杂零件上效果明显。就其切削原理而言，与普通切削加工同出一源，但其也有自身的特点，主要表现在数控加工是按预先编制好的程序控制机床动作，自动化程度较高；加工零件的复杂性使得其刀具的形状较为复杂；为保证一把刀具至少能够完成一个加工程序，需选用寿命较高的刀具，如机夹式刀具等。另外，数控加工一般仅仅是零件整个制造环节中的一环，如图2-1所示，因此在制订数控加工工艺时，必须处理好其前后工序的关系。基于以上特点，要学好数控加工编程，必须适当地了解数控加工工艺。

图 2-1　数控加工的地位

　　数控加工工艺主要包括以下内容：

　　1）选择适合在数控机床上加工的零件，确定工序内容。这其中要强调的是：并不是一个零件的所有加工工序均是在数控机床上实现的，而是应该选择其中适合或必需的加工工序。

　　2）分析待加工零件的图样，明确加工内容及技术要求。

　　3）确定零件的加工方案，制订数控加工工艺路线，如划分工序、安排各表面的加工顺序、处理与非数控加工工序的衔接等。

　　4）加工工序的设计。如选取零件的定位基准，确定其装夹方案、工步的划分、刀具选择以及切削用量等。

　　5）数控加工程序的调整。如选取对刀点和换刀点、确定刀具补偿以及加工路线等。

2.2　数控加工工艺规划

2.2.1　数控加工工艺规划的概念

　　数控加工工艺规划指的是从产品图样开始直至加工成为合格成品的整个工艺过程的设计，如图 2-2 所示。合理的数控加工工艺是保证加工质量的基础。

　　在进行数控编程前，必须做好零件加工工艺的规划。数控加工工艺的规划内容包括：

　　（1）分析零件图样　分析零件的几何形状、尺寸和技术要求，明确本工序加工范围与加工质量的要求。具体要求为：

　　1）图样尺寸完整，技术要求准确。

2）确定合适的编程原点，必要时，可按数控加工工艺的要求，将零件图样的标注尺寸换算并标注为符合数控加工的特点。如采用绝对坐标值进行编程时，图样上的基点位置尺寸应换算成以编程原点为基准标注的形式，或直接标出基点坐标值。尽可能使设计基准、定位基准、测量基准和编程原点重合。

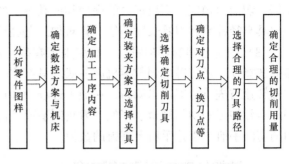

图 2-2　数控加工的工艺规划流程图

（分析零件图样 → 确定数控方案与机床 → 确定加工工序内容 → 确定装夹方案及选择夹具 → 选择确定切削刀具 → 确定对刀点、换刀点等 → 选择合理的刀具路径 → 确定合理的切削用量）

（2）确定数控方案，选择数控机床

所谓确定数控方案，就是确定零件上的哪些部位需要数控加工，采用什么方法加工，其与前后其他工序的衔接问题。零件上数控加工的部位一般是普通机床难以保证质量或无法加工，或普通机床加工效率低、劳动强度大的部分。而选择数控机床，应该考虑的问题包括数控机床的类型（数控车床、数控铣床或加工中心等）、主运动电动机的功率、进给运动的加工范围、合适的数控系统及其编程方法与手段。

（3）确定加工工序内容　内容包括定位基准的选择，工序和工步的划分。数控机床加工的自动化程度较高，在安排数控加工工序时，常常采取工序集中的原则，将大部分相似表面安排在一道工序中完成。在工步安排上，为缩短空行程，常将同一把刀具的加工表面一次加工完成后再转到下一把刀具进行其他表面的加工。当然，粗、精加工分开的原则还是必须遵守的，即一般还是将各表面最后一道精加工安排在最后一次完成。

（4）确定装夹方案与选择夹具　确定装夹方案必须严格地遵循"六点定位原理"的要求，确保工件加工时定位准确，夹紧可靠，同时考虑工件坐标系的对刀是否方便。数控加工一般均是批量不大的产品加工，因此尽可能选择通用夹具（如自定心卡盘、单动卡盘、机用平口钳、螺钉—压板等）或组合夹具等。

（5）切削刀具的选择　数控切削加工的自动化程度较高，过多地更换刀具必然降低加工效率，削弱数控加工自动化程度高和加工效率高的优势。因此，数控加工尽可能选择机夹可转位刀具，并考虑刀具的结构特点。如铣削加工时，粗加工尽可能选择平底立铣刀，半精加工可以考虑采用圆角立铣刀（又称圆鼻刀），只在精加工时才考虑采用球头铣刀。

（6）确定对刀点、换刀点和切削加工的起始点与结束点　对刀点是刀具相对于工件运动的起始点，相对于工件原点有一个合适与确定的偏移量，一般也是程序的起始点与结束点。换刀点是数控加工换刀位置点，为避免换刀动作与工件、机床、夹具等发生干涉，其距离工件一般较远，与切削加工之间通常由一段快速定位指令 G00 运动进/退连接，其可以是机床参考点，或编程时指定的一个固定点。切削加工的起始点是快速运动 G00 与切削插补运动 G01（或 G02、G03）的转换点，如刀具从对刀点（或换刀点）以 G00 速度快速定位至切削起始点，然后转为切削加工。切削起始点距工件实体切削点约 3～5mm。切削结束返回对刀点（或换刀点）一般也是 G00 快速定位速度，其转换点称为切削结束点，其可以是刀具与工件加工面的交汇点，但更多是切出一段距离再转为快速运动，因此其也可以是距离工件实体切削点约 1～5mm。

（7）选择合理的刀具路径　合理刀具路径是一个综合的问题，要考虑的因素很多，且可能互相制约。在处理刀具路径时，要注意抓住主要矛盾，如切削时间最短、加工表面质量最好、切削力稳定、不出现大的突变和波动等。在确定刀具路径时，还要考虑加工时是否采用刀具半径补偿和刀具长度补偿，其对加工路径的要求如何。

（8）确定合理的切削用量　数控加工在确定切削用量时，除参照普通机床切削加工的参数选择外，还应考虑到数控机床一般均具有主轴转速与进给速度的倍率调节的特点，可将主轴转速与进给速度适当调高，在加工过程中通过控制主轴转速与进给速度的倍率调节开关确定实际加工的切削用量。当然，刀具制造商产品样本上提供的切削用量的实用性要好于通用的切削手册或工艺手册上查得的数值。

2.2.2　数控加工与编程前期准备

在进行数控加工以及数控编程之前，必须事先做好以下基础工作。

1）必须分析待加工的零件图，明确是否要用数控机床加工，是全部还是部分在数控机床上加工，其前后工序如何。始终要记住：并不是所有的零件、所有的表面都选择数控机床加工，要全面、综合地考虑确定。

2）分析或制订零件的全部加工工艺，重点考虑数控加工部分的内容，处理好其前后工序之间的相互关系，避免出现工艺脱节问题。

3）根据零件的特点和编程技术的需要，做好数控加工方法与加工路径的规划。例如：编程坐标系的确定，包括原点位置与坐标轴方向；如何处理好粗加工与精加工的问题；粗加工和精加工选择怎么样的刀具路径，初步确定编程过程中若干关键点和面的位置，包括对刀点、换刀点、切削加工的起始点与结束点位置，初始平面与安全平面的高度等。

4）根据工件材料、刀具材料与切削用量等情况，确定加工过程中是否需要使用切削液。

5）确定编程过程中是否使用刀具偏置或补偿情况。一般二维铣削轮廓是尽可能采用刀具半径补偿指令 G41/G42 编程；三维曲面铣削加工一般多采用计算机辅助编程，不使用刀具补偿指令，而利用计算机自动处理刀具补偿进行编程。当数控铣削加工过程中用到多把刀具切削时，尽可能采用刀具长度补偿指令 G43 处理多刀长度不等的问题。在数控车削加工中，对于轮廓精度要求较高且存在圆锥或圆弧面的零件，必须使用刀尖圆弧半径补偿指令 G41/G42 编程。数控车削刀具补偿功能的应用需要根据具体情况处理，如基于刀具偏置对刀建立工件坐标系，利用刀具偏置解决非标准刀具转到工作位置时与标准刀具刀位点的偏差补偿等。

注意：在 FANUC 系统中，"偏置"和"补偿"的实质是一样的。

6）根据确定的编程坐标系，确定合适的建立工件坐标系的指令，为后续编程做好准备。在选择建立工件坐标系指令时，必须考虑对刀是否方便、如何对刀等问题。

2.2.3　数控加工常见装夹方案的确定

装夹（又称安装）是加工过程中工件在机床或夹具中完成定位与夹紧两个动作的工序内容的集合。合理的装夹方案是正常进行数控加工的保证，定位与夹紧方案往往是有一定联系的，在考虑定位时要处理好工艺基准与设计基准、测量基准等的关系，尽可能做到基准统一。工艺基准中的粗基准与精基准的选择也是要考虑的问题，一般粗基准只使用一次，而精基准尽可能连续使用。在考虑夹紧问题时，要确定合适的夹紧点、夹紧力和夹紧方向。需要提醒的是，考虑装夹方案时尽可能与实际的装夹装置联系起来，数控加工大都采用的是通用机床附件，如自定心卡盘、单动卡盘、机用平口钳、螺钉—压板、V 形块、成对使用的垫铁等。由于零件的装夹涉及较多的专业知识，限于篇幅这里不做详细讨论，仅就制订装夹方案时的标准规范和表达进行介绍。

为规范工艺基准的图示与表达，尽可能按照 GB/T 24740—2009《技术产品文件　机械加工定位、夹紧符号表示法》要求描述。表 2-1 摘录了部分数控加工过程中可能用到的定位支承和夹紧符号，以及常见装置符号，供参考。

表 2-1　数控加工常用定位支承与夹紧符号以及常见装置符号（GB/T 24740—2009）

类　型		符号及名称					
定位支承符号	标注在视图轮廓线上						
	标注在视图正面						
	符号名称	固定式定位支承		活动式定位支承		辅助支承	限制自由度表达
夹紧符号	标注在视图轮廓线上						
	标注在视图正面						
	符号名称	手动夹紧		液压夹紧		气动夹紧	电滋夹紧
顶尖符号	符号 						
	名称	固定顶尖	内顶尖	回转顶尖	浮动顶尖	内拨顶尖	外拨顶尖	伞形顶尖
心轴符号	符号						
	名称	圆柱心轴		螺纹心轴		弹性心轴或弹簧夹头	锥度心轴
常见装置符号	符号 						
	名称	自定心卡盘	软爪	单动卡盘	圆柱衬套	螺纹衬套	拨杆
	符号 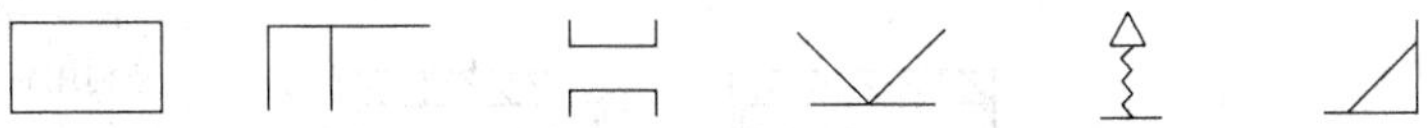						
	名称	垫铁	压板	平口钳	V 形铁(块)	可调支承	角铁

表2-2列举了部分常见数控车削装夹组合表达方式，供参考。

表2-2　数控车削加工部分常见装夹方案示例与分析

示例	图示符号表达	说　明
1）外圆柱面装夹（长）	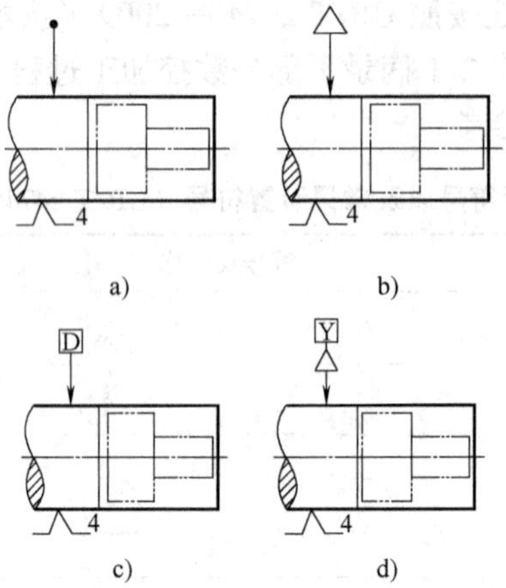 a) b) c) d)	长圆柱面装夹的经典示例如图a所示，限制4个自由度，径向定心夹紧。其中限制四个自由度表示定位圆柱面较长，具体到自定心卡盘则是棒料通入主轴孔，三爪全长装夹 图a为手动夹紧符号表示，实际中常作为不做具体要求的通用夹紧符号。其他可具体表述为自定心卡盘装夹（图b），自定心卡盘软爪装夹，液压、气动和电动（图c）自动夹紧装夹，甚至可具体表述三爪液压夹紧装夹（图d）
2）外圆柱面装夹（短）	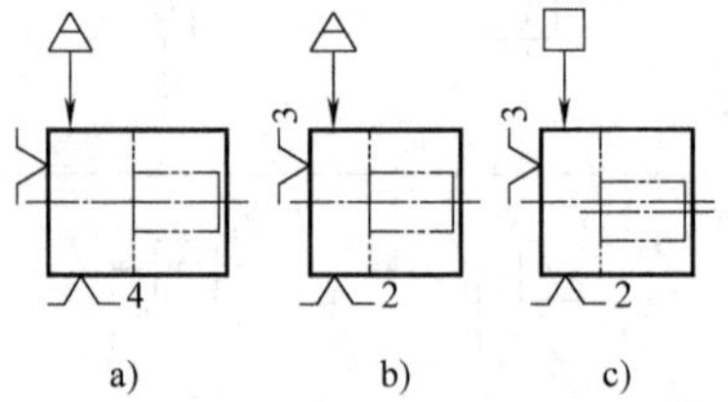 a) b) c)	短圆柱装夹的特点是要兼顾端面定位 图a所示的定位符号表示法圆柱装夹面要长，端面有一点接触即可，加工面与装夹面同轴度较好。而图b示例则是端面接触为主，其加工圆柱与端面的垂直度较好。图c示例为单动卡盘装夹，以端面定位为主，外圆柱偏心且与端面垂直的圆柱面
3）衬套类装夹	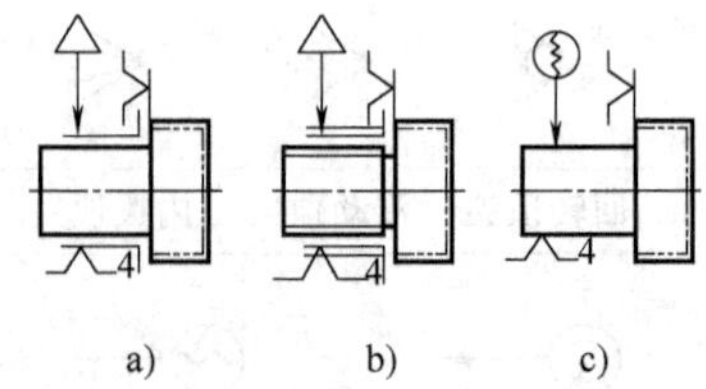 a) b) c)	图a表示圆柱衬套长圆柱定位阶梯端面定长外用自定心卡盘夹紧。图b为螺纹衬套形式。图c为弹簧夹头装夹方案。衬套类装夹常用于精加工工件安装
4）细长轴类工件和管件顶尖装夹	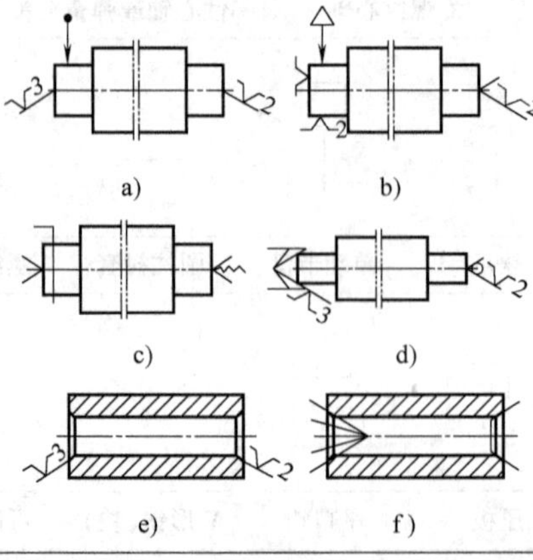 a) b) c) d) e) f)	长轴工件加工刚性是主要矛盾，常通过预钻中心孔定位装夹。图a为经典的双顶尖装夹示例。其夹紧符号表示能传递转矩 图b为自定心卡盘装夹，图c所示为拨杆（俗称鸡心夹头）传递转矩，图d为外拨顶尖传递转矩。右端的顶尖可考虑固定顶尖、浮动顶尖和回转顶尖的方案 图e为管件双顶尖装夹示例，其与图a的差异是利用管件内孔倒角模拟中心孔，同时顶尖形式变化为内拨顶尖定位并传力（图f），另一端伞形顶尖

（续）

示例	图示符号表达	说　明
5）心轴内孔装夹	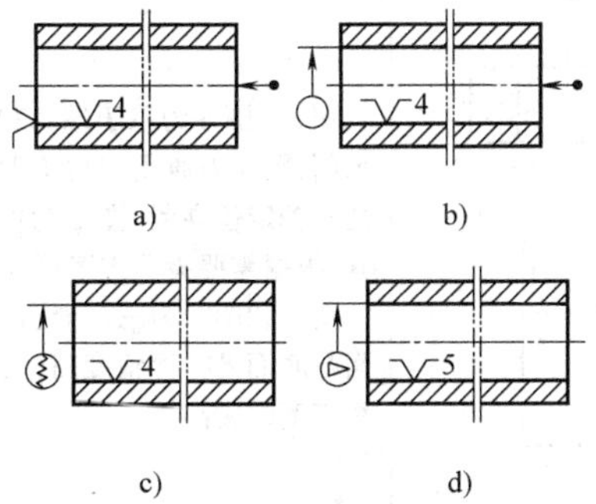 a) b) c) d)	基于空心管件内孔定位也是实际中常见的装夹方法。图 a 为其基本的定位夹紧方法表述 　　图 b 为长圆柱心轴定位，心轴端面螺母夹紧示例。图 c 为弹性可胀长心轴装夹，可消除图 b 圆柱心轴间隙的定位误差。图 d 为小锥度心轴定位夹紧方案，其加工的外圆柱面与内孔的同轴度精度最高
6）盘类零件装夹	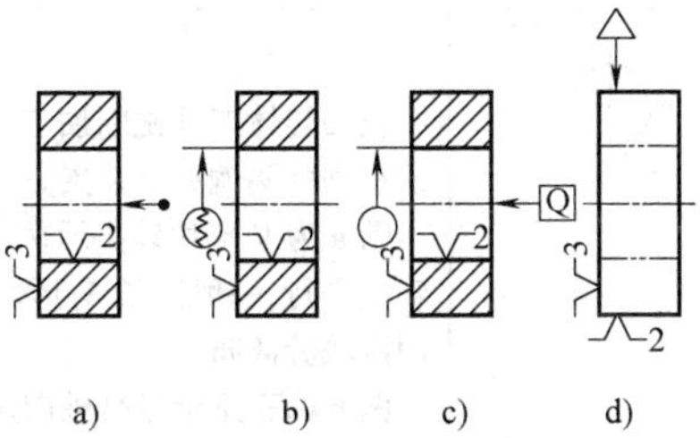 a) b) c) d)	短回转体又称盘类零件，一般以端面定位为主，内孔或外圆定位为辅。图 a 为典型装夹方案。图 b 为可胀心轴径向定心并夹紧。图 c 为圆柱心轴端面气动夹紧装夹，若无内孔可用时可用外圆柱面三爪自定心定位与夹紧的装夹方案

表 2-3 列举了部分常见数控铣削装夹组合表达方式，供参考。

表 2-3　数控铣削加工部分常见装夹方案示例与分析

示例	图示符号表达	说　明
1）经典六点定位装夹	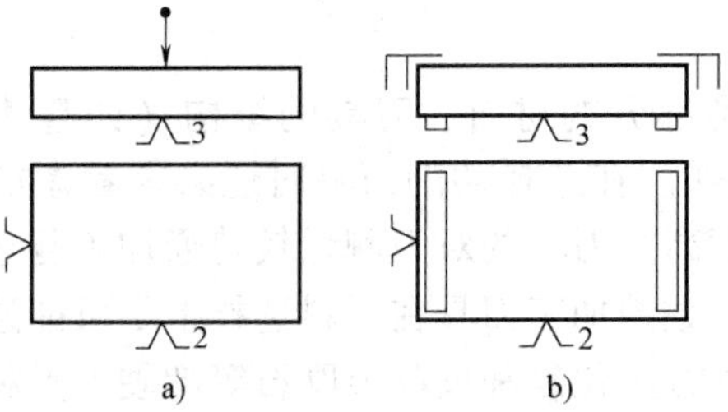 a) b)	图 a 为经典六点定位原理上压紧装夹，应用广泛。图 b 为简单的螺钉—压板装夹方案。数控加工单件、小批量工件时，底面可直接放置在工作台上或应用一对等高垫铁垫在下部，长边一般与 X 轴平行。单件加工时可采用磁力表架百分表找正，若有一对与梯形槽等宽的定位块，再插入 T 形槽可提高装夹速度。短边定位一般通过对刀确定工件坐标系
2）平口钳装夹	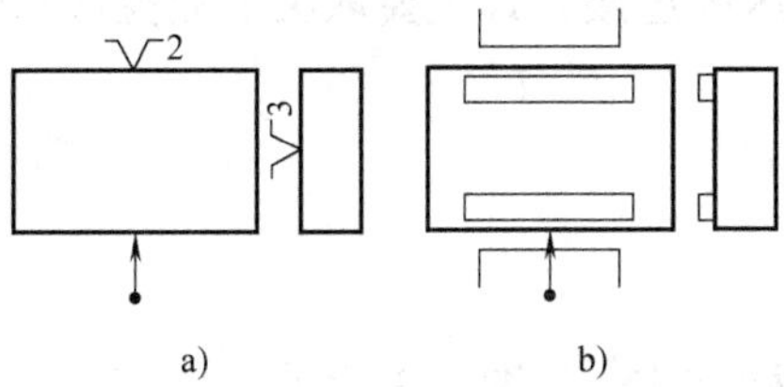 a) b)	基于平口钳装夹工件的定位、夹紧表示如图 a 所示。底面限制 3 个自由度，固定钳口限制 2 个自由度，平行固定钳口方向无定位，活动钳口提供夹紧力 　　图 b 为具体符号表示，实际中通过一对等高垫铁控制工件的安装高度
3）一面两孔定位装夹	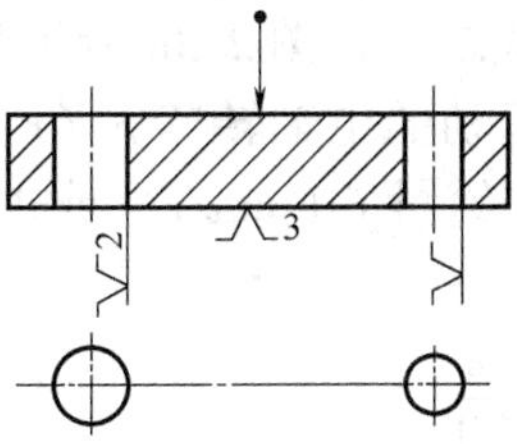	这是经典的箱体类零件定位装夹方案，是专用夹具常见的装夹方案。根据自动化程度的需要，夹紧方式可变化 　　定位原理为底面限制 3 个自由度，圆柱销定位孔限制 2 个自由度，菱形销（又称削边销）限制最后一个转动自由度

（续）

示例	图示符号表达	说　　明
4）短回转体工件（盘类）装夹	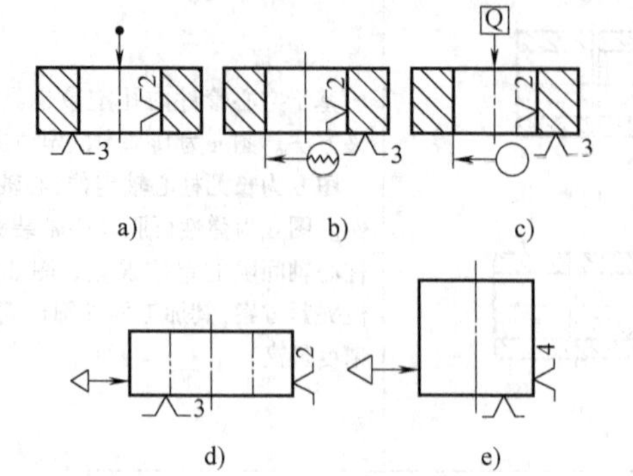	图 a ~ 图 c 为基于端面和内孔定位的装夹方案示例，图 a 为通用定位夹紧示例，图 b 为可胀弹性心轴定位夹紧，图 c 为圆柱心轴定位，端面夹紧，根据需要夹紧方案可变化为手动、液动等 图 d 和图 e 为三爪卡盘装夹示例，图 d 方案端面与底面平行度精度高，而图 e 方案端面和轴线垂直度精度高
5）长回转体工件（轴类）装夹	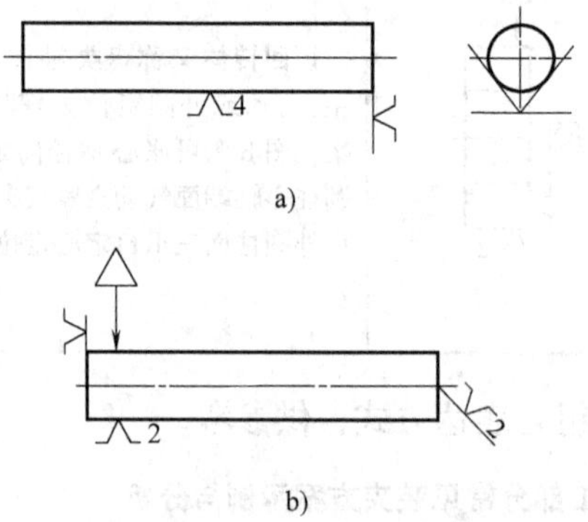	长回转体工件铣削加工一般以水平放置为主，这里列举两例典型装夹方案供参考 图 a 为 V 形块装夹示例，为保证圆柱加工面与轴线平行，一般需长 V 形块定位，实际中可能采用两块分离布局 图 b 为三爪卡盘带轴向定位的装夹示例，左端可为回转转台，单件生产可借用传统分度头，右端为铣床附件——尾顶尖。左侧的装夹方案变化可参考表 2-2 第 4 示例

2.2.4　数控切削刀具的确定

切削刀具的选择与确定涉及刀具切削部分的材料、刀具的结构（如整体式、焊接式与机夹式等）、刀具与机床的连接方式等问题。在选择切削刀具时还必须考虑加工效率与切削用量等的关系。由于数控加工自动化程度高，刀具的对刀测量较普通加工复杂和耗时，换刀次数的增加对加工效率影响极大。因此，数控加工刀具在材料选择上尽可能选择刀具寿命高的硬质合金、涂层硬质合金，甚至采用立方碳化硼和聚晶金刚石等超硬刀具材料；刀具结构上尽可能采用机夹可转位刀具。刀具与机床的连接方式主要取决于数控铣床的主轴结构或数控车床的刀架形式。

2.2.5　切削用量的确定

1. 数控加工的切削方式与切削参数

常见的数控加工方式有车削与铣削两种方式，如图 2-3 所示。

（1）车削加工　车削加工是常见的加工方式之一，图 2-3a 所示为外圆加工示例。数控车削加工编程用到的切削参数主要包括描述主运动的主轴转速 n（r/min）或切削速度（线速度）v_c（m/min）以及描述进给运动的每转进给量 f（mm/r）或进给速度 v_f（mm/min），它们之间的关系为

切削速度与主轴转速的关系：$$v_c = \frac{\pi dn}{1000}$$

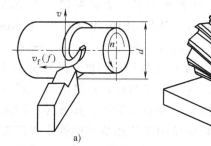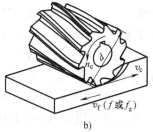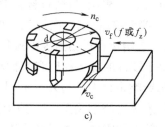

图 2-3　常见的加工方式

a）车削　b）圆周铣削　c）端面铣削

进给量与进给速度的关系：$v_f = nf$

式中　d——工件直径，mm。

（2）铣削加工　常见的加工方式有圆周铣削与端面铣削两种，如图 2-3b、c 所示。数控铣削加工常用的切削参数为主轴转速 n（r/min）和进给速度 v_f（mm/min），还有派生的切削参数，如每转进给量 f（mm/r）或每齿进给量 f_z（mm/z），它们之间的关系为

主轴转速与切削速度的关系：$n = \dfrac{1000v_c}{\pi d}$　或　$v_c = \dfrac{\pi dn}{1000}$

式中　d——刀具直径，mm。

各进给运动参数之间的关系：$f = f_z z$

$$v_f = fn = f_z zn$$

式中　z——刀具齿数。

注意，切削用量三要素中，还有一个切削参数——背吃刀量，这个参数在编程时体现在尺寸字中。

2. 切削用量的选择原则与方法

数控加工切削用量的选用总原则是在保证加工质量和刀具寿命的前提下，充分发挥机床性能和刀具切削性能，使切削效率最高，加工成本最低。

（1）切削用量的选择原则

1）粗加工时，首先选取尽可能大的背吃刀量；其次根据机床动力和刚性等的限制条件，选取尽可能大的进给量；最后根据刀具寿命或切削效率确定最佳的切削速度。

2）精加工时，首先根据粗加工后的余量确定背吃刀量，一般尽可能一刀完成；其次根据已加工表面的表面粗糙度要求，选取较小的进给量；最后在保证刀具寿命的前提下，尽可能选取较高的切削速度。

（2）切削用量的选择方法

1）背吃刀量的选择：根据工件的加工余量，在留下精加工和半精加工余量后，在机床动力足够、工艺系统刚性好的情况下，粗加工应尽可能将剩余的余量一次切除，以减少进刀次数。如果工件余量过大或机床动力不足而不能将粗加工余量一次切除时，也应将第一、二次进给的背吃刀量尽可能取得大一些。另外，当冲击负荷较大（如断续切削）或工艺系统刚性较差时，应适当减小背吃刀量。

以铣削加工为例，粗铣时，与工件材料有关，对铸铁取背吃刀量 $a_p = 5 \sim 7$mm，对无硬

皮的碳钢取 $a_p = 3 \sim 5mm$。精铣时，主要取决于工件表面质量，表面粗糙度为 $Ra3.2 \sim$ 6.3 μm 时，可粗铣-精铣获得，精铣取 $a_p = 0.5 \sim 1.0mm$；表面粗糙度为 $Ra0.8 \sim 1.6\mu m$ 时，可粗铣-半精铣-精铣三次加工，半精铣时取 $a_p = 1.5 \sim 2.0\mu m$，精铣时取 $a_p = 0.5mm$。

2）进给量和进给速度的选择：进给量（或进给速度）是数控切削加工的重要参数，主要取决于零件的加工精度和表面粗糙度要求，其次刀具和工件的材料对进给量（或进给速度）的影响也很大。另外，不同加工方法的主要矛盾也是略有差异的，如数控车削主要考虑工艺系统（特别是工件）的刚性、断屑等问题；数控铣削工艺系统的刚性主要表现在小直径立铣刀的刚性、铣刀容屑槽的大小以及孔或型腔加工的排屑问题等。当然，背吃刀量的大小对进给量也是有影响的。

数控机床的进给速度是由程序指定，可无级调速与调节，并且可通过机床操作面板上的进给速度倍率开关进行一定范围内的人工修调，这给观察和修改程序中的进给速度指令值提供了一个试验或首件试切的空间。

3）切削速度的选择：切削速度对刀具寿命的影响最大，其选择时主要考虑刀具和工件材料以及切削加工的经济性。必须保证刀具的经济使用寿命。同时切削负荷不能超过机床的测定功率。在选择切削速度时，还应考虑以下因素：

① 要注意避开积屑瘤的生成速度范围，精加工速度应该适当提高。

② 加工带硬皮的工件或断续切削的工件时，为减小冲击和热应力，应适当降低切削速度。

③ 加工大件、细长件时，应适当降低切削速度，提高刀具寿命，保证一刀能够将工件表面加工完成，避免中途换刀。

同进给量一样，数控机床的切削速度一般也可无级调速并可在一定范围内进行倍率修调。

4）切削用量参考值：切削用量的选择较为灵活，影响因素较多，其具体数值一般可查阅相关工艺手册或刀具厂家的产品样本。附录 A 和附录 B 列举了部分数控车削和铣削加工切削用量的参考值，供选用时参考。

3. 切削用量选择时的注意事项

切削用量的选择是一个经验性较强的工作，影响的因素很多，各厂的经验和习惯也不同，要想使用好切削用量必须经过一段时间的学习、思考和观察才会有所收获。这里提出几点建议供参考。

1）手头必须有几本较实用的机械制造工艺手册，这上面会列举大量切削用量的图表和相关知识，这是前人知识与经验的总结，值得研读。

2）多向有经验的老同志学习，包括阅历老道的工程技术人员和工人师傅。老同志的经验有很多是书本上没有，或是不好表达的东西。

3）多观察。经常地深入现场观察加工过程，包括自己选择的切削用量的使用情况以及他人选择的切削用量的情况，并从现场的加工情况判断切削用量的使用合理性。观察的过程就是学习、研究和提高的过程。

4）多收集一些有价值的刀具样本。刀具样本上的东西往往有比书本和手册上先进实用的东西，特别是样本上推荐的切削用量，针对性较强。

最后谈一下切削用量的认识。首先，切削用量的选择只有合理与不合理之分，一般不存在对与错的概念；其次，切削用量的选择是一个模糊的、经验型的东西，不同的人选出来的数值可能会有差异，这是正常的；最后，选择和确定下来的切削用量不是一成不变的，必须根据现场实际情况进行修正，特别是初次使用的切削用量。

2.3　数控加工常见的装夹装置

数控加工主要用于批量不大，产品变化多的生产，其装夹夹具常用的是通用型的机床装夹附件，也有的采用组合夹具，只有少量的情况采用专用夹具。本节仅介绍前两类。

2.3.1　数控车削加工常见的装夹装置

数控车削加工常见的装夹装置有：

（1）卡盘装夹加工　卡盘是车削系统最基本的装夹装置。

1）自定心卡盘装夹。自定心卡盘的外形结构如图 2-4 所示，其具有自定心与夹紧两项功能，应用广泛，可用于工件上外圆和内孔表面的装夹。自定心卡盘的卡爪一般经过淬火处理，精加工时，常采用铜皮包裹零件表面装夹，批量较大且精度较高时可专用软爪装夹。

2）单动卡盘装夹。单动卡盘的外形结构如图 2-5 所示，其各个卡爪独立操作动作，不具有定心功能，可用于加工不规则、不对称、非圆形零件的装夹。单动卡盘加工过程中一般通过找正定位。

图 2-4　自定心卡盘　　　　　　　　图 2-5　单动卡盘

3）动力卡盘装夹，顾名思义是具有动力操作动作的卡盘。按动力的不同有液压动力卡盘、气动动力卡盘和电动动力卡盘。动力卡盘主要用于批量生产，减轻劳动强度。图 2-6 为三爪中空动力卡盘及系统构成示例。图 2-6a 为三爪中空动力卡盘系统的回转缸与卡盘实物

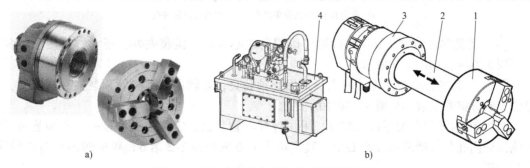

a)　　　　　　　　　　　　　　　　　b)

图 2-6　三爪中空动力卡盘及系统构成示例

a）回转缸与卡盘实物图　b）动力卡盘系统构成

1—动力卡盘　2—拉杆　3—回转缸　4—液压泵站

图，可见卡盘外圆柱面无卡爪操作机构，动力卡盘 1 上的三爪依靠拉杆 2 的轴线动作实现三爪径向的自定心同步伸缩，回转缸后部有一个旋转导气装置，可确保回转缸旋转状态下仍然能够维持供气。这里所谓中空指的是整个系统的中心是贯通的，通用性较好，可用于较长棒料的装夹加工。

（2）借助于顶尖的装夹

1）顶尖的定位部分是一种具有 60°锥角的圆锥体，工件上对应的定位面是锥面（中心孔等）。常见的结构形式如图 2-7 所示。

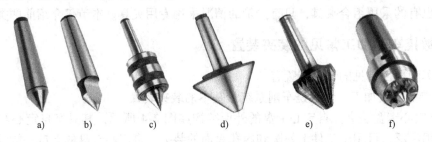

图 2-7　顶尖的形式

a)、b) 固定顶尖　c) 回转顶尖　d) 伞形顶尖　e) 内拨顶尖　f) 端面拨动顶尖

2）顶尖装夹方式的应用，如图 2-8 所示。典型应用如下：

① 自定心卡盘-尾顶尖装夹，如图 2-8a 所示。适合于较长的工件加工，这里以自定心卡盘装夹为主，尾顶尖为辅。其定位夹紧方案参见表 2-2 第 4）项的图 b。借用尾顶尖可有效提高工艺系统的刚性。

② 双顶尖对顶装夹，如图 2-8b 所示，也是细长轴类零件常见的装夹方式之一，其定位夹紧方案参见表 2-2 第 4）项中的图 c，特别适合后续还需磨削且两端钻中心孔的工件。其转矩传递的拨杆俗称鸡心夹头，这种装夹方式外圆与轴线的同轴度较好。

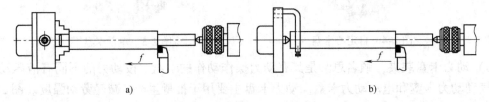

图 2-8　应用顶尖的装夹方式

a) 自定心卡盘-尾顶尖装夹　b) 双顶尖对顶装夹

（3）套类零件装夹　套类零件除可以用自定心卡盘直接装夹外，还常常采用心轴装夹和双顶尖装夹，如图 2-9 所示。

图 2-9a 为较长套类零件的装夹，采用心轴装夹，心轴用双顶尖对顶装夹在机床上，其定位夹紧方案参见表 2-2 第 5）项中的图 b。

图 2-9b 为较短套类零件的装夹，采用弹性心轴装夹，定位与夹紧合一。心轴装夹可较好地保证内孔与外圆的同轴度要求，其定位夹紧方案与表 2-2 第 6）项中的图 b 略有差异，自行分析。

图 2-9c 为空心管件类双顶尖装夹，左边为内拨顶尖（又称梅花顶尖），右边为伞形顶尖。该装夹结构简单，装夹方便，适用于套类零件且内表面已经加工后的表面，可较好地保

证内、外圆的同轴度，其定位夹紧方案参见表2-2第4）项中的图 d。

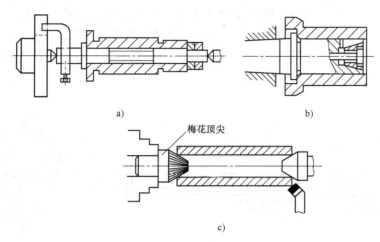

图 2-9　套类零件定位装夹

a）双顶尖心轴　b）可胀心轴　c）空心管件类双顶尖装夹

2.3.2　数控铣削加工常见的装夹装置

数控铣削加工常见的装夹装置有：

（1）螺钉—压板夹紧机构　螺钉—压板夹紧机构简称为压板夹紧，图 2-10 为压板组件的构成情况及其应用时的注意事项。压板夹紧机构主要由压板、T 形槽用螺栓和垫铁组成，如图 2-10a 所示。使用时注意螺栓压紧作用点应尽可能靠近工件；垫铁高度尽可能等于或略大于工件高度；对于已加工表面，夹紧时可在夹紧点垫上铜片或铝片防止工件表面压伤；加工通孔时，可在工件底部垫上两块等高垫铁；压板夹紧部位应具有足够的刚度，防止工件变形，压板和螺栓、螺母等应进行调质处理，且螺母的高度一般较长，螺母与压板之间要有厚度稍大的垫圈。

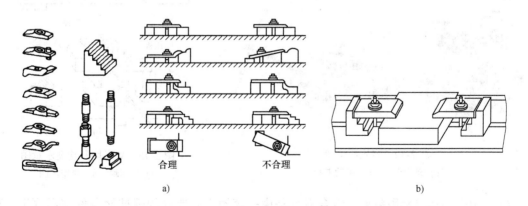

图 2-10　压板组件及其应用

a）压板组件　b）应用示例

（2）平口钳装夹　平口钳又称平口台虎钳，是铣削加工常见的机床附件，图 2-11a 所示是一个回转式平口钳，其主要由固定钳口、活动钳口和底座等组成，固定钳口固定在钳体上并能在底座上扳转任意角度，活动钳口可由丝杠带动改变钳口张度并夹紧工件，底座下部有两个可装拆的定向键，可与机床工作台 T 形槽宽匹配，快速（粗）定位。注意固定钳口底部的下部也有两个定向键，拆除底座后可直接快速安装在机床工作台上。平口钳使用之前一般要找正固定钳口与机床的 X 轴（图2-11c 所示）或 Y 轴平行。平口钳装夹原理示意参见表2-3 第2）项。

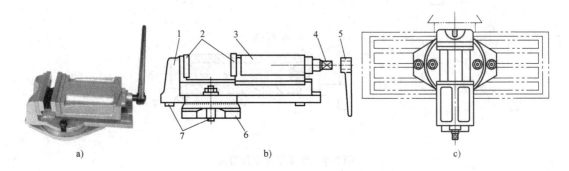

图 2-11　平口钳装夹

a）实物图　b）平口钳结构图　c）平口钳安装示意图

1—固定钳口　2—钳口垫　3—活动钳口　4—螺杆　5—扳手　6—底座　7—定向键

（3）自定心卡盘装夹　对于尺寸不大的圆形零件，可利用自定心卡盘（图2-12所示）夹紧，自定心卡盘是一种具有自定心功能的定位与夹紧同时完成的通用夹具。根据生产类型的不同，批量大时一般选用动力形式的卡盘（图 2-12a），否则选用手动操作形式的卡盘（图2-12b）。卡盘装夹的装夹原理与图示参见表2-3 第4）项。

（4）V 形块装夹　圆柱形工件可以使用 V 形块定位，螺钉-压板夹紧的方式安装，如图2-13所示。V 形块具有自动定心功能，对于加工与轴线平行的键槽等效果较好。

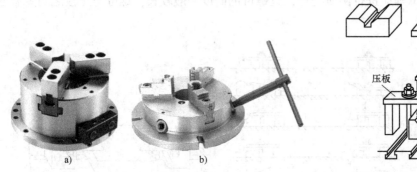

图 2-12　自定心卡盘

a）动力卡盘　b）手动卡盘

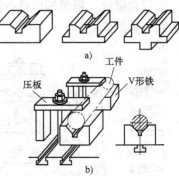

图 2-13　V 形块及装夹示意图

a）V 形块　b）应用示例

（5）组合夹具与专用装夹　组合夹具是由一套预先制造好的标准元器件按需要组合而成的一种新型夹具，这种夹具可以在需要时按搭积木的方式组装成专用夹具，用完后又可拆开并洗净存放留做下次使用，特别适合多品种小批量的生产模式，但其首次投资较大。另外，根据批量大小的不同或装夹方案的需要，实际生产中还会用到复杂程度不等的专用夹具。

2.4　数控加工常用刀具

2.4.1　数控刀具材料

数控刀具根据所使用的切削部分材料、刀体材料、夹持部分、结构形式、刀具用途等有所不同，其种类较多。

1. 刀具切削部分材料

刀具切削部分的常用材料有高速钢和硬质合金。另外，超硬的陶瓷材料、立方氮化硼、金刚石等也有所应用。近年来，刀具涂层技术较为普遍地应用，取得了较好的效果。

（1）高速钢　高速钢是在合金钢中加入较多的 W、Cr、Mo 和 V 等合金元素的一种刀具材料。应用较为广泛的是 W18Cr4V，这种钢有较好的综合性能，可制造各种复杂的刀具，在国内应用较为广泛。W6Mo5Cr4V2 高速钢是增加了钼，减少了钨元素的一种高速钢，其抗弯强度和冲击韧度都高于 W18Cr4V，并具有较好的热塑性和磨削性能，适合于制作抵抗冲击的刀具。另外，针对一些特殊要求还开发出了部分的高性能高速钢材料。另外，某方面性能优异的高性能高速钢和粉末冶金高速钢材料在数控刀具中也有较好的应用。

（2）硬质合金　硬质合金是由硬度和熔点很高的金属碳化物（WC、TiC、TaC、NeC 等）和金属粘结剂（Co、Ni、Mo 等）以粉末冶金的方式烧结而成的一种高性能刀具材料。常用的硬质合金材料有钨钴类（YG 类）、钨钴钛类（YT 类）和通用硬质合金类（YW 类）三大类，对应 ISO 标准的 K、P、M 类硬质合金。ISO 标准硬质合金是按用途分类的，P 类（对应 TW 类）主要用于加工长切屑材料，如碳钢和合金钢等材料；K 类（对应 TG 类）主要用于加工短切屑材料，如铸铁类材料；M 类（对应 TW 类）硬质合金通用性较好，可用于不锈钢、铸钢、锰钢、可锻铸铁、合金钢和铸铁等。另外，ISO 标准还细分有 N 类（适合有色金属加工）、S 类（适合耐热和优质合金材料加工）和 H 类（硬切削材料的加工，如淬硬钢、冷硬铸铁等）等。

（3）刀具涂层　刀具表面涂层是近年来应用较为广泛的技术，常用的涂层材料有 TiC、TiN 和 Al_2O_3 等；涂层方法主要有化学气相沉积 CVD 与物理气相沉积 PVD 方法；涂层结构有单层、多层等，单层涂层刀片使用较少，一般都采用 TiC-TiN 双层复合涂层或 TiC-Al_2O_3-TiN 三层复合涂层的技术。硬质合金刀片表面镀覆涂层后其刀具寿命可提高数倍。涂层技术不仅用于硬质合金刀片等，而且在整体式铣刀或钻头的切削部分有所应用。

2. 刀体材料

刀体材料的使用与刀具的结构有一定的关系，对于高速钢制作的刀具，一般刀体部分与切削部分相同。对于硬质合金作切削部分的刀具，其刀体材料一般采用合金工具钢制作，如 9CrSi 或 GCr15 等。对于镗刀的刀杆等可采用 45 钢或 40Cr 等制作。

2.4.2　数控车削加工刀具

1. 车刀结构及分类

车床刀具常见的结构形式有整体式、焊接式、机夹式及机夹可转位式，如图 2-14 所示。整体式车刀一般采用高速钢制造，刃口锋利，适合于小批量、复杂自制刀具的制作；焊接式车刀是将硬质合金刀片钎焊在碳钢刀杆上，可根据需要刃磨刀具，刀具结构简单，但存在焊接内应力；机夹式和机夹可转位式车刀，其刀片均是用机械夹固的方法固定，故可简称为机夹式车刀，机夹式刀具避免了焊接内应力的问题。机夹可转位式车刀是数控加工主流推荐品种，刀片由专业厂生产，操作者仅转位使用，所有刀刃用钝后舍弃，也可见刀具商推荐的刀片重磨服务；个别不便转位的刀片刀具则属于机夹式车刀。

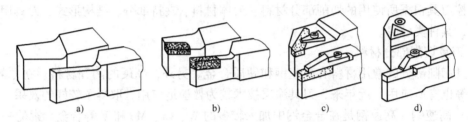

图 2-14　车刀的结构形式
a) 整体式　b) 焊接式　c) 机夹式　d) 机夹可转位式

2. 机夹可转位车刀

（1）机夹可转位车刀的分类　机夹可转位车刀按加工面的特征不同可分为外圆与端面、内孔、切断与切槽和螺纹四种类型，如图 2-15 所示。

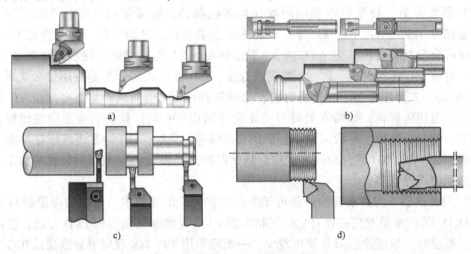

图 2-15　机夹可转位车刀的类型
a) 外圆与端面　b) 内孔　c) 切断与切槽　d) 螺纹

（2）机夹可转位车刀的刀片　机夹可转位硬质合金的刀片均是由专业厂生产，其结构形式均已系列化、标准化，GB/T 2076—2007《切削刀具用可转位刀片型号表示规则》采用了 ISO 国际标准。国内外刀具商的刀片代号表示基本与其相同，但也有部分标准未规定的刀片，各刀具商代号表示存在差异，因此，选用时尽可能参阅相关刀具商的产品样本进行查阅。关于刀片使用，应该注意以下问题，以图 2-16 所示刀片为例。

1）刀片形状，对刀具的主、副偏角以及刀片强度等有所影响。常见刀片形状如图 2-17 所示，用大写字母做代号，有正多边形（按边数不同有 O、H、P、S、T），菱形（按刀尖角 ε_r 不同有 C、D、E、M、V 等），平行四边形（按刀尖角 ε_r 不同有 B、A、K 等），矩形 L，圆形 R，等边不等角六边形 W（刀尖角为 80°）等。图 2-18 为机夹式车刀常见刀片形状与代号，其中切断刀片不同厂家不同，这里未列。

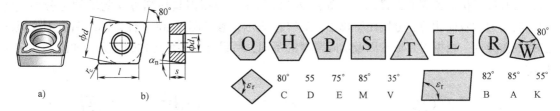

图 2-16　刀片示例 80°刀尖角（C 型）
　　a）刀片外形　b）主要参数

图 2-17　常见刀片形状与代号

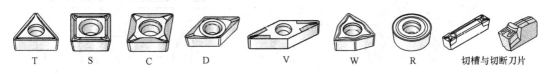

图 2-18　机夹式车刀常见刀片形状示例

2）刀片法后角 α_n，参见图 2-16b，对刀具的前角与后角有影响。常见的有 0°、7°、11°等，0°法后角常用于制作正前角车刀，故其常称为正前角刀片。

注意，刀具的刃倾角是通过刀片在刀杆上的不同方位自然形成，同一刀片可做出不同刃倾角的刀具。

3）断屑槽形式，参见图 2-16a，实质为前刀片的不同形状对切屑的卷曲与断屑有影响。其有三种可能，即无、单面与双面。不同厂家断屑槽的差异较大，以厂家推荐为准。

4）固定孔参数与形式，常见的刀片为圆柱孔与沉孔两种，涉及刀片的夹持方式，如图 2-16b 中固定圆柱孔直径 ϕd_1。也有无固定孔刀片，多用于超硬刀具材料刀片等。

5）刀片几何参数，参见图 2-16b 所示，有内切圆直径 ϕd、刀片长度 l、刀片厚度 s、刀尖圆角半径 r_ε 等。

（3）机夹可转位车刀刀片的固定方式　机夹可转位车刀刀片一般通过机械方式夹紧固定的，常见的夹固形式有 C、M、P、S 四种，参见图 2-19，图中右上角为夹紧简化符号与形式代码。图 2-19a 采用压板上压紧方式，通用性较好，特别适合无固定孔刀片夹紧；图 2-19b 为销定位并预向内压紧，压板主压紧方式，属复合夹紧，特别适合副前角刀片粗加工车刀使用；图 2-19c 为经典的杠杆夹紧，刀片固定孔为圆柱孔，前面切屑流出无障碍；图 2-19d 为螺钉夹紧，刀片固定孔为沉孔，适合精车刀具使用。

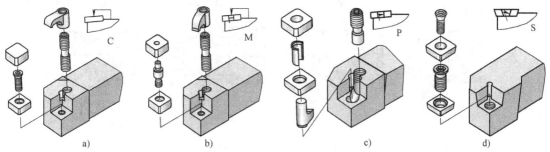

图 2-19　机夹式车刀常见刀片夹固形式
a）顶面夹紧　b）顶面与孔夹紧　c）孔夹紧　d）螺钉通孔夹紧

（4）刀具结构形式与刀具切削方向　机夹式可转位刀具的结构组成包括刀体与刀头两部分，刀片通过机械夹固的方式固定，如图 2-20a 所示。根据刀具切削方向的不同可分为左切刀、右切刀和双向切刀，分别用字母 L、R 和 N 表示，参见图 2-20b，注意前、后置刀架机床选择的差异性。根据刀片形状以及实际需要的不同，可设计出多种形式的刀具，如图 2-20c、d 所示。

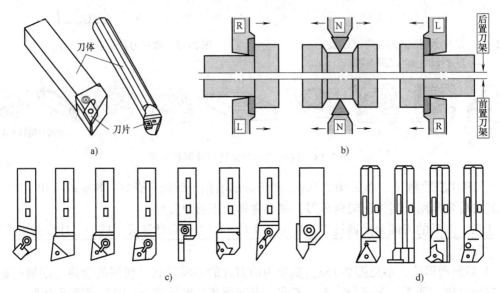

图 2-20　数控车刀的结构形式

a）刀具结构组成　b）切削方向　c）外表面车刀　d）内表面车刀

3. 机夹可转位车刀的典型结构示例

（1）外圆与端面车刀　图 2-21 所示为机夹式外圆与端面车刀结构及其切削表面示例。

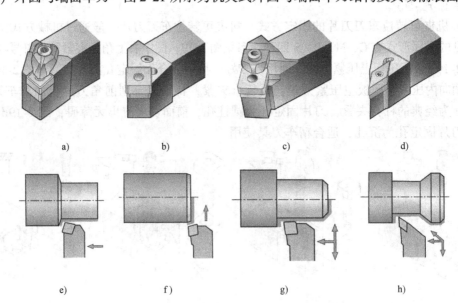

图 2-21　外圆与端面车刀结构与切削表面示例

a）上压式　b）杠杆式　c）楔块式　d）螺钉式　e）～h）切削表面举例

（2）内孔车刀　图 2-22 所示为机夹式内孔车刀结构及其切削表面示例。

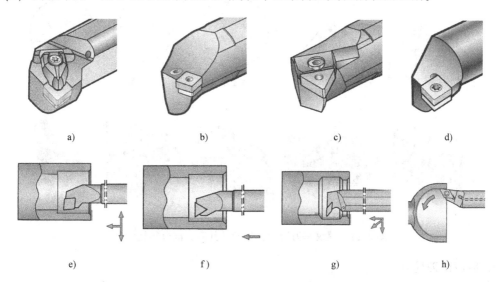

图 2-22　内孔车刀结构与切削表面示例
a）上压式　b）杠杆式　c）楔块式　d）螺钉式　e）~h）切削表面举例

（3）切断与切槽车刀　图 2-23 所示为机夹式切断与切槽车刀结构及其切削表面示例。

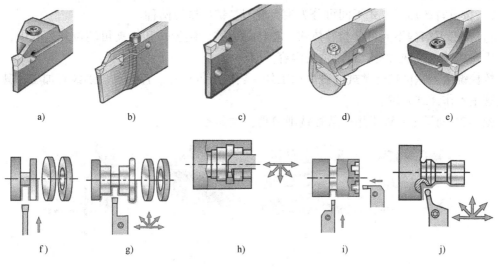

图 2-23　切断与切槽车刀的结构与切削表面示例
a）~e）切断与切槽刀结构形式　f）~j）切削表面举例

（4）螺纹车刀　图 2-24 所示为机夹式螺纹车刀刀片、牙型及其刀头部分结构示例。

2.4.3　数控铣削加工刀具

铣削加工是指以旋转运动的刀具做主运动，工件或铣刀做进给运动进行切削加工的工艺方法。铣削的刀具一般为多刃，特殊情况也有采用单刃的。数控铣削是基于数控铣床进行铣削加工的工艺方法。

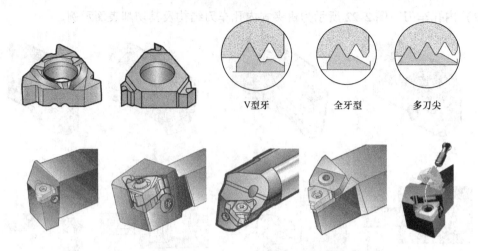

V型牙　　　　全牙型　　　　多刀尖

图2-24　螺纹车刀刀片、牙型及其刀头部分结构示例

1. 数控铣刀简介

数控铣刀指用于数控铣床进行铣削加工的具有一个或多个刀齿的旋转刀具。工作时，各刀齿依次间歇地切去工件的余量。铣刀分类的方式有多种。

1）按用途不同可分圆柱形铣刀、面铣刀、立铣刀、三面刃铣刀、角度铣刀、锯片铣刀和 T 形槽铣刀等。

2）按齿背的加工方式不同可分为尖齿铣刀与铲齿铣刀两种。

3）按铣刀结构不同可分为整体式、整体焊齿式、镶齿式和机夹可转位式。其中，整体式与机夹可转位式铣刀是重点讨论的内容。

数控铣床上除可进行常规的铣削加工外，还能进行钻孔、镗孔、攻螺纹等加工，其刀具形式这里不作详细介绍。

图 2-25 列举了几种常用的数控铣削刀具，供参考。

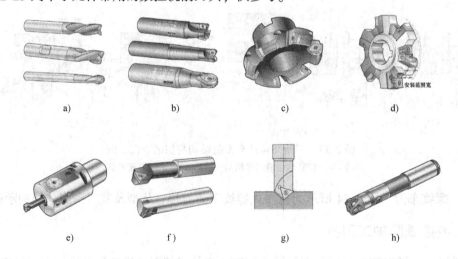

图2-25　常用数控铣削刀具

a）整体立铣刀　b）机夹式立铣刀　c）机夹面铣刀　d）机夹三面刃铣刀
e）可调镗刀　f）机夹式镗刀　g）倒角铣刀与定心钻　h）机夹式机用铰刀

2. 数控铣刀参数描述

图 2-26 所示为常用铣刀及其需要表达的参数，供参考。其中，图 2-26f 所示的圆角立铣刀又称圆鼻刀或 R 立铣刀。限于篇幅所限，不能一一列举，读者可自行总结。

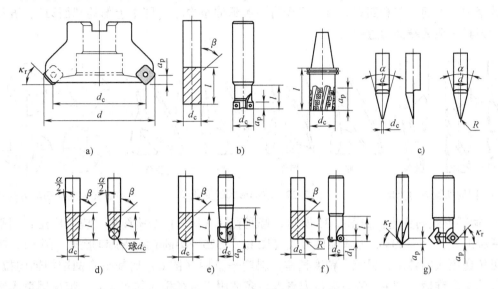

图 2-26 常用铣刀及参数描述示例

a) 面铣刀 b) 圆柱立铣刀 c) 雕刻刀 d) 圆锥立及圆锥球头立铣刀

e) 球头立铣刀 f) 圆角立铣刀 g) 倒角立铣刀

3. 整体式立铣刀结构分析

中小尺寸立铣刀多为整体式结构，过去主要以高速钢材料为主，近年来整体硬质合金刀具等在数控加工中获得了较好的应用。

（1）整体式立铣刀的基本结构与主要参数 图 2-27 所示直柄平底圆柱立铣刀示例，其主要参数包括刀具直径 d、刀具长度 L、切削刃长度 l、螺旋角 β 和柄径 d_1。作为数控加工刀具，其柄径 d_1 一般更多地考虑刀具的装夹以及加工精度等，因此，多与刀具切削直径 d 不相等。

图 2-27 整体式立铣刀示例

（2）整体式立铣刀结构形式的变化 归纳如下：

1）圆周切削刃的变化，如图 2-28 所示，基本的形状为圆柱形螺旋切削刃，其可在后面刃磨出波形刃等制作成粗铣铣刀，圆锥形螺旋切削刃也是其变化形式之一，但数控加工斜面的方案不一定采用锥度铣刀，因此这种形式的立铣刀在数控加工中应用并不广泛。

2）端部形式的变化，如图 2-29 所示。平底是基础的端部形式，应用广泛，可用于平面、侧立面、阶梯面加工，并常用于曲面粗加工；圆角形式是圆柱与端面圆弧过渡，其圆弧半径小于刀具直径，多用于曲面半精铣与精铣加工；球头形式是圆角过渡的极端示例，其半径等于刀具直径的一半，多用于曲面精加工；倒角形式可认为是切削刃刀尖的直线过渡刃，同样圆角铣刀的圆角半径较小时可认为是圆弧过渡刃，其可加强刀尖寿命，如图 2-28 中间的波形刃粗铣刀的刀尖一般均设有过渡刃。

3）端面切削刃的变化，如图 2-30 所示。传统的立铣刀端面常常设有中心孔（如 2-30 左上图），因此端刃无法延伸至中心，刀具轴线下刀切削深度与切削性能受到影响。近年来的数控立铣刀取消端面中心孔，且端面刃至少有一条延伸至中心，如图中两刃刀具两端面刃均延伸至中心，而三刃和四刃铣刀则至少有一条延伸至中心（图中上部的端面刃），五刃及以上的刀具一般无端面刃过中心。

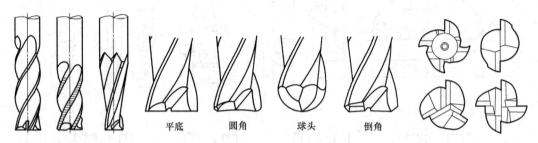

图 2-28　圆周切削刃的变化　　　　图 2-29　端部形式的变化　　　　图 2-30　端面切削刃的变化

4）柄部形式的变化，如图 2-31 所示，普通直柄（图 a）结构简单，应用广泛；削平直柄分两种形式，$\phi 6 \sim 20\text{mm}$ 为单削口形式（图 b），$\phi 25 \sim 63\text{mm}$ 为双削口形式（图 c），削平直柄可传递更大的转矩，但定心精度稍差；斜削平直柄（图 d）比削平直柄增加轴向拉力；带螺纹孔莫氏锥柄（图 e）装夹夹持力更大，多适用于直径稍大的立铣刀；带扁尾莫氏锥柄（图 f）主要用于直径稍大的钻头等。

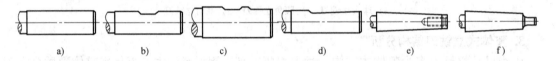

图 2-31　柄部形式的变化

a）普通直柄　b）单削口形式（削平直柄 I）　c）双削口形式（削平直柄 II）　d）斜削平直柄
e）带螺纹孔莫氏锥柄　f）带扁尾莫氏锥柄

4. 机夹式铣刀结构分析

机夹式铣刀基本可模拟出整体式铣刀的所有形式，其使用的刀片除前述图 2-17 所示的标准形状外，还有较多的非标形状，同时其前面及其断屑槽的变化也更为丰富。限于篇幅，本书仅就数控加工常用的机夹式刀具形式进行简单分析。

（1）机夹式立铣刀　重点关注其是如何通过刀片及其组合形式构造出各种类似整体式立铣刀的形式。

图 2-32 所示为常见机夹式平底立铣刀结构图。常见的刀具结构多为单层刀片，可以选用平前面的普通 S 型四方形刀片（图 a）；若需要较长的圆周切削刃，可以采用多片刀片沿螺旋线布置模拟圆周切削刃（图 b）；若需要较大的背吃刀量 a_p，则可选用 L 形长方形刀片（图 c）；对于螺旋槽机夹式立铣刀，常采用图 e 所示的扭曲状前面刀片，其装在图 d 所示的立铣刀上可较好地模拟出螺旋切削刃；平底机夹式立铣刀主偏角为 90°，故常称为方肩立铣刀，为减少端面切削刃的摩擦，形成一定的副偏角，底层刀片常选择刀尖角稍大的平行四边形刀片（B 或 A 型）或菱形刀片（C 或 M 型），长圆周刃的螺旋刃选用 L 型长方形刀片（图 f）以减少刀片数量。

图 2-33 所示为常见的机夹式圆角立铣刀结构示例，其多采用 R 型圆形刀片，圆角铣刀多用于曲面的半精加工与精加工，其加工背吃刀量 a_p 一般不超过刀片半径，图 2-33 右图所示圆周切削刃上的刀片实质为保护刀体作用。机夹式立铣刀由于结构限制，刀片多为螺钉夹紧，必要时配合压板夹紧，如图 2-33 右图所示。

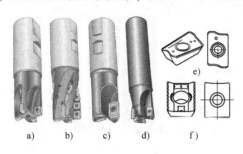

图 2-32　机夹式平底立铣刀结构分析

a)~d) 立铣刀实物图　e、f) 刀片立体图与形状

图 2-33　机夹式圆角立铣刀结构示例

图 2-34 所示为常见的机夹式球头立铣刀结构示例，图 a 所示为多刀片组合构造切削刃，适合稍大直径的刀具；图 b 所示为图 e 所示的专用可转位刀片构造的切削刃，刀片的两条圆弧刃分别用于构建过中心刃和外圆弧刃；图 c 所示为图 b 结构增加刀体保护刀片的示例；图 d 所示为图 f 上图所示整体专用球头刀片构造的球头立铣刀，这种刀片可做得较小，因此适合于直径较小的机夹式球头立铣刀应用，其刀片形式也可变化，如图 f 下图刀片可使图 d 所示铣刀转变为平底机夹式小直径立铣刀；图 g 所示为图 d 立铣刀刀片装夹原理。

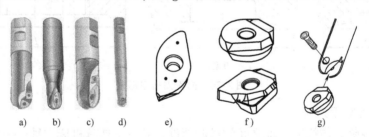

图 2-34　机夹式球头立铣刀结构示例

a)~d) 立铣刀实物图　e)、f) 可转位与整体刀片　g) 整体刀片装夹原理

（2）机夹式面铣刀　机夹式面铣刀在机械加工中应用广泛，图 2-35 所示为面铣刀示例。图 2-35a 为主偏角为 45° 的面铣刀实物图，学习与选择面铣刀时必须关注刀具直径、刀片形式及其夹持方式与刀具接口参数等。图 2-35b 所示为螺钉夹紧，刀垫 4 用于保护刀体 5；图 2-35c 所示为楔块夹紧，刀片无固定孔 8 通过刀夹 10 定位在刀体 11 上并由螺钉夹夹紧 9 固定，螺钉 6 为双头螺钉，分别为左、右旋螺纹，旋转其可以控制压紧楔块 7 夹紧与松开刀片。

GB/T 5342.1—2006《可转位面铣刀第 1 部分：套式面铣刀》推荐了面铣刀的形式参数，其中包含接口参数，该标准修改采用了 ISO 6462，具有较好的通用性。标准规定的接口形式有 A、B、C 三种，参见图 2-36，均采用中心孔定位，端面传动键传递扭矩。A 型中心螺钉紧固，B 型中心垫圈-螺钉紧固，C 型四个螺钉圆周均布紧固。A 型直径 D 有 $\phi50$mm、$\phi63$mm、$\phi80$mm、$\phi100$mm 四种规格，接口直径 d_1 有 $\phi22$mm、$\phi27$mm、$\phi32$mm 三种规格。B 型直径 D 有 $\phi80$mm、$\phi100$mm、$\phi125$mm 三种规格，接口直径 d_1 有 $\phi27$mm、$\phi32$mm、

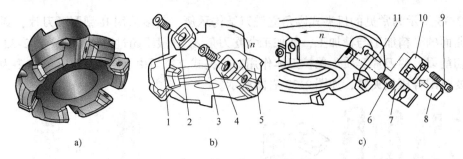

图 2-35 面铣刀及刀片夹紧示例

a) 实物图 b) 螺钉夹紧 c) 楔块夹紧

1—刀片夹紧螺钉 2—带固定孔刀片 3—刀垫夹紧螺钉 4—刀垫 5、11—刀体
6—双头夹紧螺钉 7—压紧楔块 8—无固定孔刀片 9—刀夹夹紧螺钉 10—刀夹

$\phi40mm$ 三种规格。C 型直径 D 有 $\phi160mm$、$\phi200mm$、$\phi250mm$、$\phi315mm$、$\phi400mm$ 和 $\phi500mm$ 等规格，其中直径 $D=160mm$ 的规格也可制成端面键传动，直径 $D=160mm$ 的接口直径 $d_1=40mm$、$d_5=14mm$；直径 $D=200mm$ 和 $250mm$ 的接口直径 $d_1=50mm$、$d_5=18mm$；直径 $D=315mm$、$400mm$ 和 $500mm$ 的面铣刀由于切削力较大，一般不用刀柄装夹，而是直接与主轴相连，这里不详述。

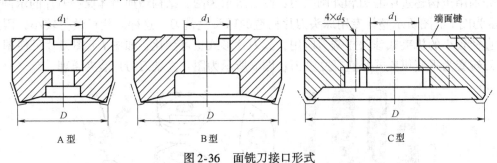

图 2-36 面铣刀接口形式

5. 数控铣刀常用刀柄

刀柄是数控铣刀与机床主轴之间的过渡部件，其一头连着机床主轴，一头连着刀具，主要用于夹持各种刀具等。图 2-37 所示为某弹性夹头刀柄示意图，这是一种普通刀柄，采用 7:24 圆锥柄（JT 型）与机床相连，端头可装拉钉用于刀柄在机床上的装夹。刀柄中与刀具相连的部分随刀具结构的不同而有较大的差异，弹性夹头刀柄一般配置不同规格的弹性夹头用于装夹刀具。7:24 圆锥柄一般用于普通的数控铣床，高速铣削加工的刀柄一般采用 HSK 系列或液压夹紧刀柄。

数控铣床刀柄系统的 7:24 锥柄主要有 JT、BT 等形式，其中 JT 型锥柄遵循 GB 10944—2006，该标准等效采用 ISO 7388—1，适合于加工中心机械手换刀，也广泛用于数控铣床；而 BT 型锥柄基于日本标准生产，国内有一定使用量。图 2-38 所示为 JT40 型锥柄示意图。图 2-39 所示为与 JT40 型圆锥柄配套的 LDA40 型拉钉。

HSK 锥柄作为高速数控机床主轴接口，在高档数控加工中心中有较广泛的应用，国家标准等同采用 ISO 12164：2001 制定了相应标准 GB/T 19449—2004《带有法兰接触面的空心圆锥接口》。图 2-40 所示为 HSK63A 型锥柄与切削液导管及安装扳手示意图，其中心的 $M18×1$ 螺孔可安装切削液导管，实现内冷却刀具的供液，不用时用堵头堵住。

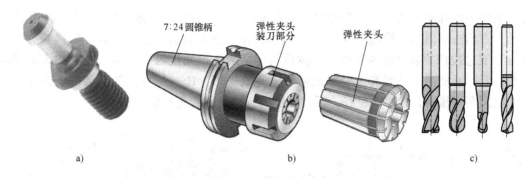

图 2-37 弹性夹头刀柄

a）拉钉 b）弹性夹头刀柄 c）直柄立铣刀

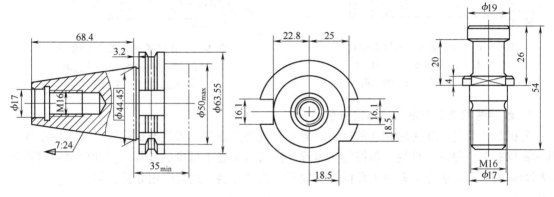

图 2-38 JT40 型锥柄

图 2-39 LDA40 型拉钉

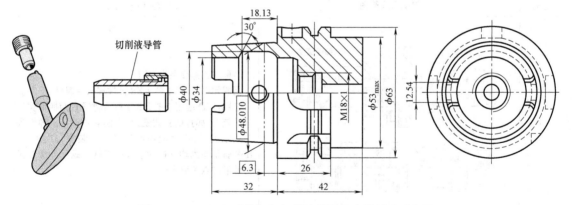

图 2-40 HSK63A 型锥柄与切削液导管及安装扳手示意图

6. 数控铣刀刀柄与机床主轴接口连接

7:24 锥柄与 HSK 锥柄及机床主轴均有相应的连接方法。

图 2-41 所示为 7:24 锥柄主轴抓刀原理图，拉爪座 6 在拉杆（图中未示出）的推力（一般为液压或气压力）作用下推出拉爪，弹簧 5 收紧作用张开拉爪，取下主轴；相反，在此状态下装入主轴，释放拉杆推力，在蝶形弹簧（图中未示出）力作用下反向拉入拉爪，在主轴内部锥面作用收紧拉爪并拉紧，实现紧刀。

图 2-42 所示为 HSK 锥柄主轴抓刀原理，假设主轴未装刀具，液压或气压力推动拉杆脱

开拉爪组件内的锥面夹紧爪，拉爪收缩，装入锥柄，未拉紧之前，锥柄与主轴锥孔只能有锥面接触，锥柄法兰面与主轴端面存在微小间隙，释放松刀力后，主轴内的拉紧碟簧（图中未示出）通过拉杆拉紧拉爪内锥面，使拉爪与锥柄内孔锥面接触并拉紧，HSK 锥面略微弹性变形，同时锥柄法兰平面与主轴端面接触，完成抓刀。HSK 锥柄主轴抓刀时实际上是锥面与法兰面两面接触，接触刚度好，抓刀精度高，因此适合高速切削加工。

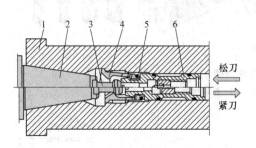

图 2-41　7:24 锥柄主轴抓刀原理

1—主轴　2—7:24 锥柄　3—拉钉

4—拉爪　5—弹簧　6—拉爪座

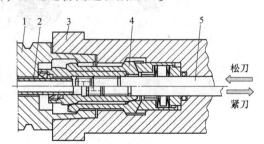

图 2-42　HSK 锥柄主轴抓刀原理

1—锥柄　2—切削液导管　3—主轴

4—拉爪组件　5—拉杆

7. 数控铣刀常见刀柄结构形式分析

刀柄是刀具与机床主轴相连的过渡装置，刀具种类繁多，刀柄形式多样，而主轴结构与具体机床有关，是唯一性的，数控加工编程选择刀具是必不可少的步骤，因此要重视刀具与刀柄知识的学习。表2-4 列举了数控铣削加工常见的刀柄形式与应用分析，供参考。

表 2-4　数控铣削加工常见的刀柄形式与应用分析

序号	刀柄形式简图	应 用 分 析
1	BT锥柄　　ER弹性夹头 HSK锥柄	名称：ER 弹性夹头刀柄 组成元件：刀柄本体 + ER 弹性夹头 + 螺母 应用：广泛应用于图 2-31a 所示普通直柄柄部类刀具的装夹，如直柄立式铣刀、直柄麻花钻等。弹性夹头成组配置，以适应不同直径刀具装夹，JT、BT 与 HSK 锥柄系列均有这种形式的刀柄。螺母外廓常见沟槽形与六角形形式
2	弹性筒夹	名称：强力铣夹头刀柄 组成元件：刀柄本体 + 弹性筒夹 应用：该刀柄同样用于普通直柄刀具的装夹，但夹紧力更大，可夹持直径更粗。同样，弹性筒夹成套配置，以适应不同直径刀具装夹

（续）

序号	刀柄形式简图	应用分析
3	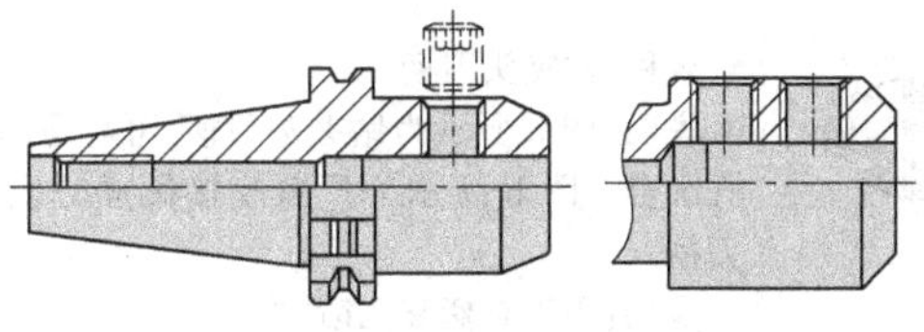	名称:侧固式刀柄 组成元件:刀柄本体 + 紧固螺钉 应用:图 2-31b、c 所示削平直柄柄部类刀具的装夹,传递转矩大,但定心精度略差
4	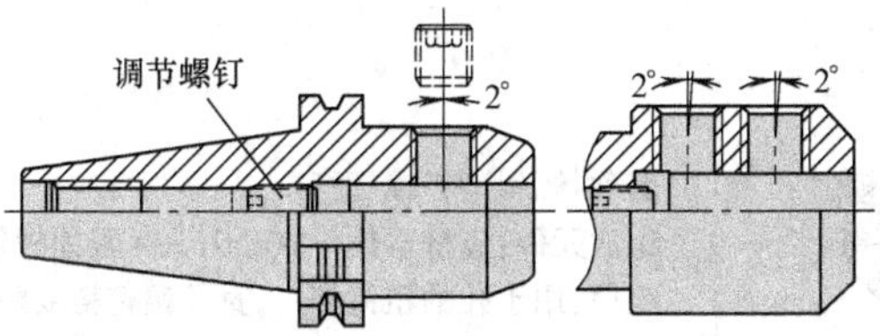	名称:2°侧固式刀柄 组成元件:刀柄本体 + 紧固螺钉 + 调节螺钉 应用:图 2-31d 所示 2°削平直柄柄部类刀具的装夹,传递转矩大,轴向定位精度高,但定心精度略差
5	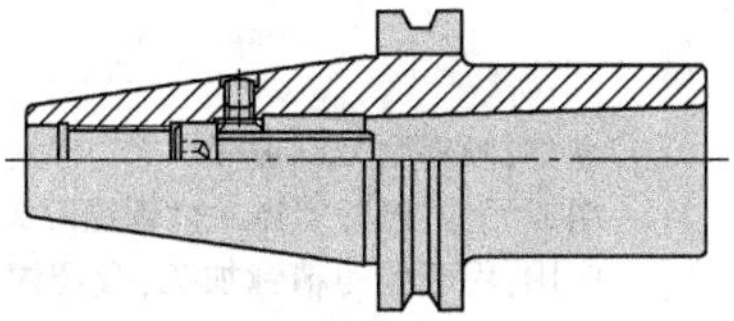	名称:无扁尾莫氏圆锥孔刀柄 组成元件:刀柄本体 + 拉紧螺钉 + 紧定螺钉 应用:图 2-31e 所示带螺纹孔莫氏圆锥柄类刀具的装夹,如莫氏锥柄立铣刀等
6	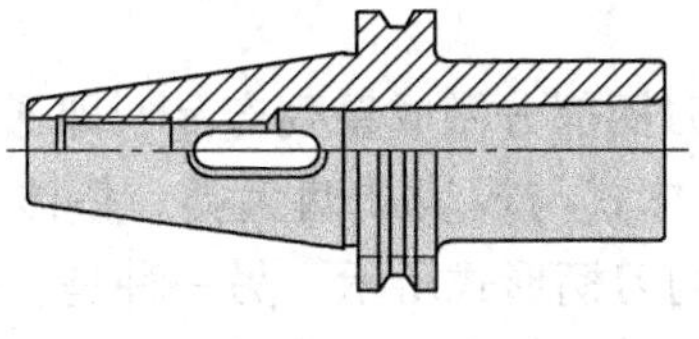	名称:带扁尾莫氏圆锥孔刀柄 组成元件:刀柄本体 应用:图 2-31f 所示带扁尾莫氏圆锥柄类刀具的装夹,如锥柄麻花钻等
7	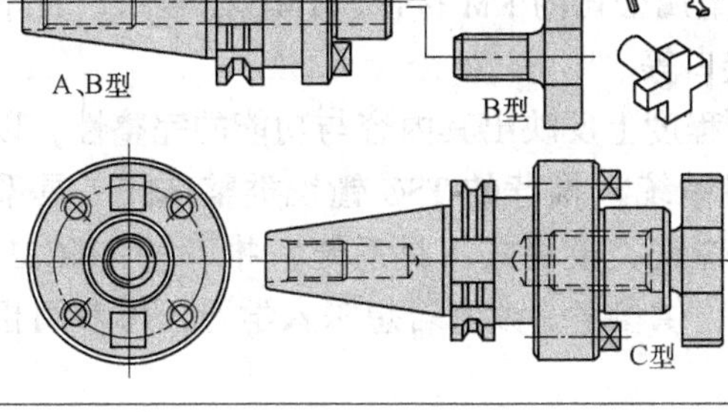	名称:面铣刀刀柄(A、B、C 型三种) 组成元件:刀柄本体 + 内六角螺钉 + 十字螺钉 应用:对应图 2-36 所示面铣刀接口形式。三种形式均为圆柱定位,紧固方式不同。A 型为内六角螺钉紧固;B 型为十字螺钉紧固(配专用扳手),也有用垫圈 + 内六角螺钉固定的方案;C 型主要为四个内六角螺钉紧固形式。对于直径较大的面铣刀,建议采用直接主轴相连的方式

（续）

序号	刀柄形式简图	应用分析
8	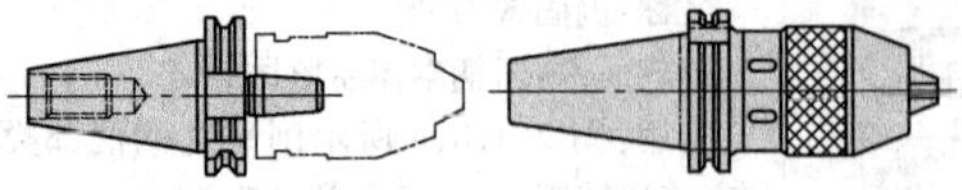 a)　　　　b)	名称:钻夹头刀柄 说明:图 a 所示为钻夹头刀柄,可与通用钻夹头锥孔配合。图 b 所示为厂家直接做成的成品钻夹头刀柄 应用:用于直柄麻花钻
9	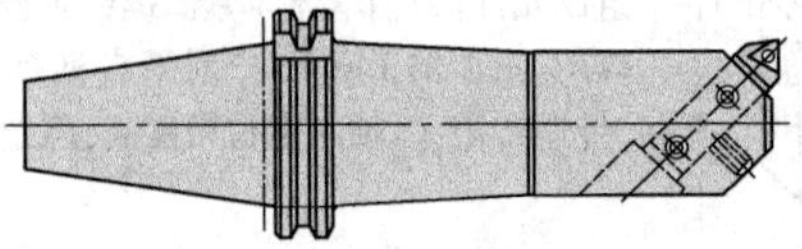	名称:倾斜型粗镗镗杆 组成元件:镗杆本体 + TQC 刀头 + 紧固螺钉 应用:用于孔的粗镗加工,直径调整精度差
10	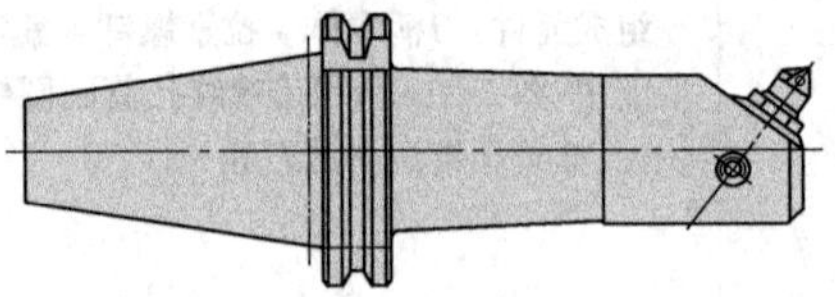	名称:倾斜型微调镗杆 组成元件:镗杆本体 + 微调镗刀头 应用:用于孔的精镗加工,微调镗刀头组件具有较高的精度调节功能

8. 数控铣床刀具工具系统

针对数控铣削刀具种类繁多的特点,人们将刀柄部分做成系列产品,即通常所说的工具系统。目前市场上工具系统的设计思路主要有整体式与模块式两大类。整体式工具系统刀柄,其锥柄与工作柄部为整体结构,如表2-4中的刀柄形式所示。另一种是,将锥柄与工作柄做成独立的模块,通过一个通用的接口构成刀柄,必要时还可在锥柄与工具柄之间增加中间模块(如变径或等径接长模块),图2-44中下部位置处有一个 TMG21 接口的模块式刀柄示例供参考。模块式工具系统的个性化部分在于接口,各厂家的接口存在较大差异,市场上常见的接口有山特维克的 Capto 接口、肯纳金属公司的 KM 接口、TMG21 接口、日本大昭和公司的 CK 接口、德国瓦尔特公司的 NCT 接口等。

关于工具系统,其系统组成形式在某种程度上反映出其内容与功能的完整性,以下列举 GB/T 25669—2010《镗铣类数控机床用工具系统》推荐的 TSG 镗铣类整体式工具系统的形式组成(图2-43)和 GB/T 25668—2010《镗铣类模块式工具系统》推荐的 TMG21 接口的镗铣类模块式工具系统模块形式(图2-44),供参考。读者若想深入学习,可参阅相关刀具商的资料和标准。

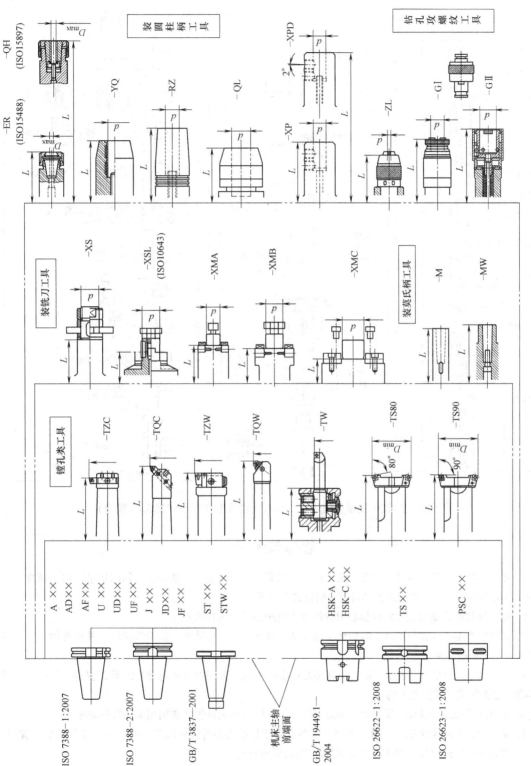

图 2-43　TSG 镗铣类整体式工具系统的形式组成（GB/T 25669 摘录）

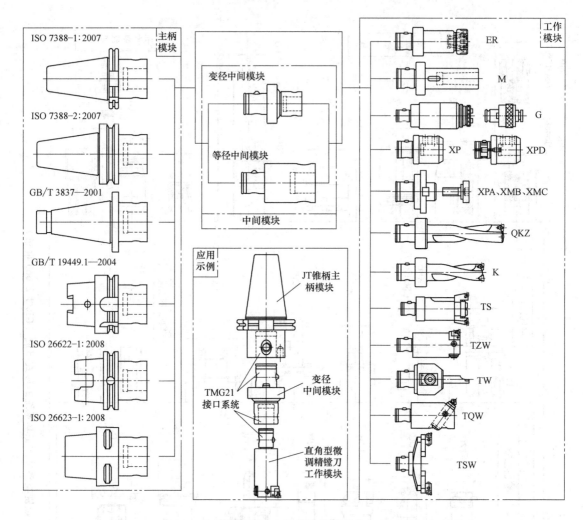

图 2-44　TMG21 镗铣类模块式工具系统模块形式（GB/T 25668 摘录）

思考与练习

1. 名词解释：定位、夹紧、装夹、圆周铣削、端面铣削、粗加工、精加工、切削用量、切削速度、进给量、机夹可转位刀具、整体式工具系统、模块式工具系统。

2. 是否所有的机械加工的内容都必须选择数控机床加工？为什么？

3. 试分析自定心卡盘车削加工时如何实现长圆柱装夹、短圆柱装夹、盘类阶梯形零件装夹的方式，并用符号表达分析的结果。

4. 试分析平口钳铣削装夹加工时立方体毛坯的装夹方式，并用符号表达分析结果，叙述生产中工人师傅操作时是如何实现零件装夹的。

5. 试叙述粗加工与精加工切削用量的选择原则，并以粗车为例说明切削用量的选择方法。

6. 试分析 ISO 标准的 K、P、M 类硬质合金各适合于哪些类型的材料加工，并各举 1～2 例的材料牌号。

7. 试分析机夹式刀具、焊接式刀具和整体式刀具的特点。

8. 上网搜索教材之外的机夹式可转位车刀和机夹式可转位铣刀的刀片夹紧方式各至少两种，写出其工作原理与特点。

9. 阅读表 2-4 和图 2-43，找出表 2-4 中刀具在图 2-43 中的位置。

10. 上网搜索数控铣床的常见刀柄形式，并搜索至少一家刀具商的整体式工件系统的组成形式和模块式工具系统的模块形式，写出分析报告。

11. 试分析图 2-45 所示几种铣刀切削部分的描述参数主要有哪些。

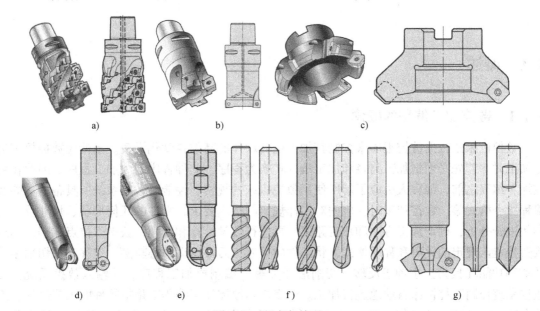

图 2-45　思考与练习 8

a) 长刃机夹铣刀　b) 立铣刀　c) 面铣刀　d) 仿形铣刀　e) 球头铣刀　f) 整体立铣刀　g) 倒（圆）角立铣刀

第3章　数控加工编程基础

3.1　概述

3.1.1　数控加工编程的概念

数控机床是依据数控程序来控制其加工运转动作的高效自动化设备。当使用数控机床进行加工时，首先必须把加工路径和加工条件转换为程序，此种程序即为加工程序。因此在数控加工编程之前，编程人员应了解所使用数控机床的规格、性能与数控系统所具备的功能及编程指令格式等。数控加工时，应先对图样规定的技术要求、零件的几何形状、尺寸及工艺参数进行分析，确定加工方法和加工路线，再进行数学计算和处理，获得刀位点数据。然后按数控机床规定的代码和程序格式，将工件的尺寸、刀具运动中心轨迹、位移量、切削参数及辅助功能（换刀、主轴正反转、切削液开关等）编制成加工程序，并输入数控系统，由数控系统控制数控机床自动地进行加工。简言之，数控加工编程就是把零件的工艺过程、工艺参数、机床的运动（如主轴起停、正反转、冷却泵开闭、刀具夹紧等）以及刀具位移量（运动方向和坐标值）等信息用数控语言记录在程序单上，并经校核的全过程。人们把从零件图样到获得合格数控加工程序的全过程称为数控编程，简称编程。

3.1.2　数控编程的步骤

数控机床的程序编制过程如图 3-1 所示。

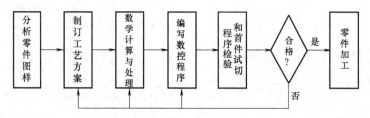

图 3-1　数控机床的程序编制过程

（1）分析零件图样　对零件图样进行分析，明确零件的材料、加工精度、形状特征、尺寸及热处理要求等信息。根据零件图样的要求，确定零件的加工方案，主要包括选择适合在数控机床上加工的工艺内容以及选择所用数控机床的类型等。

（2）制订工艺方案　根据零件图样信息以及选择的数控机床类型，确定零件的加工方法、定位和夹紧方法、刀具和夹具、走刀路线等工艺过程。

（3）数学计算与处理　在确定了工艺方案后，就可以根据零件形状和走刀路线确定工件坐标系，计算出零件轮廓上相邻几何元素交点或切点坐标值。目前数控机床的数控系统一般都具有直线和圆弧插补功能以及刀具半径补偿功能等，因此对于由直线和圆弧组成的较简单的平面类零件，只要计算出相邻元素间的交点或切点坐标值，得出各几何元素的起点、终点、圆弧的圆心坐标等信息，就能满足数控编程的要求。对于零件几何形状与控制系统插补功能不一致的零件，就需要进行较复杂的数值计算与处理，一般需使用计算机辅助设计软件完成。

（4）编写数控程序　在制订工艺方案并完成数值计算后，即可编写零件的加工程序。根据计算出的运动轨迹坐标和确定的运动顺序、刀具、切削参数等信息，编程人员依据所用数控系统规定的指令代码及程序格式，完成加工程序的编制。编程人员要想正确地编制数控加工程序，必须对数控系统的指令代码和程序格式非常熟悉。

（5）程序检验和首件试切　编制好的数控程序在首次加工之前，一般都需要通过一定的方法进行检验。否则，如果编写的程序不合理或者有明显的错误，将会造成加工零件的报废或者出现安全事故。数控机床提供的程序检验方法有机床锁住运行、机床空运行、单段程序运行、加工轨迹的图形模拟等。机床锁住运行主要用于检查程序的语法错误。机床空运行时刀具一般按快速移动速度执行程序，程序中的进给速度无效，空运行主要用于检查刀具的运动轨迹。单段程序运行可将机床的运动按程序段逐段执行，其不仅可以逐段检查，而且可以逐段加工，在首件试切时常常采用。加工轨迹的图形模拟功能可以将程序控制的刀具运动轨迹在显示画面中动态描述出来。如果采用计算机编程辅助软件编写加工程序，则也可在编程软件中进行走刀轨迹的模拟。另外，借助于专用的程序检验软件也能进行程序的检查，如CIMCO Edit 软件等。上述方法只能检验走刀轨迹的正确性，而不能检查由于刀具调整不当或切削参数不合理等因素造成的工件加工误差大小。因此必须用首件试切的方法进行实际切削检查。它不仅能检查出程序编制中的错误，还可以检验零件的加工精度。在机床上检验程序和首件试切时，主轴转速与进给速度的倍率调节也是常用的机床功能之一。若从前述编程的定义看，首件试切仍然属于程序检验的范畴。

3.1.3　数控编程的方法

从以上介绍可以看出，数控机床加工程序是表达了数控机床实际运动顺序的功能指令的有序集合。目前，加工程序的编制方法主要有以下两种。

（1）手工编程　利用一般的计算工具，通过各种数学方法，人工进行刀具轨迹的计算，并编制指令。这种加工方法比较简单，容易掌握，适用范围大，适于中等复杂程度或计算量不大的零件编程，对机床操作人员来讲是必须掌握的。手工编程的学习也有利于对自动编程方法生成的加工程序进行阅读与修改。

（2）自动编程　利用 CAD/CAM 软件，借助计算机对零件进行几何设计、分析和造型，然后通过对话框与计算机进行交互对话，设置相关工艺参数等，由计算机辅助生成刀路轨迹，并图形化显示，合格后再利用后置处理程序自动生成加工程序。目前的自动编程软件一般都是图形化编程。自动编程方法适用面广、效率高、程序结构规范、质量好，实际生产中应用广泛。目前，单纯的 CAM 软件已不多见，各种大型通用软件均已朝着 CAD/CAE/CAM 集成一体化的方向发展。

要想学好、做好数控加工编程工作，手工编程是基础，应该掌握，自动编程是目标，必须掌握，两者不可偏废。另外要说明的是，不同的数控系统，其编程指令是略有不同的，因此编程之前一定要了解所使用数控机床的数控系统是哪一种型号，才能有的放矢地进行编程。本书以 FANUC 0i C 系列数控系统为例进行讲解。

3.2 坐标系

在数控加工编程时，为了描述机床的运动，简化程序编制的方法及保证记录数据的互换性，数控机床的坐标系和运动方向均已标准化，ISO 组织和我国都拟定了相应的命名标准。

3.2.1 机床坐标系（含机床参考点的概念）

国际标准化组织（ISO）对数控机床的坐标和方向制订了统一的标准（ISO 841：2001）。我国等效采用了这个标准，制定了 GB/T 19660—2005《工业自动化系统与集成机床数值控制坐标系和运动命名》。

1. 机床坐标系的定义

如图 3-2 所示，它是一个右手笛卡儿坐标系。标准规定基本的直线运动坐标轴用 X、Y、Z 表示，围绕 X、Y、Z 轴旋转的圆周进给坐标轴对应用 A、B、C 表示。规定空间直角坐标系的 X、Y、Z 三者的关系及其方向由右手定则判定，拇指、食指、中指分别表示 X、Y、Z 轴及其方向，A、B、C 的正方向分别用右手螺旋法则判定。规定以上规则适用于工件固定不动，刀具移动的情形。若工件移动，刀具固定不动时，正方向反向，并加"'"表示。

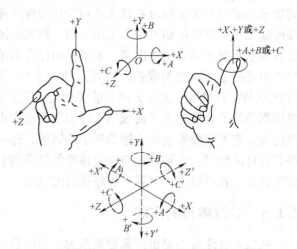

图 3-2　右手笛卡儿坐标系

机床坐标系原点位置由机床生产厂家确定，而这个原点的具体体现必须在数控系统设置机床参考点之后方能生效，这个机床参考点是第一参考点（简称为参考点）。机床参考点是机床上的一个固定点，一般选择在 X、Y、Z 坐标轴的最大位置处，如数控铣床的右上角。机床参考点的位置略偏于（大于或小于）X、Y、Z 坐标轴的最大位置的行程开关处，当机床移动到坐标最大位置压下行程开关后开始减速直至到达参考点停止，数控系统确定参考点坐标值。设定参考点的过程实际上就是确定机床坐标系的过程。对于采用相对位置检测元件的数控机床，开机后必须通过返回坐标参考点（又称回零）操作使参考点生效；若机床位置检测元件采用绝对位置检测元件时，则开机后系统自动检测并使参考点生效，不需回零操作。在数控系统设定时，若将机床移动至参考点后系统位置绝对坐标值设置为 0，则可认为机床坐标系原点与机床参考点重合。同理，若将机床移动至参考点后系统位置绝对坐标值设置为最大行程，则可认为机床坐标系原点在工作台左下角。

2. 坐标轴方位确定

坐标轴的方位确定包括以下内容。

（1）Z 轴　数控机床的 Z 轴平行于主轴，Z 轴的正方向为工件到刀架的方向。

（2）X 轴　一般情况下，X 轴为水平方向，且是较长的那个进给轴。对于刀具旋转的机床，如立式铣床等，从机床的前面朝立柱看，X 轴的正方向指向右方；对于工件旋转的机床，如车床等，X 轴应是径向且平行于横刀架，X 轴正方向应是离开旋转轴的方向。

（3）Y 轴　　Y 轴的方向则按右手坐标系定则确定。

（4）回转轴 A、B、C　　分别对应坐标轴 X、Y、Z，并以该方向为参照，按右手螺旋坐标系定则确定，如图 3-2 所示。

（5）附加运动与附加坐标轴　　对于直线运动 X、Y、Z 还可以有附加的第二运动及其方向，分别用 U、V、W 表示。旋转运动也可有附件坐标轴。

以上规定，让编程人员在编程时可以不考虑具体的机床是刀具移动还是工件移动，便于将更多的精力集中于编程上。关于坐标系的详细信息可参阅 GB/T 19660—2005。

3.2.2　工件坐标系

工件坐标系是与加工编程相关的坐标系，其参照系是工件或工件图样。工件坐标系可以细分为编程坐标系与加工坐标系，两者可以通称为工件坐标系。工件坐标系是由机床坐标系平移获得。一般情况下，加工坐标系与编程坐标系是重合的。

编程时，编程人员可以不考虑机床坐标系，而根据图样的工艺特点和编程的方便性而自行确定编程时的坐标系及编程原点，这种坐标系称为编程坐标系，其参照系是工件图样。编程坐标系由编程人员确定。

加工时，由于装夹位置的不确定性，每一次装夹工件的位置不完全相同，为此，数控系统提供了专门的坐标系选择和设置指令，可以在机床坐标系中任意地确定加工时的加工原点和坐标系，这种坐标系称为加工坐标系，其参照系是实物工件。加工坐标系的位置由机床操作者确定。

确定工件坐标系原点在机床中位置的过程称为"对刀"，这个过程实质上是确定工件坐标系原点相对于机床参考点之间的三个坐标方向的偏置值，并存入数控系统的相应位置，数控机床运行时会根据相应的设置或指令调用这些偏置值确定工件坐标系。

图 3-3 所示为数控车床与数控铣床机床坐标系与工件坐标系的关系。图中假设机床参考点与机床坐标系重合，机床参考点为 O_m，工件坐标系原点为 O_w。图 3-3a 所示为数控车床工件坐标系设定示例，数控车床的工件坐标系一般取在工件外端面 O_{w1}，也有的取在卡盘端面 O_{w2}，若希望留有端面加工余量 Δ，则取在外端面偏内距离为加工余量 Δ 的位置 O_{w3} 处。数控车床对刀操作要测量并存入数控系统的偏置值为 X 轴的偏置值 α（直径指定）和 Z 方向的偏置值 γ。图 3-3b 所示为数控铣床坐标系设定示例，数控铣床工件坐标系一般设在工件上表面，水平面内视具体情况而定，对于矩形，则可以是四个角点或两个方向的分中点 O_{w2}；对于圆形一般取在圆心 O_{w1} 处。数控铣床对刀操作要测量并存入数控系统的偏置值 α、β、γ。

关于机床参考点，以图 3-3b 所示的立式数控铣床为例，返回机床参考点实际上是各轴移动到正方向的最大位置（即参考点）并停止，同时系统自动设置该点坐标值（一般为 0），同时回零指示灯点亮，表示回零（参考点）设置完成。对于 Z 轴而言，实际上是主轴箱回到零点，习惯上一般称主轴端面为机床参考点（图中 3-3b 中的 O_m 点），但机上对刀方式确定刀具相对于工件位置，更直接的是刀具端面试切工件确定（图中 3-3b 中的 O'_m 点），两者之间相差一个刀具长度（$\gamma - \gamma'$），前者在加工程序中必须使用刀具长度补偿指令 G43（或 G44），并在程序执行前在长度补偿存储器中输入刀具长度补偿值，略显复杂；而后者对于单刀加工而言，编程和加工时可以不考虑刀具长度补偿，略为方便，实际中应用较多，即使多刀加工也可方便地机上测量各刀具长度差进行刀具长度补偿。数控车床同样存在这个问题。

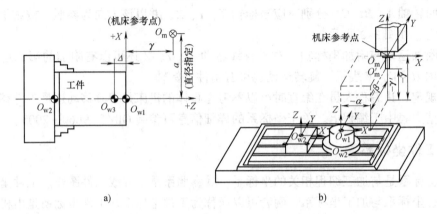

a)　　　　　　　　　　　　　　　b)

图 3-3　机床坐标系与工件坐标系的关系
a) 数控车床　b) 数控铣床
O_m—机床参考点；O_{w1}、O_{w2}、O_{w3}—工件坐标系

3.2.3　绝对坐标、增量坐标与相对坐标

坐标是确定数控机床刀具位置及运动轨迹的位置参数，在数控编程与加工过程中涉及坐标的概念有以下三种。

1. 绝对坐标

绝对坐标是指刀具当前位置在工件坐标系中的坐标值，刀具的移动不改变坐标原点的位置，仅仅是刀具坐标位置的变化。在图样编程过程中，绝对坐标是相对于编程坐标系的坐标值。在机床上进行加工时，当加工坐标系未建立之前，刀具的绝对坐标是相对于机床坐标系（或机床参考点）的坐标值。加工坐标系一旦建立，则刀具的绝对坐标是相对于加工坐标系原点的坐标值。

2. 增量坐标

增量坐标是指数控编程时刀具移动指令所指定的坐标位置相对于上一移动指令的坐标位置的差值，也就是刀具移动指令指定刀具移动的实际距离，如图 3-4 所示。随着刀具移动指令的不断变化，其上一点的坐标也在不断变化。增量坐标指令指定的刀具当前位置与工件坐标系、机床参考点等无直接的联系。

在 FANUC 0i MC 铣削系统中，规定用 G90 和 G91 指令分别指定绝对坐标值和增量坐标值编程；而 FANUC 0i TC 车削系统中，规定尺寸地址符 X、Z 和 U、W 分别指令绝对坐标和增量坐标。

例 3-1：如图 3-4a 所示，假设为数控铣削系统，刀具从 A 点沿直线运动到 B 点，则其指令格式如下：

绝对坐标方式编程时，程序段为：G90 G01 X10.0 Y20.0 F100；

增量坐标方式编程时，程序段为：G91 G01 X – 20.0 Y15.0 F100；

注意，G90、G91 指令为同组模态指令，一般机床通电时的默认指令为 G90。

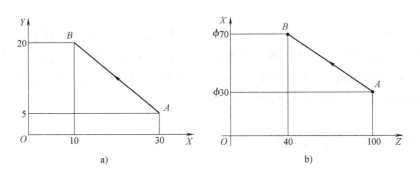

图 3-4　绝对/增量坐标编程

a) 数控铣削 G90/G91 指令　b) 数控车削 X_Z_ 和 U_ W_指令

在 FANUC 0i Mate-TC 车削系统中，规定用地址字 X_Z_ 和 U_W_表示绝对坐标值和增量坐标值编程，在车削系统中允许混合编程。

例 3-2：如图 3-4b 所示，假设为数控车削系统，刀具从 A 点沿直线运动到 B 点，则其指令格式如下：

绝对坐标方式编程时，程序段为 G01 X70.0 Z40.0 F100；

增量坐标方式编程时，程序段为 G01 U40.0 W - 60.0 F100；

混合坐标方式编程时，程序段为 G01 U40.0 Z40.0 F100；或 G01 X70.0 W - 60.0 F100；。

3. 相对坐标

相对坐标的概念出现在数控机床操作过程中，数控系统 MDI 面板上 LCD 显示画面中的坐标位置显示画面。相对坐标不等于增量坐标。相对坐标是指数控机床操作过程中，操作者临时指定某一点为基准点（具体是将该点的相对坐标设置为 0），接着刀具移动时所显示的刀具位置均是以这一个临时基准点为参考点的坐标值，这个坐标值就是相对坐标。相对坐标常常用于刀具对刀和设置刀具补偿值等场合。

3.2.4　工作坐标平面

在数控系统中，有些指令是在指定的坐标平面中进行的，如平面圆弧插补指令和刀具半径补偿指令等，这个指定的坐标平面又称为工作坐标平面。在图 3-5 所示的笛卡儿坐标系中可以看出坐标平面有三个，对应的坐标平面选择指令有三个。

坐标平面选择指令格式为：G17/G18/G19；

坐标平面选择指令与选择的工作平面见表 3-1。

表 3-1　坐标平面选择指令

G 指令	指定的工作平面
G17	XY 平面
G18	ZX 平面
G19	YZ 平面

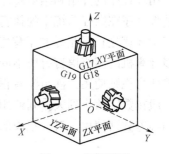

图 3-5　坐标平面

注意：

1）坐标平面选择指令 G17/G18/G19 是同一组的模态指令，可以相互注销。

2）系统通电或复位时，默认的工作平面可由系统设定。对于立式铣床，默认设置为 G17 指定的 XY 坐标平面；对于数控车床，默认的设置为 G18 指定的 ZX 坐标平面。

3）直线移动指令与坐标平面选择无关。

3.3　数控程序的结构分析

3.3.1　字与字符

一个完整的数控加工程序是由程序开始部分、若干个程序段主体和程序结束部分组成。一个程序段是由一个或若干个指令字（又称功能字）组成。而一个指令字又是由地址符和数字组成。因此，字符是数控程序的最小组成单位。

1. 字符

字符是一个关于信息交换的术语，它的定义是：用来组织、控制或表示数据的一些符号，如数字、字母、标点符号、数学运算符等。字符是机器能进行存储或传送的记号。常规数控程序的字符有四类：第一类是文字，它由 26 个大写英文字母组成；第二类是数字和小数点，它由 0 ~ 9 共 10 个数字及一个小数点组成；第三类是符号，由正号（ + ）和负号（ - ）组成；第四类是功能字，它由程序开始（结束）符（%）、程序段结束符（;）、跳过任意程序段符（/）等组成。

2. 指令字及其功能

指令字又称功能字，简称为字。它是机床数字控制的专用术语。它的定义是：一套有规定次序的字符，可以作为一个信息单元存储、传递和操作，如 G00、X2600. 等。常规数控程序的字都是由一个英文字母与随后的若干十进制数字组成。这个英文字母称为地址符。地址符与后续的数字间可加正号、负号。指令字按其功能的不同可分为 7 种类型，它们分别为顺序号字（N）、准备功能字（G）、尺寸字、进给功能字（F）、主轴速度功能字（S）、刀具功能字（T）和辅助功能字（M）。

（1）顺序号字（N）　顺序号字也叫程序段号或程序段顺序号。顺序号字位于程序段之首，它的地址符是 N，后续数字一般为 1 ~ 4 位。

顺序号字的作用主要是用于对程序的校对、检索和修改；其次多重固定循环指令中常用于标示循环程序的开始和结束程序段号。

数控程序在数控系统中的执行过程是以程序段为单位一段一段顺序执行的，与程序段号无关（对于固定循环指令和子程序调用等特殊场合，程序段的顺序号还是必需的），这一点与许多计算机的高级语言有所不同。正是基于这样一个特点，数控程序中的程序段号使用时可以按任意规则使用，甚至没有程序段号也不影响程序的执行。但是考虑到检查程序等的方便，一般按数字从小到大排列使用，使用时可以按阿拉伯数字的顺序号连续排列，也可以以一定的等差数列使用。对于很长的程序，如程序段的数量大于 9999 时，可以重新从 1 开始排列。

（2）准备功能字（G）　准备功能字的地址符是 G，所以又称为 G 功能、G 指令或 G 代码。它的定义是建立机床或控制系统工作方式的一种命令。准备功能字中的后续数字大多为两位正整数（包括 00）。不少机床此处的前置"0"允许省略，即能够认识 G1 就是 G01。附录 C 和附录 D 分别列写了 FANUC 0i Mate-TC 数控车削系统和 FANUC 0i MC 数控铣削系统的 G 指令表。

在阅读准备功能字 G 代码时必须注意以下几点：

1）G 代码分为模态和非模态指令。所谓模态指令是指该指令具有续效性，在后续的程序段中，在同组其他 G 指令出现之前一直有效。而非模态指令不能续效，只在所出现的程序段中有效，下一个程序段需要时，必须重新写出。

2）要记住每一组中默认 G 代码是哪一个。因为这个指令一般是系统开机或复位时的默认状态。

3）不同组的 G 代码，在同一程序段中可指定多个。但如果在同一程序段中指定了两个或两个以上同组的模态指令，则只有最后的 G 代码有效。

其他未尽的说明参见附录中相应的说明。

（3）尺寸字　尺寸字也叫尺寸指令。尺寸字在程序段中主要用来指令机床上刀具运动到达的坐标位置，表示暂停时间等的指令也列入其中。地址符用得较多的有三组：第一组是 X、Y、Z、U、V、W 等，主要用于指令到达点的直线坐标尺寸，有些地址符（例如 X）还可用于在 G04 之后指定暂停时间；第二组是 A、B、C 等，主要用来指令到达点的角度坐标；第三组是 I、J、K，主要用来指令零件圆弧轮廓圆心点的坐标尺寸。尺寸字地址符的使用虽然有一定规律，但是各系统往往还是有一点差别。例如 FANUC 0i 系统还用 P 指令暂停时间，用 R 指令圆弧半径等。

尺寸字后数字的单位可用 G21/G20 选择或参数设置，最小输入单位可由参数设定，一般设置为 IS-B 增量系统，其对于米制单位一般为 0.001mm。尺寸字后的数字省略小数点后的数值单位可有两种表示方法：计算器型小数点输入和标准型小数点输入，可由参数设定，当用计算器型小数点表示法时，不带小数点输入时数值的单位认为是 mm。而标准型小数点输入法表示时，不带小数点输入时数值的单位是最小输入增量单位，一般为 0.001mm 单位。具体见表 3-2。从表中可以看出，当控制系统设置为标准型小数点输入时，若忽略了小数点，则将指令值变为了 1/1000，此时若加工，则有可能出现事故。因此建议编程者书写尺寸字后的数字时养成书写小数点（如 X1000.）的习惯。

表 3-2　尺寸字数字小数点的作用

程序指令	计算器型小数点编程	标准型小数点编程
X1000（指令值没有小数点）	1000mm	1mm
X1000.（指令值有小数点）	1000mm	1000mm

（4）进给功能字（F）　进给功能字的地址符是 F，所以又称为 F 功能或 F 指令。它的功能是指令切削的进给速度。F 代码后的数字单位分别由 G94/G95（或 G98/G99）设定为每分钟进给/每转进给，数控铣床的默认设置为 G94（分进给），数控车床的默认设置为 G99（转进给）。例如 F100 表示进给速度为 100mm/min。进给速度可以用机床操作面板上的进给速率调整旋钮在一定范围进行调节（如图 1-5a 所示的 XKA714 型数控铣床的进给修调范围是 0% ~120%）。

（5）主轴速度功能字（S）　主轴速度功能字的地址符是 S，所以又称为 S 功能或 S 指令。它的功能是用来指定主轴的转速（r/min）或线速度（m/min）。例如 S600 可表示主轴转速为 600r/min。

（6）刀具功能字（T）　刀具功能字用地址符 T 及随后的数字表示，所以又称为 T 功能或 T 指令。T 指令主要用来指定加工时的刀具号。对于车床，其后的数字还兼起指定刀具长度偏置（补偿）和刀尖半径偏置（补偿）用存储器编号。数控铣削加工中心中，T 指令一般仅指定刀具号，需用辅助指令 M06 实现换刀动作。数控铣床由于没有刀库，是操作者手工换刀，所以不用刀具功能指令字 T。

（7）辅助功能字（M）　辅助功能字由地址符 M 及随后的两位数字组成，所以又称为 M 功能或 M 指令。它用来指令数控机床辅助装置的接通与断开，其控制信号一般为开关量。不同系统和厂家的数控机床其 M 指令有一定的差异，但M00～M05 和 M30 的含义基本一致。表 3-3 列举了常用的 M 指令，供参考。

表 3-3　常用 M 指令

M 代码	功　能	附　注	M 代码	功　能	附　注
M00	程序暂停	非模态	M06	换刀	非模态
M01	程序计划停止	非模态	M08	切削液开启	模态
M02	程序结束	非模态	M09	切削液关闭	模态
M03	主轴正转	模态	M30	程序结束并返回	非模态
M04	主轴反转	模态	M98	子程序调用	模态
M05	主轴停止	模态	M99	子程序结束并返回	模态

说明：

1）通常，一个程序段中只能有一个 M 代码有效（即最后一个 M 代码）。

2）除数控系统指定了功能外（如 M98、M99 等），其余 M 代码一般由机床制造厂家决定和处理。具体见机床制造厂家的使用说明书。

常用 M 指令功能说明：

1）程序暂停（M00）和计划暂停指令（M01）：

① M00 指令用于程序暂停。暂停期间，系统保存所有模态信息，仅停止主轴（注：有的机床不停主轴）、切削液。当按下"循环启动"按钮，系统继续执行。

② M01 指令用于计划停止，又称选择暂停。当按下操作面板上的"选择暂停"按钮时，其功能与 M00 相同，否则，M01 被跳过执行。

M00 和 M01 指令主要应用于工件尺寸的测量、工件的调头、手动变速、排屑等操作。其中，M01 可实行计划抽检等。

对于 M00 和 M01 指令不停主轴的机床，必须在程序中使用 M05 停止主轴。

2）主轴启动与停止指令（M03、M04、M05）：主轴启动指令包括主轴正、反转指令 M03 和 M04 以及主轴停止指令 M05。其中，M03 应用广泛，几乎每一个程序都要用到。

主轴旋转方向正负的判断如图 3-6 所示。对于车床，从主轴箱向尾座方向看，顺时针为正，逆时针为负。对于铣床，从主轴向工作台看，顺时针为正，逆时针为负。

注意：M02 和 M30 均具有主轴停转的功能，所以有的程序不出现 M05 指令。

3）程序结束指令（M02、M30）：M02 指令常称为程序结束指令，而 M30 指令常称为程序结束并返回指令。程序结束指令执行后，机床的主轴、进给、切削液等全部停止，所有模态参数取复位状态。

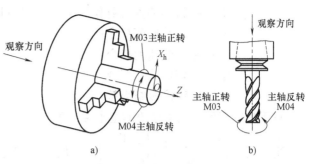

图 3-6　主轴旋转方向正负判断

a）车床　b）铣床

M02 和 M30 的差异性分析：过去使用纸带记录和运行数控程序时，M02 仅表示程序执行结束，但纸带并不倒带，纸带处于程序执行完成的状态，下一次执行该指令时必须首先将程序纸带倒带，回到程序开始处。而 M30 指令则表示程序执行完成后纸带倒带回到程序开始处，如果是在加工同一个零件，则只需按下循环启动按钮，就可以立即执行程序。近年来，数控系统的程序均是记录在计算机的存储器中，其不存在纸带倒带，而程序的光标（又称指针）在 CNC 系统中返回程序开头非常迅速，所以在现代的 CNC 数控系统中，M02 和 M30 的功能往往设计成功能相同。

在 FANUC 0i 系统中，可以通过参数设置 M02 和 M30 指令在主程序结束后是否将程序自动返回程序的开头。

4）切削液开关指令（M07、M08、M09）：常用的切削液开启指令是 M08，关闭指令是 M09。对于有两个切削液的数控车床，用 M07 控制 2 号切削液的开启。

3.3.2　程序段的格式

程序段是可作为一个单位来处理的连续的字组，包含一组的操作，是数控加工程序中的一条语句。

程序段格式是指程序段中的字、字符和数据的安排形式。现在一般使用字地址可变程序段格式，每个字长不固定，各个程序段中的长度和功能字的个数都是可变的。地址可变程序段格式中，在上一程序段中写明的本程序段里不变化的那些字仍然有效，可以不再重写。这种功能字称之为续效字。

一般程序段格式为：程序号字、各种功能字、数据字和程序段结束符（；）组成，每个字的前面都标有地址码以识别地址。一个程序段由一组开头是英文字母，后面是数字的信息单元"字"组成，每个字根据字母来确定其意义。字地址程序段的基本格式如下：

$$N\_\ G\_\ X\_\ Y\_\ Z\_\ \begin{Bmatrix} I\_\ J\_\ K\_ \\ R\_ \end{Bmatrix}\ T\_\ \begin{Bmatrix} D\_ \\ H\_ \end{Bmatrix}\ F\_\ S\_\ M\_\ ;$$

其中　　　　　　N——程序段号（任选项），N0000 ~ N9999，或不写；

　　　　　　　　G——准备功能指令，G00 ~ G99；

X、Y、Z——尺寸字，刀具沿相应坐标轴的位移坐标值，未发生改变的可以不写；

U、V、W——尺寸字，刀具沿相应坐标轴的增量坐标值，未发生改变的可以不写；

I、J、K/R——圆弧插补时圆心相对于圆弧起点的坐标或用半径值表示，一般为非续效字；

　　　　　　　　T——所选刀具号，数控铣削程序可以不写；数控车削程序中还包含刀具偏置（补偿）号。

D_ /H_——刀具偏置（补偿）号，指定刀具半径/长度偏置（补偿）存储单元号；

F_——进给速度指令；

S_——主轴速度指令；

M_——辅助功能指令；

;——程序段结束符。

对于数控车床，其程序段的基本格式为

$$N\_ \quad G\_ \quad \begin{Bmatrix} X\_ & Z\_ \\ U\_ & W\_ \end{Bmatrix} \begin{Bmatrix} I\_ & K\_ \\ R\_ \end{Bmatrix} F\_ \quad T\_ \quad S\_ \quad M\_ \quad ;$$

应当说明的是，数控铣床的增量坐标编程一般不用 U_ V_ W_，而是采用 G91 指令指定 X_ Y_ Z_为增量坐标。当今的数控系统绝大多数对程序段中各类功能字的排列不要求有固定的顺序，即在同一程序段中各个功能字的位置可以任意排列。当然，在大多数场合，为了书写、输入、检查和校对的方便，各功能字在程序段中的习惯按以上的顺序排列。

某一数控铣削程序段格式举例：

① N10 G03 X28.0 Y15.0 R10.0 F50 T01 S1000 M08；（习惯排列顺序）

② N10 M08 T01 S1000 F50 G03 X28.0 Y15.0 R10.0；（仍然可正常执行的排列顺序）

以上两段程序中，第一段程序是按习惯写书顺序写的；第二段程序与第一段程序相同，只是书写顺序不同，这并不影响程序的执行，只是看起来不习惯而已。

3.3.3 数控程序的一般格式

数控程序一般由程序开始符（单列一段）、程序名（单列一段）、程序主体和程序结束指令（一般单列一段）组成，程序最后还有一个程序结束符（单列一段）。FANUC 系统规定程序开始与程序结束符一般用"%"符号，程序名规定用英文字母 O 和四位数字组成，即 O××××。程序结束指令可用 M02（程序结束）和 M30（程序结束并返回）。实际使用时依据实际情况和各人的习惯而定，一般用 M30 的较多。数控程序的一般格式如下：

%	程序开始符
O1000；	程序名
N10 G00 G54 X50 Y30 M03 S3000；	
N20 G01 X88.1 Y30.2 F500 T02 M08；	
N30 X90；	程序主体
⋮	
⋮	
N300 M30；	程序结束指令
%	程序结束符

以上程序中，程序主体是程序的主要部分，各种不同加工程序的差异主要集中在这一部分，其余部分变化不大。

3.3.4 子程序及其调用（M98/M99）

1. 子程序的概念

在一个加工程序中，如果其中有些加工内容完全相同或相似，为了简化程序，可以把这些重复的程序段单独列出，并按一定的格式编写成子程序。主程序在执行过程中如果需要某一子程序，通过调用指令来调用该子程序，子程序执行完后又返回主程序，继续执行后面的程序段。

2. 子程序的结构（M99）

子程序的结构如下所示：

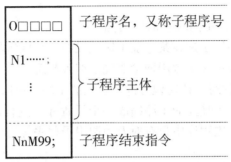

子程序与主程序的差异主要是在其程序结束指令上，子程序是以 M99 作为子程序结束指令。子程序结束指令 M99 允许写在其他程序段中，而不必单独一个程序段。

例：X100. 0 Y100. 0 M99；

3. 子程序调用（M98）

子程序调用指令为 M98。子程序可被主程序或其他子程序调用。子程序调用格式为：

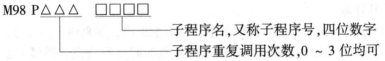

一个调用指令可以重复调用子程序最多达 999 次，当不指定重复次数时，则子程序只调用一次。

4. 子程序嵌套

当主程序调用子程序时，被当作一级子程序调用，其还可以进一步调用子程序，这称之为子程序嵌套。子程序调用最多可嵌套 4 级，如图 3-7 所示。子程序嵌套有可能进一步简化程序。

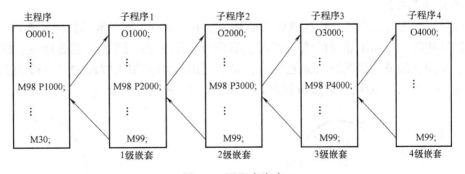

图 3-7　子程序嵌套

图 3-8 为子程序调用示例，图中的子程序被调用了 3 次，首先在 N30 程序段被连续调用了 2 次，然后在 N50 程序段被调用了 1 次。

5. 子程序应用分析

子程序主要应用于以下场合：

1）零件上若干处具有相同的轮廓形状，在这种情况下，只要编写一个加工该轮廓形状的子程序，然后用主程序多次调用该子程序的方法完成对工件的加工。

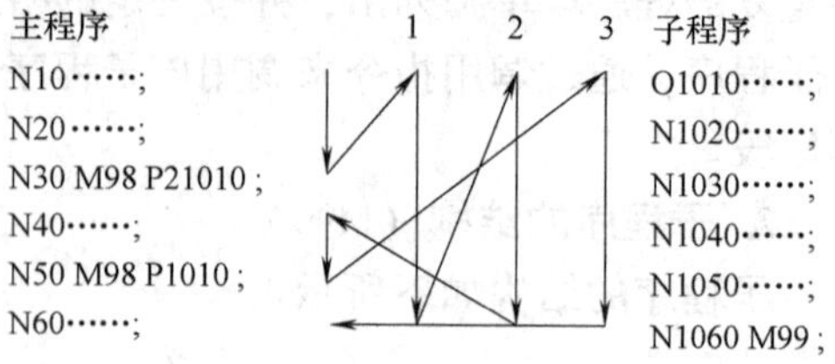

主程序		1	2	3	子程序
N10……;					O1010……;
N20……;					N1020……;
N30 M98 P21010;					N1030……;
N40……;					N1040……;
N50 M98 P1010;					N1050……;
N60……;					N1060 M99;

图 3-8　子程序调用示例

2）加工中反复出现具有相同轨迹的走刀路线，如果相同轨迹的走刀路线出现在某个加工区域或在这个区域的各个层面上，采用子程序编写加工程序比较方便，在程序中常用增量值确定切入深度。

3）在加工较复杂的零件时，往往包含许多独立的工序，有时工序之间需要适当的调整，为了优化加工程序，把每一个独立的工序编成一个子程序，这样形成了模块式的程序结构，便于对加工顺序进行调整，主程序中只有换刀和调用子程序等指令。

3.4　数控编程中的数值处理

数控机床一般都具有直线、圆弧等插补功能。数控编程时，数值计算的主要内容是根据零件图样和选定的走刀路线、编程误差等计算出以直线和圆弧组合所描述的刀具轨迹。下面介绍数控编程时经常遇到的两类数值计算问题——基点与节点的计算。

1. 基点及其计算

零件轮廓曲线一般是由许多不同的基本几何要素组成，如直线、圆弧等，描述各几何要素的基本特征点称为基点。这些基点包括几何要素的起点和终点、圆弧要素的圆心等。其中，各几何要素的起点和终点往往又是相邻几何要素的连接点，包括直线与直线之间的交点、直线与圆弧的交点或切点、圆弧与圆弧之间的交点与切点等。如图 3-9 所示的图样，O_w、A、B、C、D、O 点均属于基点。

图样中的基点一般可以通过三角函数或联立方程的方法计算获得。对于形状复杂的零件，建议借用 AutoCAD 等绘图软件作图后查询基点的坐标值获得，或直接利用编程软件来完成程序的编制。

2. 节点及其处理

当被加工的轮廓线形状与数控机床的插补功能不一致时，如一般的数控系统只具备直线和圆弧插补功能，当加工非圆曲线（椭圆、双曲线、抛物线、阿基米德螺旋线、样条曲线等）时，常用直线或圆弧线段去逼近曲线，则逼近线段与被加工线段的交点或切点称为节点。如图 3-10 所示，曲线用直线段逼近时，其交点 $A \sim E$ 点即为节点。

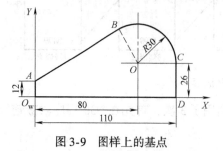

图 3-9　图样上的基点

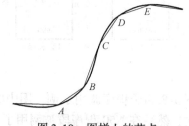

图 3-10　图样上的节点

节点的计算往往比较复杂，手工计算很难完成，对于这类问题，建议采用自动编程软件自动处理并完成编程。

3.5　基本编程指令与概念

在 FANUC 车、铣数控系统的加工编程指令中，有几个指令的功能基本相同，我们将其放在这里一并介绍。

3.5.1　寸制/米制转换指令 G20/G21

数控程序中坐标值的单位可以是寸制或米制。

1）寸制单位指令：G20，单位为 in（英寸）。

2）米制单位指令：G21，单位为 mm（毫米）。

说明：

1）G20 或 G21 代码必须在程序的开始设定坐标系之前，在一个单独的程序段中指定。

2）程序执行过程中，不能切换 G20 和 G21。

3）国内数控机床的默认设置一般是米制单位。因此很多人编程时往往省略不写 G21 指令。

4）若需加工寸制单位的工件时，建议将寸制尺寸转换为米制尺寸后进行编程，这样可以省去再配置一套寸制单位的量具。

3.5.2　基本插补功能指令 G00/G01/G02/G03

1. 快速定位指令 G00

快速定位指令 G00 又称快速移动指令，主要用于刀具定位，指令刀具以快速移动速度移动到指令位置。移动的速度在开始时是加速段，中途是匀速段，移动接近终点时减速。G00 指令的移动速度由参数设定，移动至终点时执行"到位"检查而准确停止（简称准停），然后执行下一个程序段。所谓"到位"是指坐标轴移动到了指定的位置范围内。这个范围由参数设定。

快速定位指令指定刀具快速移动，其只注重终点的位置精度，对中间过程并不注重，一般只用于空行程，用于缩短辅助时间，不能用于切削进给运动。

快速定位指令 G00 的指令格式为

G00 X_ Y_ Z_;

其中，X_ Y_ Z_指的是终点位置坐标，可以用绝对坐标值或增量坐标值指定。当用绝对坐标指定时，是终点的绝对坐标值；当用增量值指定时，是刀具移动的距离。

快速定位指令 G00 的定位方式可以是非线性插补和线性插补定位两种，可由系统参数设定，其对应的运动轨迹是折线或直线，如图 3-11 所示。非线性插补定位时，刀具以各轴的快速移动速度定位，刀具轨迹通常不是直线；而线性插补定位，刀具轨迹与直线插补（G01）相同，刀具以不大于各轴的快速移动速度在最短的时间内定位。

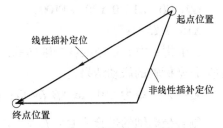

图 3-11　G00 指令的移动轨迹

各轴快速移动的速度可由系统参数设定，在出厂时已经调定，用户一般不要轻易调整。

对于设定为非线性插补快速移动的数控机床，由于刀具的快速移动轨迹常常是折线，所以要防止产生干涉而打坏刀具或损坏机床。

注意：即使指定了线性插补定位，在执行 G28、G53 指令时仍然还是用非线性插补定位，因此同样可能出现干涉现象。

例 3-3： 图 3-12 中，刀具从 A 点快速移动定位至 B 点，假设系统设置为非线性插补定位，试分析其运动轨迹。

绝对坐标值编程：G90 G00 X15. Y10. ；

增量坐标值编程：G91 G00 X - 35. Y - 20. ；

图中刀具当前位置为 A (50，30) 点，当 X 和 Y 轴的快速移动速度设定相等时，其合成移动的速度为 45°方向，移动距离短的轴先定位，移动距离长的轴后定位。图中 Y 轴先定位，此时刀具移动至 C 点，然后 X 轴再定位，即刀具沿 X 轴负方向移动至 B 点。

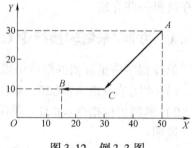

图 3-12　例 3-3 图

2. 直线插补指令 G01

直线插补指令 G01 指定机床的 X、Y、Z 轴以联动方式指定刀具直线插补到规定的位置，其刀具的移动速度由进给功能指令 F 指定，这个移动速度属于切削加工的进给速度，其速度大小可调。

直线插补指令格式如下：

G01 X_ Y_ Z_ F_ ；

其中，X_ Y_ Z_ 指令的是终点位置坐标。当用绝对坐标编程时，X_ Y_ Z_ 是终点的绝对坐标值；当用增量值编程指令时，是刀具移动的距离，即 X_ Y_ Z_ 是终点相对于起点的增量坐标值。直线插补指令可以按三维坐标位置移动。F 代码指定刀具移动的进给速度，数控铣床一般用每分钟进给（G94），而数控车床常用转进给（G99）。刀具的运动轨迹为起点至终点之间的直线。刀具以 F 指定的进给速度沿直线移动到指定的位置。F 中指定的进给速度一直有效，直到指定新值，因此不必对每个程序段都指定 F。由 F 代码指定的进给速度是沿刀具轨迹的移动方向测量的。如果没有指定 F 代码，则认为进给速度为 0。

例 3-4： 图 3-13 所示，用 G01 编程，刀具移动轨迹为 A→B→C。

绝对坐标编程：

G90 G01 X25.0 Y30.0 F100；

X40.0 Y35.0；

增量坐标编程：

G91 G01 X15.0 Y20.0 F100；

X15.0 Y5.0；

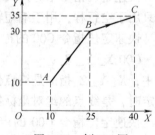

图 3-13　例 3-4 图

G01 指令中 F 指令的各个轴向的进给速度与总的进给速度之间的关系如下，刀具实际运动是各坐标轴的联动结果。

若已知指令为 G01 Xα Yβ Zγ Ff；（f 为进给速度，mm/min）。

则各坐标轴的进给速度为 $f_X = \dfrac{\alpha}{L}f$，$f_Y = \dfrac{\beta}{L}f$，$f_Z = \dfrac{\gamma}{L}f$。其中，$L = \sqrt{\alpha^2 + \beta^2 + \gamma^2}$。

由上面的分析可以看出，直线插补运动时各轴（X、Y、Z 轴）的进给速度与各轴的移动距离成正比。图 3-14 所示为 X、Y 平面中刀具移动时各轴速度与实际进给速度的关系。可以看出各轴移动的速度 f_X、f_Y、f_Z 与总的进给速度 f 的关系为 $f=\sqrt{f_X^2+f_Y^2+f_Z^2}$。

例3-5：用 G01 指令编写图 3-15 所示图形运动轨迹，刀具当前位置为 A 点，移动轨迹为 $A\to B\to C\to D\to A$。

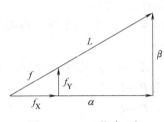

图 3-14　G01 指令 f 与
f_X 和 f_Y 的关系

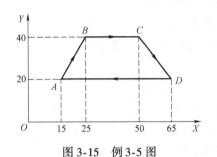

图 3-15　例 3-5 图

采用绝对坐标值编程，其程序为

G90 G01 X25. Y40. F100；

　　　X50. ；

　　　X65. Y20. ；

　　　X15. ；

采用增量坐标值编程，其程序为

G91 G01 X10. Y20. F100；

　　　X25. ；

　　　X15. Y − 20. ；

　　　X − 50. ；

例3-6：零件轮廓和刀心轨迹如图 3-16 所示，刀具从 S 点出发，移动轨迹为 $S\to A\to B\to C\to D\to E\to F\to G\to H\to S$，刀具直径为 10mm，工件坐标系在轮廓线左下角，刀具起始点 S（150，130，100），假设材料厚度为 10mm，轮廓单面加工余量 5mm。

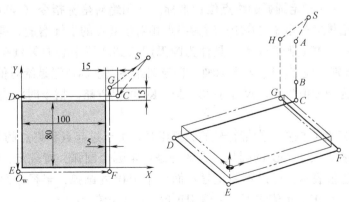

图 3-16　例 3-6 图

用绝对坐标编程：

O0306；	程序名
N10 G90 G55 G00 X150. Y130. Z100.；	选择 G55 工件坐标系，刀具快速移动至起刀点 S
N20 S1200 M03；	主轴正转，转速为 1200r/min
N30 X115. Y85.；	刀具快速接近 A 点上方 100mm 处
N40 Z5.；	Z 轴快速接近工件
N50 G94 G01 Z – 12. F100；	Z 轴进给移动至 Z – 12 处，进给速度为 100mm/min
N60 X – 5. F200.；	进给加工 A→B，进给速度为 200mm/min
N70 Y – 5.；	进给加工 B→C
N80 X105.；	进给加工 C→D
N90 Y95.；	进给加工 D→E
N100 G00 Z100.；	Z 轴快速退刀至起刀点坐标
N110 X150. Y130.；	X、Y 轴快速退刀至起刀点
N120 M30；	程序结束，返回程序头

3. 圆弧插补指令 G02/G03

圆弧插补指令 G02/G03 指定机床的 X、Y、Z 轴以其中两轴联动的方式使刀具按给定的进给速度在指定的工作平面做圆弧插补运动，刀具的进给速度用进给功能指令 F 指定。

圆弧插补指令的格式如下：

$$\begin{bmatrix} 在\,XY\,平面上的圆弧 \\ 在\,ZX\,平面上的圆弧 \\ 在\,YZ\,平面上的圆弧 \end{bmatrix} \begin{bmatrix} G17 \\ G18 \\ G19 \end{bmatrix} \begin{Bmatrix} G02 \\ G03 \end{Bmatrix} \begin{bmatrix} X\_ & Y\_ \\ X\_ & Z\_ \\ Y\_ & Z\_ \end{bmatrix} \begin{bmatrix} I\_ & J\_ \\ I\_ & K\_ \\ J\_ & K\_ \\ R\_ \end{bmatrix} F\_\ ;$$

指令中：

1）G17/ G18/ G19——指定 XY/ZX/YZ 平面内的圆弧插补指令。

2）G02/G03——指定圆弧插补的运动方向——顺时针/逆时针圆弧插补，如图 3-17 所示。

3）X_ Y_ Z_——指定圆弧的终点位置坐标。当用绝对坐标指令（G90）时为终点的绝对坐标值；当用增量坐标指令（G91）时为终点相对于起点的坐标增量。是续效字。

4）I_ J_ K_——指定圆心位置，具体为圆弧起点到圆弧中心的矢量在相应坐标轴上的分量，I、J、K 分别对应 X、Y、Z 坐标轴。它与圆弧终点坐标位置是绝对值指令还是增量值指令无关，始终为增量值坐标。尺寸字 I0、J0、K0 可以省略。指令时没有顺序要求。是非续效字。

5）R——指定圆心位置，为带符号的圆弧半径。由于过起点和终点的圆弧可以有两个，即小于 180°的圆弧和大于 180°的圆弧，为区分是指定哪个圆弧，特规定，对于小于 180°的圆弧，半径值用正值表示，可以不写正号；而大于 180°的圆弧，半径值用负值表示；对于等于 180°的圆弧，用正、负值均可，一般用正值。是非续效字。

6）F——沿圆弧插补方向的进给速度，即刀具当前位置处切线方向的速度。

说明：

1）对于立式数控铣床，默认的工作平面（可由参数 3402 设定）就是 *XY* 平面，所以书写程序时一般可以不必指令插补平面，即可以不写 G17 指令。同理，数控车床的默认工作平面为 *ZX* 平面，G18 指令可以不写。

2）圆弧插补方向的判别是，从坐标平面垂直轴正方向向负方向看，坐标平面内的圆弧是顺时针方向为 G02，逆时针方向为 G03，如图 3-17 所示，重点必须掌握立式数控铣削加工 *XY* 平面的插补方向。

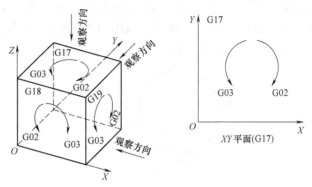

3）圆弧圆心的指定方法：对于圆弧，仅有圆弧的起点和终点坐标还不能确定圆弧的形状，还必须知道圆弧的圆心坐标才能确定圆弧的形状。因此，圆弧的数控编程方法有两种：I、J、K 编程（圆心坐标编程）和 R 编程（圆弧半径编程）。

图 3-17 圆弧插补方向判断

① 用 I、J、K 指定圆心，其值为增量值，即圆弧起点到圆弧中心的矢量在相应坐标轴上的分量，I、J、K 分别对应 *X*、*Y*、*Z* 坐标轴。它与圆弧终点坐标位置是绝对值指定（G90），还是增量值指定（G91）无关，始终为增量值坐标。如图3-18 所示，I、J、K 的实质是圆心相对于圆弧起点的坐标值，所以亦称圆心坐标编程。

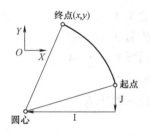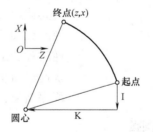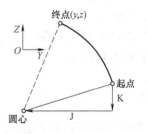

图 3-18 用 I、J、K 指定圆心

整圆插补指令一般用 I、J、K 编程，且 I、J、K 增量为零时可以不写。例如图 3-19 的整圆运动轨迹的程序段为

G03 I - 50.0 F_；图 3-19a 所示逆时针整圆

G02 I - 50.0 F_；图 3-19b 所示顺时针整圆

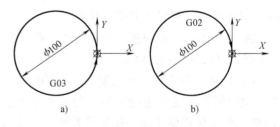

图 3-19 整圆编程
a）逆时针整圆 b）顺时针整圆

② 用半径 R 指定圆心，其值用带符号的圆弧半径指令。由于过起点和终点的圆弧可以有两个，即圆心角小于 180° 的圆弧和大于 180° 的圆弧，如图 3-20 所示。为区分是指定哪个圆弧，数控系统规定，对于圆心角小于 180° 的圆弧，半径值用正值表示。对于圆心角大于 180° 的圆弧，半径值用负值表示。当圆

弧的圆心角等于 180°时，R 取正、负值均可。

例如图 3-20 中，若终点坐标为 $X = 80\text{mm}$、$Y = 60\text{mm}$、$R = 50\text{mm}$ 时，图中圆弧①的程序段可写为

G02 X80.0 Y60.0 R50.0 F60；

如果终点与起点位于同一位置，当使用 R 编程时，就是编了一个 0°的圆弧，例 G02 R_，此时刀具不会移动。因此一般不用 R 编程方式指令整圆加工。当然，对于一个整圆，若将其分段为两个非整圆，也是可以用 R 编程的。如图 3-21 所示，其加工轨迹为 $O \to A \to B \to C \to D \to A \to O$。其程序可写为

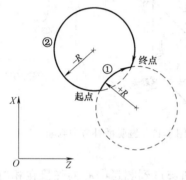

图 3-20　用 R 指定圆心

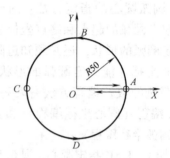

图 3-21　用 R 编程方式指令整圆加工

O0321；	程序名
G92X0 Y0 Z0；	建立工件坐标系
G00 X50.；	刀具快速移动至 A 点
G03 X－50. R50. F200；	逆时针加工圆弧 $A \to B \to C$
G03 X50. R50.；	逆时针加工圆弧 $C \to D \to A$
G00 X0；	快速退回坐标原点
M30；	程序结束，返回程序头

上述程序将整圆分为两段半圆弧。

③ 若在一个程序段中同时指定了 I、J、K 和 R，则 R 有效，I、J、K 无效。若 I、J、K 和 R 均未指定，则相当于 G01 指令。

④ 当用 I、J、K 编程，如果终点不在圆弧上，刀具在一个坐标到达终点之后，另一个坐标将以直线移动到达终点。

4）圆弧插补中的进给速度由 F 代码指定，并且沿圆弧的进给速度（圆弧的切线进给速度）被控制为指定的进给速度。指定的进给速度和刀具的实际进给速度之间的误差小于 ±2%，但是该进给速度是在加了刀具半径补偿以后沿圆弧测量的。

例 3-7：整圆加工轨迹分析。如图 3-22、图 3-23 所示，假设工件直径为 90mm，刀具直径为 10mm，所以加工轨迹为 φ100mm，起刀点分圆外和圆内两种情况讨论。图中点 S 和 E 分别为起刀点和退刀点，工件坐标系在零件上表面圆心位置。

1）起刀点在圆外，逆时针轨迹加工整圆，如图 3-22 所示。这时切入、切出方式有三种：直线垂直切入、切出，圆弧切线切入、切出和直线切线切入、切出。

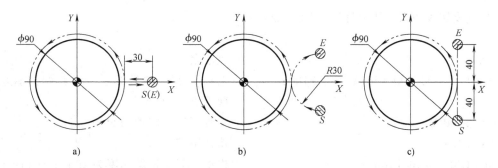

图 3-22　整圆编程，起刀点在圆外

a) 直线垂直切入、切出　b) 圆弧切线切入、切出　c) 直线切线切入、切出

① 直线垂直切入、切出程序（图 3-22a）：

O0317;	程序名
N10 G55 G90 G00 X80. Y0 Z100. ;	选择 G55 工件坐标系，刀具快速移动至起刀点
N20 S600 M03;	主轴正转，转速为 600r/min
N30 Z5. ;	快速下刀
N40 G01 Z – 10. F100;	进给下刀，进给速度为 100mm/min
N50 X – 50. F200;	直线垂直进给切入工件，进给速度为 200mm/min
N60 G03 I – 50. ;	逆时针加工整圆
N70 G01 X80. ;	直线垂直进给切出工件
N80 G00 Z100. ;	快速提刀
N90 M30;	程序结束，返回程序头

② 圆弧切线切入、切出程序（图 3-22b）：

O0327;	程序名
N10 G55 G90 G00 X80. Y – 30. Z100. ;	选择 G55 工件坐标系，刀具快速移动至起刀点
N20 S600 M03;	主轴正转，转速为 600r/min
N30 Z5. ;	快速下刀
N40 G01 Z – 10. F100;	进给下刀，进给速度为 100mm/min
N50 G02 X50. Y0 R30. F200;	圆弧切线进给切入工件，进给速度 200mm/min
N60 G03 I – 50. ;	逆时针加工整圆
N70 G02 X80. Y30. R30. ;	圆弧切线进给切出工件
N75 G00 Z5. ;	进给提刀
N80 G00 Z100. ;	快速提刀
N90 M30;	程序结束，返回程序头

③ 直线切线切入、切出程序（图 3-22c）：

O0337；	程序名
N10 G55 G90 G00 X50. Y - 40. Z100；	选择 G55 工件坐标系，刀具快速移动至起刀点
N20 S600 M03；	主轴正转，转速为 600r/min
N30 Z5.；	快速下刀
N40 G01 Z - 10. F100；	进给下刀，进给速度为 100mm/min
N50 G01 X50. Y0 F200；	直线切线进给切入工件，进给速度为 200mm/min
N60 G03 I - 50.；	逆时针加工整圆
N70 G01 Y40.；	直线切线进给切出工件
N80 G00 Z5.；	进给提刀
N90 G00 Z100.；	快速提刀
N100 M30；	程序结束，返回程序头

分析：

① 切入、切出方式。铣削过程中切入、切出方式必须认真考虑。从工件外部切入、切出主要有上述三种方式，直线垂直切入、切出方式简单易懂，但由于转入轮廓切入和转出轮廓切出时切削力产生突变，会在工件表面留下较为明显的刀痕。圆弧切线切入、切出可避免切削力突变现象，且通用性好，可适用于直线中间部分和圆弧轮廓线处的切入、切出。直线切线切入、切出可同样避免切削力突变现象，但对于直线轮廓只能从直线轮廓的端点切入、切出，适用范围受到一点约束。因此综合评价上述三种切入、切出方式，圆弧切线切入、切出最好，其次为直线切线切入、切出，最后是直线垂直切入、切出方式。

② 轮廓走刀方向。对于一个轮廓线而言，走刀方向有两个，即顺时针和逆时针。但在方向的选择上却涉及一个铣削加工工艺的问题，即逆铣和顺铣切削方式，一般情况下，粗铣用逆铣，精铣用顺铣。同样，走刀方向还受内、外轮廓加工的影响。

③ 以上程序采用绝对坐标值编程，整圆采用 I、J、K 编程，读者可自己尝试用相对坐标值编程，整圆用 R 编程等。

2）起刀点在圆内，顺时针轨迹加工整圆，如图 3-23 所示。这时切入、切出方式有两种：直线垂直切入、切出和圆弧切线切入、切出。

① 直线垂直切入、切出（图 3-23a）：

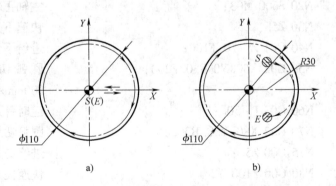

图 3-23　整圆编程，起刀点在圆内
a）直线垂直切入、切出　b）圆弧切线切入、切出

```
O0347;                          程序名
N10 G55 G90 G00 X0 Y0 Z100.;    选择 G55 工件坐标系, 刀具快速移动至
                                起刀点

N20 S600 M03;                   主轴正转, 转速为 600r/min
N30 Z5.;                        快速下刀
N40 G01 Z - 10. F100;           进给下刀, 进给速度为 100mm/min
N50 X50. F200;                  直线垂直进给切入工件, 进给速度为
                                200mm/min

N60 G02 I - 50.;                顺时针加工整圆
N70 G01 X0.;                    直线垂直进给切出工件
N80 Z5.;                        进给提刀
N90 G00 Z100.;                  快速提刀
N100 M30;                       程序结束, 返回程序头
```

② 圆弧切线切入、切出（图 3-23b）：

```
O0357;                          程序名
N10 G55 G90 G00 X20. Y30. Z100.;  选择 G55 工件坐标系, 刀具快速移动至
                                起刀点

N20 S600 M03;                   主轴正转, 转速为 600r/min
N30 Z5.;                        快速下刀
N40 G01 Z - 10. F100.;          进给下刀, 进给速度为 100mm/min
N50 G02 X50. Y0 R30. F200;      圆弧切线进给切入工件, 进给速度为
                                200mm/min

N60 I - 50.;                    顺时针加工整圆
N70 X20. Y - 30. R30.;          圆弧切线进给切出工件
N80 G01 Z5.;                    进给提刀
N90 G00 Z100.;                  快速提刀
N100 M30;                       程序结束, 返回程序头
```

　　分析：起刀点在轮廓线内时切入、切出方式一般没有直线切线切入、切出方式。上述两种方式的特点同起刀点在轮廓线外。

　　例 3-8：用 $\phi6$ 的刀具铣削出图 3-24 所示的 "N、C、H、D" 四个字母, 深度为 2mm, 工件坐标系在如图所示的工件的上表面上, 程序的起刀点位于工件

图 3-24　例 3-8 图

坐标系（0，0，200）处, 下刀速度为 60mm/min, 切削速度为 180mm/min, 主轴转速为 800r/min。

加工程序如下：

O0308；	程序名
N10 G92 X0 Y0 Z200.；	G92 指令设定工件坐标系
N20 S800 M03；	主轴正转，转速为 800r/min
N30 G90 G00 X10. Y10. Z2.；	快速定位至 N 字起点上方
N40 G01 Z－2. F60 M08；	进给下刀，开切削液
N50 Y40. F180；	铣削 N 字
N60 X30. Y10.；	
N70 Y40；	铣削 N 字结束
N80 G00 Z2.；	快速提刀
N90 X60.；	定位至 C 字起点
N100 G01 Z－2. F60；	进给下刀
N110 G01 X50. F180；	铣削 C 字
N120 G03 X40. Y30. R10.；	圆弧半径编程圆弧程序段
N130 G01 Y20.；	
N140 G03 X50. Y10. I10.；	圆心坐标编程圆弧程序段
N150 G01 X60.；	铣削 C 字结束
N160 G00 Z2.；	快速提刀
N170 X70.；	定位至 H 字起点
N180 G01 Z－2. F60；	进给下刀
N190 Y40. F180；	铣削 H 字
N200 Y25.；	
N210 X90.；	
N220 Y10.；	
N230 Y40.；	铣削 H 字结束
N240 G00 Z2.；	快速提刀
N250 X100.；	定位至 D 字起点
N260 G01 Z－2. F60；	进给下刀
N270 X110. F180；	铣削 D 字
N280 G02 X120. Y30. R10.；	圆弧半径编程圆弧程序段
N290 G01 Y20.；	
N300 G02 X110. Y10. I－10.；	圆心坐标编程圆弧程序段
N310 G01 X100.；	
N320 Y40.；	铣削 H 字结束
N330 Z200. M09；	快速提刀至 Z 轴起刀点，关切削液
N340 X0 Y0；	快速返回至起刀点
N350 M30；	程序结束，返回程序头

例 3-9：零件轮廓如图 3-25a 所示，刀心轨迹如图 3-25b 所示。对刀点为 *H* 点，起刀点为 *S* 点，退刀点为 *E* 点，按逆时针方向切削工件，工件坐标系取在工件上表面图示位置，

刀具直径为 12mm，毛坯轮廓尺寸为 190mm × 110mm × 8mm，不考虑装夹对加工路线的影响。

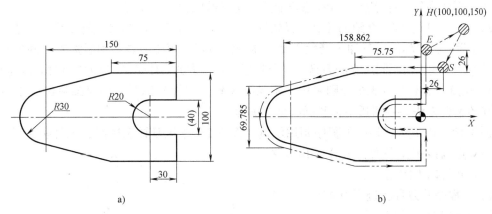

图 3-25　例 3-9 图

a) 零件轮廓线图　b) 刀心轨迹图

分析：从图 3-25a 可见，零件轮廓包括直线和圆弧，由于零件上下对称，所以工件坐标系定在图 3-25b 所示位置上，由于刀具直径为 12mm，因此刀心轨迹要在图 a 轮廓线的基础上均匀向外偏置 6mm，偏置后涉及几个基点的计算问题，这里采用 AutoCAD 作图完成，为图面清爽，图 b 中仅标注了图 a 中尺寸无法快速算出的个别尺寸。

按题目要求逆时针切削，确定了图 3-25b 所示的进、退刀点，切削用量：主轴转速为 800r/min，切削进给速度为 200mm/min。依题目要求编写的参考程序如下：

O0309;	程序名
N10 G54 G00 X100. Y100. Z150. ;	G54 指令建立工件坐标系
N20 M03 S800 ;	主轴正转，转速为 800r/min
N30 G00 Z − 10. ;	快速下刀
N40 X26. Y56. ;	快速定位起刀点 S
N50 G01 X − 75.75 F200 ;	直线切线切入工件
N60 X − 158.862 Y34.893 ;	切轮廓——斜线
N70 G03 Y − 34.893 R36. ;	切轮廓——R30 圆弧（圆弧半径编程）
N80 G01 X − 75.75 Y − 56. ;	切轮廓——斜线
N90 X6. ;	切轮廓——水平线
N100 Y − 14. ;	切轮廓——垂直线
N110 X − 30. ;	切轮廓——水平线
N120 G02 Y14. J14. ;	切轮廓——R20 圆弧（圆心坐标编程）
N130 G01 X6. ;	切轮廓——水平线
N140 Y76. ;	直线切线切出工件
N150 G00 X100. Y100. ;	水平面内快速退回换刀点
N160 Z150. ;	Z 轴快速退回换刀点
N170 M30 ;	程序结束，返回程序头

分析：

1）本程序使用 G54 指令建立工件坐标系，程序执行前对刀具位置无严格要求，程序结束时也可不回到程序起始点，但考虑安全性，建议返回程序起始点。

2）本例（以及前面介绍的几例）是依据刀具半径值计算刀具轨迹进行编程的，这种程序主要用于学习，实际使用时加工精度不高，通用性不好。例如刀具磨损后加工工件尺寸会偏大；另外，不能更换不同尺寸的刀具。这个问题在后面讲解 G41/G42/G40 指令时会得到解决。

3）注意例 3-8 和例 3-9 分别采用了不同指令建立工件坐标系，同时圆弧编程采用了两种不同的编程方法——圆弧半径和圆心坐标编程。

例 3-10：以下所列某一子程序调用示例，图 3-26 为其刀具轨迹图，工件坐标系 O_w 取在图中双点画线所在平面，试分析其程序结构，并回答以下问题。

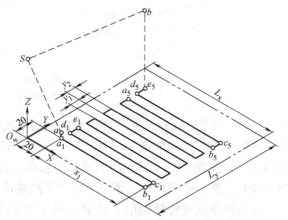

1）子程序的刀具轨迹形状如何？第 1 次调用的轨迹线段是哪些段？

2）S、a、b 点的坐标值？$a_5 \sim e_5$ 五个点的坐标值？

3）x_1、y_1、y_2 的长度值？

4）按图中坐标点的标注规律，y_1 与 y_2 长度直线的端点坐标符号？

5）假设毛坯轮廓（图中双点画线矩形）距刀具轨迹的最短距离为 20mm，则 L_x 与 L_y 的长度值？

图 3-26　例 3-10 刀具轨迹示意图

6）刀具轨迹所在平面与双点画线所在 XY 平面是否等高？若不等高，差值是多少？

例 3-10 的参考程序如下：

O3010；	程序名（主程序）
N10 G90 G00 G54 X0. Y0. Z100.；	选择 G54 建立工件坐标系，快速定位至起刀点 S
N20 S600 M03；	主轴正转，转速为 600r/min
N30 X20 Y20. Z5.；	快速移动至 a 点
N40 G01 Z − 1. F100；	进给下刀至 a_1 点
N50 M98 P53011；	调用 O3011 子程序 5 次
N60 G90 G00 Z100.；	快速提刀至 b 点
N70 G00 X0 Y0 M05；	快速返回起刀点 S，主轴停
N80 M30；	程序结束，返回程序头
O3011；	程序名（子程序）
N10 G91 G01 X100. F200；	增量坐标编程，进给加工至 b_i
N20 Y10.；	进给加工至 c_i
N30 X − 100.；	进给加工至 d_i
N40 Y10.；	进给加工至 e_i（$= a_{i+1}$，$i \leqslant 4$）
N50 M99；	子程序结束，返回主程序

例 3-10 的程序分析：改程序为主—子程序结构，通过主程序 O3010 中的程序段 N60 调用子程序 5 次，完成加工。子程序采用增量坐标编程，多次调用可实现水平面内的等距阵列。

3.5.3　暂停指令 G04

暂停指令 G04（又称停刀指令或准确停止指令）使程序段执行结束时暂停一段时间，以延迟指定的时间执行下一段程序。当指令的暂停时间到达时，系统开始执行下一个程序段。注意，G04 指令是非模态指令。

暂停指令格式为

$$G04 \begin{cases} X\_ \\ P\_ \end{cases};$$

其中　$X\_$——指定时间（允许用十进制小数点）；

　　　$P\_$——指定时间（不允许用十进制小数点）。

用 $X\_$ 指令时，暂停时间为"秒"，指令值范围为 $0.001 \sim 99999.999s$。用 $P\_$ 指令时，暂停时间的单位是 $0.001s$（ms），指令值范围为 $1 \sim 99999999ms$。

例：暂停时间为 1.5s 的编程格式为

G04 X1.5；

G04 P1500；

以上两个指令暂停的时间均相等。

暂停指令在数控铣削加工中常常用于镗孔加工至孔底时，安排一个暂停可以保证孔底的平面性，如图 3-27a 所示的阶梯孔镗孔加工。在数控车削加工中，切槽至槽底时的暂停动作可确保槽底的圆度，如图 3-27b 所示的窄槽车削加工。

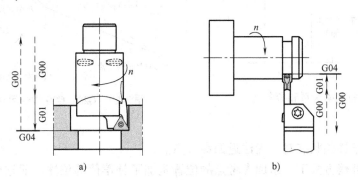

a)　　　　　　　　　　　b)

图 3-27　暂停指令 G04 应用示例

a）精镗阶梯孔　b）切窄槽

3.5.4　机床参考点及其相关指令

1. 参考点的概念

在 3.2.1 中介绍机床坐标系时已略谈到机床参考点的概念，我们知道机床参考点是机床数控系统设计时设置的一个特殊的固定点。通过返回参考点操作可以方便地确定机床参考点。对于绝对位置检测元件的数控铣床，系统通电后立即建立起了机床坐标系。而对于相对位置检测元件的数控铣床，数控系统通电后，必须通过返回参考点操作标记并记住机床参考点，才能建立起机床坐标系。

一般情况下，参考点的数量不止一个，如 FANUC 0i 数控系统就可以用参数在机床中设置 4 个参考点，如图 3-28 所示。我们通常所说的通电后返回参考点操作，返回的是第 1 参考点，简称参考点。大部分数控机床将第 1 参考点设置在直线移动坐标轴最大位置处，如立式数控铣床一般设置在右上角，前/后置刀架平床身数控车床一般设置在右下/上角。

参考点可用于设定机床坐标系和工件坐标系等。第 2 参考点常用于加工中心的换刀点。

由于大部分数控机床将机床零点设置在机床参考点上，所以返回参考点操作亦称"回零"操作。返回参考点操作可以是手动或自动完成。

2. 自动返回参考点指令（G28）

指令格式：G28 X_ Y_ Z_；

其中，X_ Y_ Z_ 为返回参考点时途经的中间点的坐标值，坐标值可以是绝对值或增量值，一般用增量坐标编程的较多。

G28 指令是使各坐标轴以快速移动速度途径中间点返回参考点（第 1 参考点）的定位。其运动轨迹如图 3-29 中的轨迹 $A \rightarrow B \rightarrow R$。程序执行到指令 G28 时，刀具以快速移动的速度从当前加工点位置经过中间点定位到参考点。返回参考点动作完成后，参考点返回指示灯点亮。不指定的坐标轴不执行返回参考点操作。

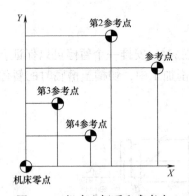

图 3-28　机床坐标系和参考点

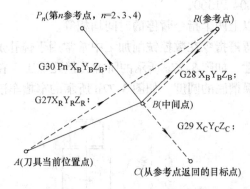

图 3-29　G28、G30 指令运动轨迹

说明：

1）机床处于锁住状态时，无法返回参考点。

2）在刀具补偿方式下，返回参考点的位置是加了补偿值的位置。而这个加了补偿值的位置不是参考点。因此为了安全起见，执行该指令前应当取消刀具半径补偿和长度补偿。

3）在返回参考点的操作过程中，中间点是为安全设置的，合理选择中间点，可以保证刀具在返回参考点的过程中不出现碰到工件或夹具的事故。G28 指令使用时中间点的坐标值存储在 CNC 中，再次使用 G28 指令时，未写出的轴和坐标值使用以前指令过的坐标值。

例：N1 G28 X40.0；　　中间点坐标仅指定了 X40.0

　　N2 G28 Y60.0；　　中间点坐标仅指定了 Y60.0，但中间点的坐标值为（X40，Y60）

4）通电后尚未执行手动返回参考点时，如果指定了 G28，则从中间点向参考点的运动与手动返回参考点相同。

5）手动返回参考点时，没有中间点，从刀具当前位置直接返回参考点。各轴单独进行还是三轴同时进行可由参数设置，一般设置为各轴独立返回参考点。

对于采用相对位置检测元件的数控铣床，必须执行完自动返回参考点或手动返回参考点操作后，第 2、3、4 参考点才有效。

对于不通过中间点直接返回参考点的情况，可写成 G91 G28 X0 Y0 Z0;。

6）注意：G28 指令以及其他涉及参考点的指令，如 G30、G27、G29 均为非模态指令。

例：几种返回参考点的 G28 指令的写法

写法一：G90 G28 X100. Y80. Z60. ；刀具从当前位置点途经中间点（100，80，60）返回参考点

写法二：G91 G28 X0 Y0 Z0；   刀具从当前位置点直接返回参考点

写法三：G91 G28 X0 Y0 Z_；   刀具从当前位置途经 Z 轴指定的增量高度值返回参考点

写法四：G91 G28 Z0；   刀具从当前位置先从 Z 轴返回参考点
　　　　G28 X0 Y0；   然后再从 X 轴和 Y 轴返回参考点

写法四是各轴分别动作，这种先动 Z 坐标，后动 X 坐标和 Y 坐标的方式是比较安全的方式，适用于三轴单独返回参考点的设置。

3. 返回第二、三、四参考点指令（G30）

指令格式：G30 Pn X_ Y_ Z_；

其中，n = 2、3、4，表示选择第 2、3、4 参考点。若省略不写，则表示选择第 2 参考点。指令的执行过程和动作轨迹与 G28 相同，仅是返回的参考点不同，如图3-29 所示。

X_ Y_ Z_为参考点在工件坐标系中途经的中间点的坐标值，坐标值可以是绝对值或增量值。返回参考点动作完成后，参考点返回指示灯点亮。不指定的坐标轴不执行返回参考点操作。指令动作的运动轨迹参见图 3-29 中的轨迹 $A \rightarrow B \rightarrow P_n$。

第 2、3、4 参考点的位置是由数控系统参数（参数号 1241、1242、1243）设置的，在采用相对位置检测装置的数控系统中，只有执行过手动返回参考点或自动返回参考点（G28）操作后，第 2、3、4 参考点才有效。

当准备设置的换刀点不在第 1 参考点时，可以用 G30 返回第 2、3、4 参考点的位置上换刀。这种方式可以减少空行程时间，提高工作效率，在加工中心中常用。

与 G28 指令一样，使用 G30 指令之前，也要取消刀具各种补偿和偏置。

4. 从参考点返回指令（G29）

指令格式：G29 X_ Y_ Z_；

其中，X_ Y_ Z_为从参考点途经中间点返回的目标坐标点的坐标值，可为绝对值/增量值指令。

G29 指令是从参考点途径中间点返回某一目标点的指令，动作轨迹参见图 3-29 中的轨迹 $R \rightarrow B \rightarrow C$，其多配合 G28 指令，返回参考点 R 后途径中间点 B 快速移动至目标点 C。注意，该指令同样适用于 G30 指令。

5. 返回参考点检查指令（G27）

数控机床通常是较长时间的连续运行，为了提高加工的可靠性及保证工件尺寸的正确性，可用 G27 指令检查工件原点的正确性。

指令格式：G90/G91 G27 X_ Y_ Z_；

其中，X_ Y_ Z_为指定参考点的指令，可为绝对值/增量值指令。

在 G90 方式下，X_ Y_ Z_为机床参考点在工件坐标系中的绝对坐标值；

在 G91 方式下，X_ Y_ Z_为机床参考点相对于刀具当前点的增量坐标值。

G27 指令动作分析。当执行 G27 指令时，刀具将以快速定位指令 G00 的速度快速移动至机床参考点，若刀具到达参考点位置，则机床操作面板上的返回参考点指示灯点亮。若工件原点位置在某一坐标轴存在误差，即该轴不能回到参考点，则该轴相应指示灯不亮，且系统将自动停止，并出现报警（No.092）提示，显示坐标轴未返回参考点。指令动作的运动轨迹参见图 3-29 中的轨迹 $A \rightarrow R$。

注意，执行 G27 指令前，必须执行指令 G40 与 G49 取消刀具半径补偿与刀具长度补偿。

思考与练习

1. 什么叫数控编程？
2. 简述坐标系的概念，机床坐标系和工件坐标系的关系如何？
3. 简述绝对坐标、增量坐标及相对坐标的概念及其应用。
4. 模态指令与非模态指令的概念与用法，要求学生必须记住常用的指令组。
5. 卧式数控车床与立式数控铣床的默认工作坐标平面是哪个？
6. 通过一个程序示例解释模态指令与非模态指令的应用。
7. 分析整圆编程的方法，包括圆心坐标编程和圆弧半径编程方法，并讨论引入引出程序段对加工指令的影响。
8. 编程题：按照例 3-9 的加工条件编写图 3-30 中字母的加工程序。

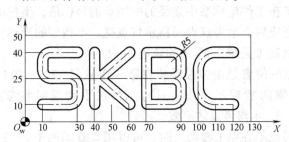

图 3-30　思考与练习 8 图

第4章 数控车床编程

4.1 概述

数控车床是实际生产中广泛使用的数控机床之一。车床主要用于加工轴类、盘类等回转体零件。可自动完成内外圆柱面、圆锥面、成形表面、螺纹和端面等工序的切削加工，并能进行车槽、钻孔、扩孔、铰孔等工作。车削中心可在一次装夹中完成更多的加工工序，提高加工精度和生产效率，由于其刀具的移动可以按事先编好的程序运行，因此更适合于复杂形状回转类零件的加工。

在第1章中，我们知道数控车床按主轴布置形式不同有立式与卧式之分。而对于卧式车床，按刀架的布置位置不同有平床身前置刀架和斜床身后置刀架两种形式。为统一叙述，本书以后置刀架式的数控车床进行讲解，由下面的分析我们会知道，前置与后置刀架的程序是通用的，实质是相等的。

4.1.1 数控车削加工特点

数控车削加工工艺是指从工件毛坯（或半成品）的装夹开始，直到工件正常车削加工完毕、机床复位的整个工艺执行过程。

普通车削加工用到的工艺规程是工人在加工时的指导性文件。而数控车削加工程序是数控车床加工中的指令性文件。数控车床受控于程序指令，加工的全过程都是按程序指令自动执行的。因此，数控车床加工程序与普通车床加工工艺规程有较大的差别，涉及的内容比较广。数控车床加工程序不仅要包括零件的工艺过程，而且还要包括切削用量、走刀路线、刀具以及车床的运动过程等。要求编程人员必须对数控车床的性能、特点、运动方式、刀具系统、切削用量以及工件的装夹方法等都要非常熟悉。

数控车削加工工艺主要包括以下内容：

1）选择适合在数控车床上加工的零件，确定工序内容。

2）分析待加工零件的图样，明确加工内容及技术要求。

3）确定零件的加工方案，制订数控加工工艺路线。如划分工序，安排加工顺序，处理与非数控加工工序的衔接等。

4）加工工序的设计。例如选取零件的定位基准，装夹方案的确定，工步划分，刀具选择以及切削用量的确定等。在数控加工中，工件安装多采用通用装夹装置，刀具广泛采用机夹可转位刀具，刀片普遍应用涂层技术。

5）数控加工程序的调整。例如选取对刀点和换刀点，确定刀具偏置（补偿）以及加工路线等。

4.1.2 数控车床的编程特点

从事数控加工编程的人们都知道，不同品牌的数控系统其编程指令有差异，同一品牌数控系统不同机床类型其编程指令也是存在差异的，本章以 FANUC 0i Mate-TC 数控系统数控车床为对象介绍数控车床的编程特点。

1. 数控车床的坐标系

数控车床的进给轴一般为两根轴，其 Z 轴与主轴轴线平行，正方向为远离工件的方向——即由机床主轴卡盘指向尾架方向；X 轴是主轴径向方向且平行于横刀架，正方向是远离主轴轴线的方向。数控车床数控系统的参考点一般设置在 X 轴和 Z 轴正方向的最大位置，若将机床返回参考点时的绝对坐标设置为 0，则可认为机床坐标系的原点设置在机床参考点上。

数控车床的工件坐标系一般设置在工件右端面上，如图 4-1 所示。图 4-1a 所示为三维立体图，图中，OX_hY_hZ 为斜床身后置刀架的工件坐标系，OX_qY_qZ 为平床身前置刀架的工件坐标系，按照图 3-17 的说法，G02 和 G03 指令的正负方向是从 Y 轴正方向向负方向看进行判断，在图 4-1b 中示出了其圆弧插补方向的表示，可见后置刀架式数控车床的插补方向符合人们的观察习惯，而前置刀架刚好相反，但实质是一样的，所以大部分教材在介绍数控车床编程时习惯于用后置刀架进行讲解，本书也基本是按这种方式讲述。实际上，斜床身后置刀架的数控车床更适合自动化程度较高的数控车床排屑的需要，应用更广泛。

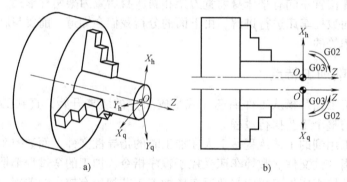

图 4-1　数控车床工件坐标系

a）三维立体图　b）平面展开图

注意，由于前、后置刀架的数控车床的坐标系的差异性，在实际车床中关于机床参考点的位置就会略有差异，如前置刀架一般在右下角，而后置刀架则是在右上角。

2. 数控车床的工作平面

对于数控车床而言，其默认的工作平面一般是 ZX 平面，坐标平面选择指令为 G18，书写程序时可以不必指令插补平面，即可以不写。但必须注意前置刀架与后置刀架的区别，如图 4-1b 所示，特别是在书写圆弧插补指令 G02/ G03 时，要注意圆弧方向的判断。其圆弧编程指令的格式可简化为

$$\begin{Bmatrix} G02 \\ G03 \end{Bmatrix} \begin{Bmatrix} X\_ & Z\_ \\ U\_ & W\_ \end{Bmatrix} \begin{Bmatrix} I\_ & K\_ \\ R\_ \end{Bmatrix} F\_ \ ;$$

3. 直径编程与半径编程

数控车床加工的零件一般为回转体，在图样上其径向外形尺寸一般用直径表示。而在加工时，径向尺寸常常用到的切削深度（即径向位移坐标）是半径表示。所以数控车床的数控系统在表示径向尺寸字（X 地址符）时被设计成两种指定方法，即直径指定与半径指定，如图 4-2 所示。

当用直径指定时，叫做直径编程；当用半径指定时，叫做半径编程。具体的数控系统可由参数设定。目前实际的数控车削系统一般均设置为直径编程。在切槽加工时，要注意图样上深度的表示与尺寸字中数值的关系。

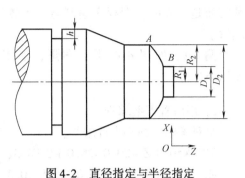

图 4-2　直径指定与半径指定

使用直径编程时的注意事项：

1）X 轴用直径值指定，Z 轴与直径指定和半径指定无关。

2）X 轴增量指令 U 用直径值指定。在图 4-2 中，对刀具轨迹 B 到 A 用 D_2 减 D_1 指定，而切削图中的径向槽是用 $2h$ 指定。

3）坐标系设定（G50）用直径值指定坐标值。

4）刀偏值分量由参数设定是直径值还是半径值指定，一般设置为直径值指定。

5）固定循环参数，如沿 X 轴切深（R）用半径值指定。

6）圆弧插补中的半径（R，I，K 等）用半径值指定。

7）沿 X 轴进给速度，指定"半径的变化/转"或"半径的变化/分"。

8）轴位置显示按直径值显示。

若有数台数控车床，最好设置成一致，如直径编程，以便程序可以通用。

4. 绝对/增量坐标编程与混合编程

数控车床刀具移动量的指定方法有绝对坐标编程与增量坐标编程两种。在绝对坐标编程时，是用刀具运动的终点位置的绝对坐标值编程；在增量值坐标编程时，用刀具各轴移动的距离编程。当用 G 代码系统 A 时，绝对坐标和增量坐标编程的指令地址字分别为 X_Z_ 和 U_W_。数控车床编程可以用绝对坐标编程或增量坐标编程，也可以混合编程。如图 4-3 所示零件 AB 段的程序，三种坐标指定编程的指令为

绝对值指令编程：G01 X400. 0 Z50. 0 F200；

增量值指令编程：G01 U200. 0 W – 400. 0 F200；

混合坐标值指令编程：G01 X400. 0 W – 400. 0F 200；或 G01 U200. 0 Z50. 0 F200；

5. 前置/后置刀架编程及其分析

从图 4-1 中的分析可见，前置刀架与后置刀架编程时若遵循圆弧方向判断的原则，则

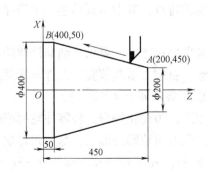

图 4-3　绝对/增量坐标编程图例

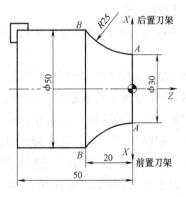

图 4-4　圆弧加工示意图

其实质是一样的，即程序编制与是后置刀架还是前置刀架无关。下面通过一个例题分析理解。

例 4-1：如图 4-4 所示图形，加工轨迹及方向为 $A \rightarrow B$，直径编程，进给速度为 0.3mm/r。

1）用后置刀架编程。	2）用前置刀架编程。
绝对坐标值圆心坐标编程：	绝对坐标值圆心坐标编程：
G02 X50.0 Z-20.0 I25.0 K0 F0.3；	G02 X50.0 Z-20.0 I25.0 K0 F0.3；
或　G02 X50.0 Z-20.0 I25.0 F0.3；	或　G02 X50.0 Z-20.0 I25.0 F0.3；
增量坐标值圆心坐标编程：	增量坐标值圆心坐标编程：
G02 U20.0W-20.0 I25.0 K0 F0.3；	G02 U20.0W-20.0 I25.0 K0 F0.3；
或　G02 U20.0W-20.0 I25.0 F0.3；	或　G02 U20.0W-20.0 I25.0 F0.3；
绝对坐标值圆弧半径编程：	绝对坐标值圆弧半径编程：
G02 X50.0 Z-20.0 R25.0 F0.3；	G02 X50.0 Z-20.0 R25.0 F0.3；
增量坐标值圆弧半径编程：	增量坐标值圆弧半径编程：
G02 U20.0W-20.0 R25.0 F0.3；	G02 U20.0W-20.0 R25.0 F0.3；

分析以上程序可以看出，不管是后置刀架还是前置刀架，所编程序均相同，即程序编制与后置刀架还是前置刀架无关。各人可根据自己的习惯相对固定地按一种方式思维，建议采用后置刀架编程与学习。

6. 数控车削的进给速度描述

切削进给主要用于切削加工时刀具的运动。进给功能由 F 指令设定，具体的进给速度值的选择取决于金属切削原理方面的相关知识，由于是切削金属，所以其运动速度一般均远小于快速移动的速度。表述车削加工的进给量有两种方式，一种是进给速度 v_f，即每分钟进给量（简称分进给），单位为 mm/min；另一种是进给量 f，即每转进给量（简称转进给），单位为 mm/r。数控车床加工用得较多的是转进给，一般也是数控车床的默认进给指令。

FANUC 0i Mate-TC 系统对分进给/转进给有对应的控制指令 G98/G99，这两个指令是同组的模态指令，可以相互注销。

7. 编程举例

以下通过一个例题综合分析数控车削加工程序的编程特点，其中用到前述的子程序调用功能。

例 4-2：如图 4-5 所示手柄曲面加工，图 4-5a 为其主要尺寸图，要求车削其回转曲面部分，图 4-5b 为其工艺规划图，选用 $\phi26\text{mm}$ 棒料做毛坯，自定心卡盘装夹，工件坐标系设定在前端面，端面预留加工余量 0.5mm，切削结束处轮廓顺势延伸至 $\phi28\text{mm}$ 处。

加工程序如下，由于毛坯为棒料，需要多次切削加工，为简化编程，将零件轮廓编制为子程序，基于增量坐标编程，通过子程序调用 6 次，实现曲面轮廓的加工，每一刀背吃刀量 2mm。加工轨迹如图 4-5c 所示。加工轨迹可描述为 $S \rightarrow s_1 \rightarrow a_1 \rightarrow b_1 \rightarrow c_1 \rightarrow d_1 \rightarrow f_1 \rightarrow g_1 \rightarrow h_1$（其同时是第 2 次循环的起点 s_2）$\rightarrow \cdots\cdots$（继续循环切削第 2、3、4、5、6 刀）$\rightarrow h_6 \rightarrow S$。

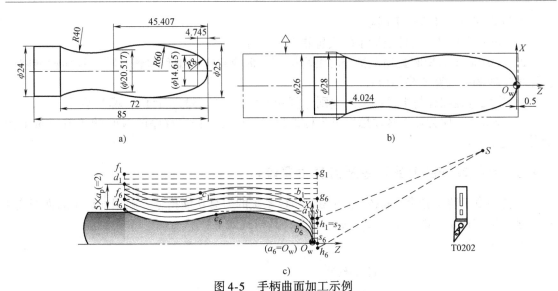

图 4-5 手柄曲面加工示例

a) 主要尺寸图 b) 工艺规划图 c) 刀具及其轨迹图

O4200;	主程序名
N10 G54 G00 X100 Z120 T0202;	建立工件坐标系,设定程序起点,调用 2 号刀及 2 号刀补
N20 S600 M03;	主轴正转,转速为 600r/min
N30 G00 X20 Z2;	快速定位至切削起点 s_1
N40 M98 P64201;	调用子程序 O4201 循环 6 次
N50 G00 X100 Z120;	从点 h_6 快速退刀至程序起点 S
N60 T0200;	取消 2 号刀及 2 号刀补
N70 M30;	程序结束,返回程序头
O4201;	子程序名
N10 G01 W – 2 F0.2;	直接切入至点 a_i ($i = 1 \sim 6$,下同),设定进给量 0.2mm/r
N20 G03 U14.615 W – 4.745 R8;	切削圆弧 R8mm 点 b_i (圆弧半径编程)
(N20 G03 U14.615 W – 4.745 K – 8;)	切削圆弧 R8mm 点 b_i (圆心坐标编程)
N30 U5.902 W – 40.662 R60;	切削圆弧 R60mm 点 c_i (圆弧半径编程)
(N30 U5.902 W – 40.662 I – 55.188 K – 24.416;)	切削圆弧 R60mm 点 c_i (圆心坐标编程)
N40 G02 U7.483 W – 30.617 R40;	切削圆弧 R40mm 点 d_i (圆弧半径编程)
(N40 G02 U7.483 W – 30.617 I38.506 K – 10.831;)	切削圆弧 R40mm 点 d_i (圆心坐标编程)
N50 G00 U8;	快速退刀至点 f_i
N60 W78.024;	快速定位至点 g_i
N70 U – 40;	快速定位至点 h_i (即 s_{i+1})
N80 M99;	子程序结束,返回主程序

注:子程序中小括号内部分为同一程序段的圆心坐标编程书写格式。

阅读程序时，注意以下问题：

1）分析数控程序工件坐标系的设置指令及位置。

2）采用后置刀架圆弧加工指令的书写格式，形成自己的编程习惯。哪些程序段能够读出图中三段圆弧的圆心坐标位置。

3）注意直径编程与半径编程的差别。哪些尺寸字必须书写直径值，哪些不需。

4）分析子程序为什么必须用增量坐标编程，并分析子程序程序段 N70 的 X 轴增量坐标为什么是 U-40。

4.1.3 数控车床的刀具指令及刀具位置偏置

刀具指令又称 T 指令，FANUC 0i Mate-TC 系统的刀具功能指令一般用地址 T 后面指定 4 位数字的格式指定，即 T（2+2）格式指令，其格式如下：

刀具指令后的四位数字中，前两位是刀具号，后两位是刀具补偿号。同一把刀具可以调用不同的补偿号。一般来说刀具补偿存储器的数量远大于刀具数，如 FANUC 0i Mate-TC 系统的刀具补偿号存储器共有 64 个。当刀具号为 00 时，则不选择刀具。当刀具补偿号为 00 时，其补偿值为 0，即相当于取消刀具偏置（补偿）。

FANUC 0i Mate-TC 系统将刀具偏置分为两部分管理，即"外形"与"磨损"（有的又称为"几何"与"磨耗"），如图 4-6 所示。外形偏置是基本的设置，磨损偏置是对基本偏置进行微量调整的设置，刀具的实际偏置值是外形与磨损两部分的代数和。

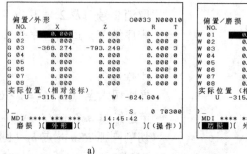
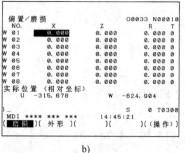

图 4-6　刀具偏置画面
a）外形偏置画面　b）磨损偏置画面

数控车床的刀具偏置分四项内容，前两项属于刀具外形偏置（或位置 X 和 Z 偏置），可控制刀位点在 X 和 Z 轴方向上的偏置位置，亦可用于刀具偏置对刀或非标准刀具与标准刀具位置偏差补偿。后两项 R 和 T 属于刀尖圆弧半径补偿，用于由于刀尖圆弧半径造成的加工零件形状上的误差补偿。

值得注意的是，在数控加工中"补偿"与"偏置"的实质是一样的，只是叫法不同，在 FANUC 0i Mate-TC 数控系统的偏置画面中称为"偏置"，而实际中常见的说法是实现刀具位置的移动叫"偏置"，补偿刀具位置的偏差叫"补偿"。

偏置可以认为是加工时的实际刀具主动的向编程时假设的理想位置或对刀时使用的标准

刀具的位置移动消除误差，提高加工精度的方法。

补偿可以认为是偏离理想位置（编程时假设的理想刀具或对刀时使用的标准刀具位置）的实际刀具通过补偿其偏离的误差值，从而消除加工误差，提高加工精度的方法。

数控系统执行刀具指令后会将相应的刀具转到工作位置，并调用刀具补偿值，将刀具移动指令指定的移动位置加上相应的刀具外形偏置值，必要时（程序中出现 G41/G42 或 G40）进行刀尖圆弧半径补偿，最终确定刀具的实际位置。

4.2 数控车床编程指令

4.2.1 数控车床的准备功能指令

数控车床是按照一定的数控指令进行工作的。不同的数控系统，其功能指令有较大的差异，同一品牌的数控系统，其不同版本数控系统的指令也是略有差异的，要学习数控车床的操作，首先必须明确所使用数控车床的指令系统，一般可参照车床厂家提供的编程和操作手册进行学习。

准备功能指令又称为 G 指令，其字的地址符是 G，所以又称为 G 功能或 G 代码。它的定义是建立车床或控制系统工作方式的一种命令。G 指令中的后续数字大多为两位正整数（包括 00）。不少车床此处的前置"0"允许省略，即能够辨识 G1 就是 G01 等。本章以应用较为广泛的 FANUC 0i Mate-TC 数控系统的 G 指令进行讲解，详细的 G 指令相关说明见附录 C。

4.2.2 数控车床的主轴速度与进给速度控制

1. 主轴速度指令 S

S 指令又称主轴速度功能指令，用地址符 S 及其后面的数值指定。

对于有级自动变速的车床，用地址符 S 和其后的 2 位数字表示，其中数字仅表示主轴转速代码，并不表示实际值。

对于机械换档与变频无级变速的方式，是用地址符 S 和其后的数值直接指定主轴的速度，但需机械预选变速范围，也可在程序中用 M00 配合手动换档实现机械变速。

对于全范围无级变速的车床，主轴转速可以用地址符 S 和其后的数值直接指定主轴的速度。

数控车床主轴的具体变速方式，以机床厂家的说明书为准。

对于主轴转速可以无级变速的数控车床，在自动运行方式下，其转速可用车床操作面板上的主轴转速倍率调整按钮或开关在一定范围内进行调整，其调整方式和调节范围可参照车床厂家的说明书或操作面板上的操作旋钮或按键确定。

主轴速度控制指令一般要与辅助指令 M03（或 M04）联合使用才能见到实际效果，例如以下应用

（G97）S800 M03；   主轴正转，转速为 800r/min。

2. 恒线速度与恒转速控制指令 G96/G97

数控车床主轴的旋转运动方式可以控制为恒转速或恒线速旋转，其对应的主轴速度单位为 r/min 或 m/min。具体由指令 G96 或 G97 确定，开机时默认的旋转方式可由系统参数设置，数控车床一般设置为恒转速控制。

数控车床主轴速度控制指令的格式为

恒转速控制指令：G97 S800；表示 S 指令指定的主轴转速为 800r/min。

恒线速度控制指令：G96 S50;表示 S 指令指定的工件表面刀位点处的线速度为 50m/min。

说明：

1）恒线速度切削过程中保持刀位点处的切削速度恒定，如图 4-7 所示。因此当切削直径发生变化时主轴转速是会发生变化的，如图 4-8 所示。恒线速度切削有利于提高表面加工质量。恒线速度控制时，当刀具切削逐渐靠近主轴中心时，转速会不断增大，当接近中心时，理论上转速会接近无穷大，这显然是不允许的，所以恒线速度控制时必须注意主轴最大允许转速的控制。

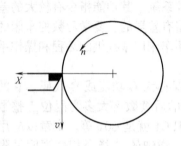

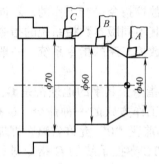

假设主轴速度指令为：
G96 S150M03；
则各点的转速分别为：
A：$n = 1193$ r/min
B：$n = 795$r/min
C：$n = 682$r/min

图 4-7　G96/G97 指令
G96 指令：$v =$ 常数
G97 指令：$n =$ 常数

图 4-8　恒线速度切削时转速的变化

2）恒转速控制切削过程中，主轴转速保持恒定，如图 4-7 所示。这种切削方式下，机床与主轴工作稳定，应用广泛。

3）G96 和 G97 为同组的模态指令，数控车床的开机默认设置一般为 G97。

3. 最大主轴转速钳制指令 G50 S_

从前面学习，恒线速度控制可知，随着刀具不断向工件中心移动，主轴转速会增大，为防止意外，必须控制最大允许转速。在恒线速度控制情况下，机床主轴转速的最低和最高值可由系统参数设定，也可以用最高转速限制指令（G50 S_ ）在程序中设定。

G50 S_ 指令用于限制恒线速度加工时的最高允许转速，所以又称为最大主轴转速钳制指令。其指令格式为 G50 S_ ；

其中　S——指令恒线速度控制时的最高允许主轴转速，r/min。

例如指令 G50 S1000；表示主轴的最高转速控制在 1000r/min，当在恒线速度控制时，由于工件直径发生变化，导致折算的主轴转速大于 1000r/min 时，其主轴转速被钳制在 1000r/min 不再增加。

主轴转速钳制指令常常与恒线速度控制指令配套使用。例如图 4-9 所示车端面加工，当刀具运行到 φ21.231mm 时，主轴转速已达到 1500r/min，这时即使刀具继续朝中心进给，但主轴转速不会变化了。参考加工程序如下：

G50 S1500；

G96 S100；

⋮

G01 X0；

主轴转速钳制指令对于切断、切端面等具有直径较小部位加工的保护特别有效。为保险起见，在使用恒线速度控制时，一般均在 G96 S＿；程序段之前使用 G50 S＿；指令。

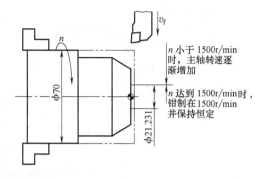

图 4-9　G50 指令钳制主轴转速

4. 分进给/转进给指令 G98/G99

数控加工的进给速度指令用地址符 F 加后边的数字指定。根据数控车床车削加工的特点，FANUC 0i Mate-TC 系统设计了两种进给速度控制方式，即分进给和转进给，分别由指令 G98/G99 指定，如图 4-10 所示。对于直线插补 G01，其进给速度的方向是沿直线移动的方向，对于圆弧插补 G02/G03 是刀位点的切线方向，如图 4-11 所示。

进给速度的大小由 F 指令后的数值指定。在刀具进给移动时，保持指令的合成速度不变，其合成速度为

$$F = \sqrt{F_X^2 + F_Z^2}$$

式中　F_X 和 F_Z——分别为 X 和 Z 轴的分进给速度。

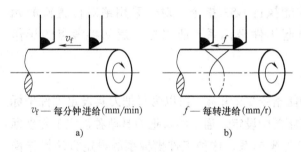

图 4-10　G98/G99 指令

a) G98 分进给　b) G99 转进给

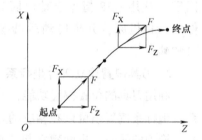

图 4-11　切削进给速度

从附录 C FANUC 0i Mate-TC 数控车削系统的 G 指令表中可以看出，切削进给速度指令 G98/G99 同属于第 05 组指令，同时是模态指令，当一个指令指定后，直至另一个指令出现之前一直有效。对于 G 98/G99 指令，开机默认设定一般为转进给方式，可由系统参数设定。进给速度指令指定的进给速度也可以用机床操作面板上的进给速度倍率按钮（或旋钮）在一定范围内进行调节，但螺纹切削时，进给速度倍率修调被忽略，即始终按 100% 控制。

同快速运动一样，进给运动在启动和停止段也有一个加、减速过程，只是加、减速段曲线的选择不同，进给运动常采用指数型和铃形（采用正弦曲线加减速），如图 4-12 所示，图中 T_C 为时间常数，具体由系统参数设定。

4.2.3　数控车床工件坐标系的建立

1. 机床坐标系指令（G53）

机床坐标系指令 G53 用于指定刀具在机床坐标系中的位置。其指令格式为

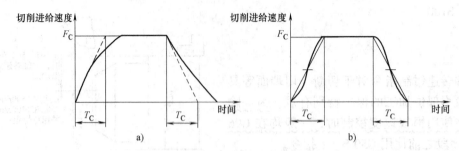

图 4-12　进给运动加减速曲线

a) 指数型加减速曲线　b) 铃形加减速曲线

G53 X_Z_;

其中　X_Z_——刀具在机床坐标系中的绝对坐标值。

G53 指令是非模态指令，仅在程序段中有效，其尺寸字必须是机床坐标系中的绝对坐标值，如果指令了增量坐标值，则 G53 被忽略。如果要将刀具移动到机床的特定位置选刀和换刀，可用 G53 指令编制刀具在机床坐标系中的移动程序，刀具以快速运动速度移动。如果指定了 G53 命令，就取消了刀尖圆弧半径补偿和刀具偏置。

注意，在执行 G53 指令之前必须建立机床坐标系，否则 G53 无法知道刀具移动的具体位置。对于相对位置检测元件的数控机床，必须执行完手动返回参考点操作（即回零）或用 G28 指令自动返回参考点后才能执行 G53 指令。对于采用绝对位置检测元件的数控机床，开机启动后即会自动建立起工件坐标系，所以这一返回参考点的操作可省略。

2. 刀具偏置建立工件坐标系

利用刀具的位置偏置功能，通过刀具功能指令 T×××× 可以为每把刀具设定工件坐标系，坐标系偏置值可以在相应的刀具补偿存储器中设定。通过给每把刀具单独设定工件坐标系，换刀的同时，也就建立起了该刀具的工件坐标系。这种工件坐标系的设定方法操作简单，可靠性好，只要不改变刀具偏置值，工件坐标系就会一直存在且不会变，即使断电，重启后执行返回参考点操作，工件坐标系还在原来位置上。

刀具位置偏置设定工件坐标系，就是将欲建立的工件坐标系原点在机床坐标系中的坐标值存入相应的刀具偏置存储器中，建立起工件坐标系相对于机床坐标系的偏置矢量 (G)，其存在存储器中的坐标值就相当于该偏置矢量在 X 和 Z 坐标轴的矢量分量 (G_x 和 G_z)。如图 4-13a 所示，假设准备用 1 号刀加工，刀具指令为 T0101。在程序运行前，通过试切法用刀尖分别切削面 A 得到 Z 坐标值和切削外圆 B 得到 X 坐标值 (ϕd)，基于 ϕd 测得 X 坐标轴的偏置值（实际上相当于测得了刀尖到工件中心的值），通过 MDI 面板将工件坐标系原点的坐标值 (X, Z) 输入 001 号刀具补偿存储器中，如图 4-13b 所示，即完成了 1 号刀的设置。一般情况下，工件端面还需留有适当的加工余量（例如 2mm），这时如何设置工件坐标系呢？读者可根据以上原理自行思考。

在图 4-13 中，若将工件坐标系 XO_wZ 的 O_w 点相对于机床参考点的坐标值事先输入 CNC 系统的刀具位置偏置画面中，则在程序执行时，通过刀具指令调用该位置偏置值即可建立起

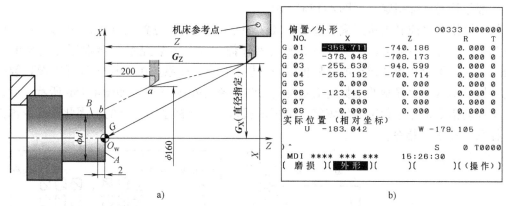

图 4-13　刀具位置偏置建立工件坐标系

a) 图例　b) 位置偏置设置画面

工件坐标系。以下面的程序为例,当执行到 N10 程序段时建立起了工件坐标系 XO_wZ,N30 程序段快速定位至 a 点。

N10	T0101;	调用 1 号刀及 1 号刀补偿,建立工件坐标系
N20	M03 S300;	主轴正转,转速为 300r/min
N30	G00 X160.0 Z200.0;	快速定位至 a 点
N40	G00 X60 Z0;	快速定位至 b 点
N50	G98 G01 X0 Z0 F100;	指定分进给,车端面,进给速度为 100mm/min
N60	……	
N70	T0100;	取消 1 号刀补

从图 4-13 也可理解位置偏置的概念,前面说过,刀具实际到达的位置等于移动指令指定的终点位置与刀具位置偏置的代数和。例如 N30 程序段刀具实际到达的位置 a 点的机床坐标系坐标为 $-359.711+160$ 和 $-740.186+200$。

若将刀架上的每一把刀具均进行以上操作设置刀具补偿值,则通过相应的刀具指令可以建立各自刀具所需的工件坐标系。图 4-14 为设置两把刀的示意图,当程序执行到 T0101 指令时,即选择 1 号刀为工作刀具,并通过 1 号刀具半径补偿(简称“刀补”)设定了以工件右端面中心为原点的工件坐标系。而当程序执行到 T0202 指令时,即选择 2 号刀为工作刀具,并调用 2 号刀补建立以工件右端面中心为原点的工件坐标系。

3. 设定工件坐标系指令 G50

所谓设定工件坐标系,就是确定起刀点相对工件坐标系原点的位置并确定工件坐标系。G50 指令的使用方法与数控铣削系统中 G92 指令类似。G50 的指令格式为

G50 X_Z_;

其中　X_Z_——起刀点相对于加工原点的位

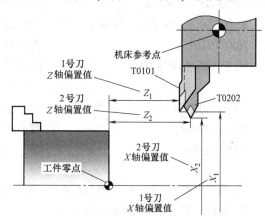

图 4-14　多刀位置偏置建立工件坐标系原理

置，一般是绝对坐标指定，如图 4-15a 所示。

执行该指令之前必须将刀尖调整至 G50 指令指定的坐标位置上（如图中的 A 点，该点可认为是起刀点）。执行该指令时刀具不会做任何移动，但数控系统会根据刀具当前位置（$-\alpha$，$-\gamma$）及 G50 指令指定的坐标值 X_Z_建立工件坐标系。机床操作时可以看到数控系统的位置显示画面上显示的坐标绝对值即为 G50 指令中的坐标值，如图 4-15b 所示。后续有关刀具移动指令执行过程中的位置绝对坐标值就是以该坐标系为基准的。因此该指令称为工件坐标系"设定"指令。

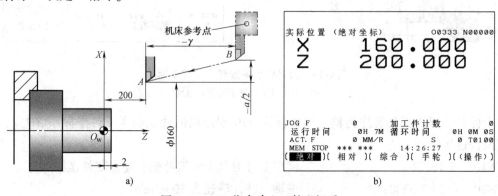

图 4-15　G50 指令建立工件坐标系

a) 工件坐标系建立原理　b) 工件坐标系设定后位置显示画面

图 4-15 中，若刀具当前位置已经移至 A 点，则执行完下述指令后，即建立起了图示的 XO_wZ 工件坐标系。

G50 X160.0 Z200.0；

G50 指令建立工件坐标系与刀具当前位置有关，因此其加工程序结束之前，一般要将刀具移动至对刀点 A，否则再次执行时会改变工件坐标系的位置。但若与 G53 指令巧妙组合，则可具备 G54 ~ G59 指令的功效，读者可仔细品味以下程序。

O0415；	程序名
/N10 G28 U1.0 W1.0；	返回机床参考点（B 点）
/N20 G53 X $-\alpha$ Z $-\gamma$；	刀具快速移动至对刀点 A
N30 G50 X160. Z200. M08 ；	G50 指令设定工件坐标系
N40 T0101；	调用 01 刀及 01 号刀补
N50 G97 S800 M03；	恒转速控制，主轴正转，转速为 800r/min
⋮	…………
N130 G00 X160. Z200. M09；	快速退刀至对刀点 A，关切削液
N140 T0100；	取消 1 号刀补
N150 M30；	程序结束，返回程序头

注：程序中的（$-\alpha$，$-\gamma$）值与刀具和工件的安装位置有关，在程序执行前必须测定并写入程序中。

4. 选择工件坐标系指令 G54 ~ G59

在 FANUC 数控系统中，可以在工件坐标系存储器中设定 6 个工件坐标系 ［No. 01

（G54）~ No. 06（G59）]和一个外部工件零点偏移坐标系 No. 00（EXT），如图 4-16 所示。它们之间的关系如图 4-16a 所示。当外部工件零点偏移值 EXOFS 设置为零时，1~6 号工件

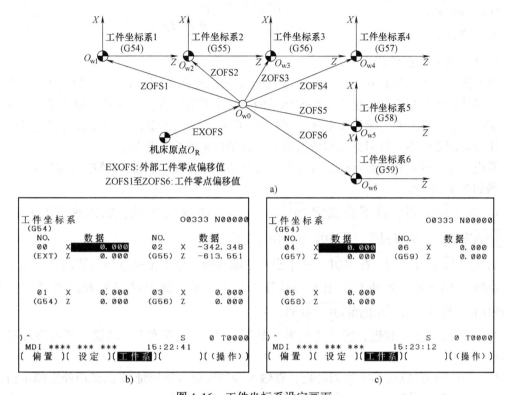

图 4-16　工件坐标系设定画面

a）工件坐标系与外部工件坐标系偏移之间关系　b）EXT、G54~G56　c）G57~G59

坐标系是以机床参考点为起点偏移的。但若设置了外部工件零点偏移值后，则 6 个工件坐标系同时偏移。

　　在执行数控程序前，可以通过 LCD/MDI 面板操作分别设置这六个工件坐标系相对于机床参考点的偏移距离，如图 4-16b、c 所示。程序执行时，用 G54~G59 指令分别选择相应的坐标系建立工件坐标系。所设置的坐标系在机床通电并执行返回坐标参考点操作后即生效。

　　以图 4-15 为例，若程序执行之前将 O_w 点相对于机床参考点的坐标偏移值写入了 G55 工件坐标系存储器中，如图 4-16a 所示，则可执行下述程序。执行以下程序时 01 号刀具补偿存储器中的外形偏置一般应清零。G54~G59 指令建立工件坐标系与刀具当前位置无关，所以下述程序执行时刀具只需在一个换刀时不会干涉的位置即可，当程序执行至 N30 时刀具将移动至图 4-15 中 A 点位置。

	程序名
O0417	
N10 T0101；	调用 1 号刀及 1 号刀补
N20 G97 S800 M03；	恒转速控制，主轴正转，转速为 800r/min
N30 G00 G55 X160. Z200. M08；	G55 指令选择工件坐标系，刀具快速移动至 A 点，开切削液

```
⋮
N140 T0100;                          取消 1 号刀补
N150 M30;                            程序结束，返回程序头
```

5. 试切法对刀操作简介

对刀操作的实质是建立工件坐标系，即确定工件坐标系原点相对于机床参考点中的位置。上述分析可知数控车床建立工件坐标系的方法主要有三种：刀具几何偏置建立工件坐标系、G50 指令设定工件坐标系和 G54 ~ G59 指令设定工件坐标系，各种方法略有差异，这里以试切法为例介绍第一种刀具几何偏置建立工件坐标系的操作步骤。

假设工件坐标系建立在毛坯的外端面，毛坯 ϕ50mm，程序中的刀具指令为 T0101，其操作步骤如图 4-17 所示。

1）按下 MDI 键，按下功能键 PROG，进入 MDI 运行方式，输入换刀程序，按下 循环启动 按键执行换刀程序，将 T01 号刀换至工作位置。

2）按下 手摇 方式键，在 MDI 方式下启动主轴旋转，用手轮操纵刀具移动到试切工件外圆，保持 X 轴不动，Z 轴退刀至安全位置，停止主轴，测量试切外圆的直径，假设为 49.864mm。然后，按下功能键 OFS/SET 。

3）按下 [偏置] 软键，按下 [外形] 软键，按下 [（操作）] 软键，进入外形偏置设置画面。

4）确保光标定位在 G01 号刀补处，在输入缓冲区键入轴地址 X 及试切外圆测量值，如 X49.864，按下 [测量] 软键，可以看到光标所在位置显示为 - 365.916，这个值正好是刀具轴线相对于参考位置的 X 轴向偏置值。

5）重新起动主轴，手轮操纵试切端面，保持 Z 轴不动，X 轴退刀。然后按下功能键 OFS/SET （若画面没有动过，可以不用此项操作）。

6）用光标移动键 → 将光标定位在 Z 轴偏置处，在输入缓冲区键入 Z0 并按下 [测量] 软键，可以看到光标位置显示为 Z 轴偏置值，即工件端面相对于参考位置的偏置值。

4.2.4 数控车床的基本编程指令与分析

基本编程指令是数控系统指令集中最基本的指令，其通用性较好，是数控编程的基本指令，其在生产中应用广泛。已在第 3 章介绍过的指令这里仅简单地说明。

1. 快速定位指令 G00

（1）指令格式　G00 X (U)_Z(W)_;

其中　X (U)_Z(W)_——指定终点位置的绝对（增量）坐标值。X、Z 为绝对坐标指定；U、W 为增量坐标指定。同一程序段中允许混合使用。

（2）说明

1）快速定位移动轨迹有直线插补与非直线插补两种，由参数设置。

2）快速定位指令各轴移动的速度是固定的，可由参数设定，并可通过倍率调节旋钮或按键在一定范围内修调。

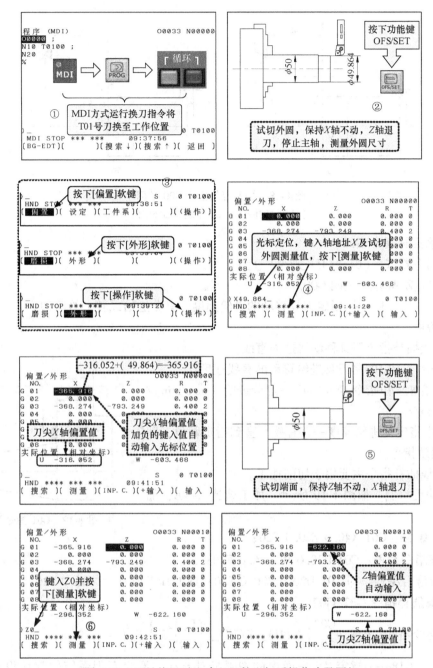

图 4-17　刀具偏置对刀建立工件坐标系操作步骤图解

3) 快速定位指令 G00 主要用于定位, 指令刀具以快速移动速度移动到指定位置。

4) 对于设定为非线性插补快速移动的数控机床, 由于刀具移动轨迹常常为折线, 所以要防止产生干涉而打坏刀具或损坏机床。

(3) 编程举例　按图 4-18 所示加工, 直径编程, 加工指令为

绝对坐标编程: G00 X40.0 Z4.0;

增量坐标编程: G00 U - 60.0 W - 36.0;

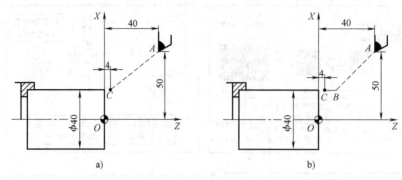

图 4-18　快速定位指令 G00 举例

a）线性插补定位　b）非线性插补定位

2. 直线插补指令 G01

（1）指令格式　G01 X(U)_Z(W)_F_;

其中　X(U)_Z(W)_——同 G00。

　　　　　　　F_——指定刀具移动的进给速度，有分进给或转进给两种。

（2）说明

1）直线插补指令刀具移动轨迹为直线。

2）指令 F 指定的是刀具进给移动的直线速度。

3）进给速度由指令 G98/G99 指定分进给（mm/min）/转进给（mm/r）。

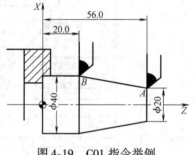

4）F 中指定的进给速度一直有效，直到指定新值，即 F 指令是续效指令。

5）直线插补指令主要用于切削加工。

（3）编程举例　如图 4-19 所示，加工轨迹 A→B，加工指令为

图 4-19　G01 指令举例

绝对值指令编程：G01 X40.0 Z20.0 F20；

　　增量值指令编程：G01 U20.0 W−36.0 F20；

　　也可以混合编程，即 G01 U20.0 Z20.0 F20；或 G01 X40.0 W−36.0 F20；

3. 圆弧插补指令 G02/G03

（1）指令格式　G18 $\left\{ \begin{matrix} G02 \\ G03 \end{matrix} \right\}$ X(U)_ Z(W)_ $\left\{ \begin{matrix} I\_ \ K\_ \\ R\_ \end{matrix} \right\}$ F_;

其中　　　　G18——指定 ZX 平面内的圆弧插补指令，数控车削系统的默认设置，可以不写；

　　　　G02/G03——指定圆弧插补的运动方向，分别表示顺时针/逆时针圆弧插补；

　X(U)_ Z(W)_ ——指令圆弧终点的位置坐标，X、Z 为终点位置的绝对坐标指定，U、W 为终点位置的增量坐标指定，可以混合编程；

　　　　I_ K_ ——指令圆心位置，具体为圆弧起点到圆弧中心的矢量在相应坐标轴上的分量，用带符号的半径值指定；

　　　　R_ ——指令圆心位置，为不带符号的圆弧半径；

F_　——沿圆弧切线方向的进给速度，与直线插补指令的要求相同。

（2）说明

1）圆弧插补方向的判别时，要注意后置刀架与前置刀架的区别，如图 4-20 所示。

2）圆弧指令的编程方法有两种，即圆心坐标编程（即用圆弧起点到圆心的矢量分量 I_ K_ 编程，简称 I、K 编程）和圆弧半径编程（简称 R 编程）。

3）圆心坐标编程时，尺寸字 I、K 始终为圆弧起点至圆心的增量坐标值，如图 4-20 所示。尺寸字 I0、K0 可以省略。

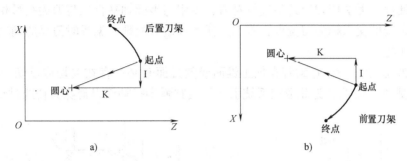

图 4-20　圆心坐标编程

a）后置刀架　b）前置刀架

4）圆弧半径编程适用于圆心角小于180°的圆弧，否则改为圆心坐标编程。

5）同时指定了 I、K 和 R，则 R 有效，I、K 无效。若 I、K 和 R 均未指定，则相当于 G01。

6）后置刀架与前置刀架所编程序相同。即程序编制与是后置刀架还是前置刀架无关。

数控车削常见的圆弧车削加工指令如图 4-21 所示。

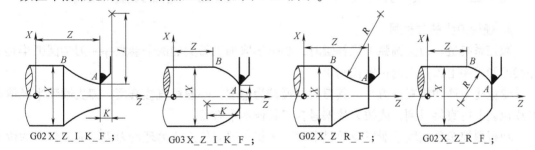

图 4-21　数控车削常见的圆弧车削加工指令

4. 暂停指令 G04

FANUC 0i Mate-TC 数控系统加工暂停指令的用法见表 4-1。

表 4-1　暂停指令的用法

指令格式	暂停单位	指令值范围	备　　注
G04 X_;	s	0.001 ~ 99999.999	允许小数点指定时间
G04 U_;	s	0.001 ~ 99999.999	允许小数点指定时间
G04 P_;	ms(0.001s)	1 ~ 99999999	不允许小数点指定时间

数控车削系统的暂停单位还可以由参数设置为转数。暂停指令可用于转角、切槽槽底和

镗孔孔底处，保证转角、槽底或孔底的加工精度。

4.2.5　数控车削加工的刀尖圆弧半径补偿

1. 问题的引出

按照金属切削加工的术语，车刀的理论刀尖指的是主、副切削刃的交点，由于刀尖过渡圆弧刃或直线刃的存在，车刀的实际刀尖是主、副切削刃交点处的一段微小的过渡刃，数控车刀刀片多为专业化生产，刀尖一般是较为精准的圆弧，如图 4-22 所示。数控加工中，基于对刀的方便性，无法用理论刀尖进行对刀，多用与坐标轴平行且与刀尖圆弧相切的两条线对刀，这两条线的交点称为刀位点，若不加任何补偿等处理，编程时刀具的理轮轨迹即为刀位点的运动轨迹。

按图 4-22 所示，刀位点编程在加工锥面或圆弧面时必然存在欠切或过切现象，如图 4-23 所示，造成加工误差，为此数控系统引入刀尖圆弧半径补偿以消除欠切或过切问题。

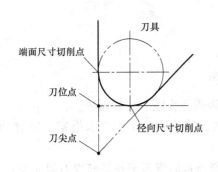

图 4-22　车刀刀尖部分的形状

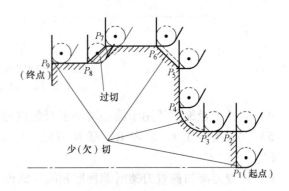

图 4-23　车削加工的过/欠切现象

2. 理论刀尖的方位号

数控系统进行刀尖圆弧半径补偿时，必须读取加工刀尖的两个参数——刀尖圆弧半径 R 补偿值和刀尖上刀位点的位置代码 T。

专业化生产的机夹式刀片，其刀尖圆弧较为精准，一般可直接选用，刀尖圆弧半径值在刀片包装上可直接看到，或按刀片编号在刀具样本中查得。

现行数控车削编程手册以及教科书中，常将车刀刀位点称为理论刀尖，而刀位点的位置用理论刀尖方位号表示。

图 4-24 所示为常见的理论刀尖图解示例，注意前、后置刀架的刀尖方位号并不矛盾。图中小圆圈表示刀尖圆弧所在的圆，其圆心即为刀尖圆弧的圆心，图中 A 点表示理论刀尖（即刀位点），图中圆心至刀位点的箭头均指向中心圆的圆心。图中共有九种可能的刀尖圆弧位置，其中 0 和 9 号均表示刀位点与刀尖圆弧圆心重合的位置，另外，1 ~ 8 号分别表示了八个理论刀尖方位号，这些方位号均代表了某种实际的刀具加工装刀位置与走刀方向。以图 4-24a 所示的后置刀尖方位号为例，3 号为典型的外圆车刀加工位置，而 2 号为典型的内孔车刀加工位置，8 号为 R 型圆形刀片车刀常见的刀尖方位号。对于切断刀，由于其副切削刃有两条，因此其刀位点有两个，分别对应 3 号和 4 号。注意，数控编程时必须明确自己用的是哪个刀位点编程。

在数控系统的刀具偏置画面中，用代码 T 表示数控车刀加工时的理论刀尖方位号，代码 R 表示数控车刀刀尖圆弧的半径值，参见图 4-6 画面。

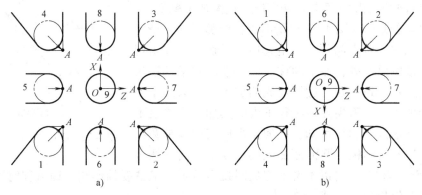

图 4-24 理论刀尖方向号

a）后置刀架 b）前置刀架

说明：

1）数控车削刀尖圆弧半径补偿设置时包含刀尖圆弧半径值及理论刀尖方向号两个参数，参见图 4-6 所示的刀具偏置画面。

2）FANUC 0i 数控系统的补偿值是按外形和磨损两部分存储管理的，刀尖圆弧半径总补偿值等于形状补偿值与磨损补偿值的代数和。刀尖圆弧半径补偿值一般在程序加工之前由操作者通过 MDI 面板输入。

3）不同刀头的理论刀尖方向号是不同的，这主要是基于数控车削的对刀特点以及补偿计算的需要而定的。

4）前置刀架与后置刀架的数控车床，若考虑 Y 轴的位置，并旋转至重合状态时，其刀位点实质上是相同的。例如 3 号刀尖均是加工外轮廓的刀具。

5）分析时注意将各种理论刀尖与加工表面进行联系。

3. 刀尖圆弧的半径补偿指令 G41/G42 与 G40

与刀具位置偏置指令不同的是，刀尖圆弧半径补偿是用 G 指令指定，共有 3 个指令，编排在 07 组，分别为 G40、G41、G42，这 3 个指令为同组的模态指令，可以互相注销。当程序段中指定了刀尖圆弧半径补偿指令后，系统会按刀具指令指定的补偿存储器编号调用相应的补偿参数（R 和 T 值），并进行相关计算，最后确定并控制刀具沿偏置后的运动轨迹移动。

刀尖圆弧半径补偿指令及功能：G40 为刀尖圆弧半径补偿取消，G41 为刀尖圆弧半径左补偿，G42 为刀尖圆弧半径右补偿。

G40、G41 和 G42 的关系如图 4-25 所示。其中，G40 指定的刀尖圆弧半径不补偿，即刀尖圆弧的圆心按编程轨迹移动；G41 的刀尖圆弧圆心与编程轨迹偏移一个偏置矢量，沿编程轨迹的左侧移动；G42 则与 G41 刚好相反。

对于数控车削加工，刀尖圆弧半径补偿除与刀具的移动方向、刀具与工件的相互位置有关，还与工件坐标系的方向（即前置刀架或后置刀架）有关，如图 4-26 所示。图 4-26b 所示前置刀架若从纸面里往外看，G41/G42 指令仍然是刀具沿着编程轨迹左/右侧偏置。

　　当工件方位不变时，执行刀尖圆弧半径补偿后，刀具在运动过程中，刀尖圆弧始终保持与工件接触。如图 4-27 所示，可以有效地消除欠切与过切问题，提高加工精度。

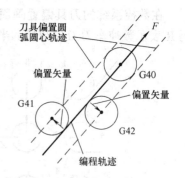

图 4-25　G40、G41、G42 的关系

　　值得注意的是，从图 4-23 分析的刀尖圆弧对加工精度的影响中可以看出两点问题：一是欠切与过切问题仅出现在加工圆锥或圆弧面处，加工圆柱面或平端面时不存在欠切与过切问题；二是欠切与过切造成的加工误差取决于刀尖圆弧半径值等，当刀尖圆弧半径不大时其加工误差也不会太大。基于这两个原因可知，在加工零件表面仅是圆柱或平端面，以及对圆锥与圆弧面加工误差要求不高的场合（如倒角和倒圆角等），可以不考虑刀尖圆弧半径对加工精度的影响，即编程时不需使用刀尖圆弧半径补偿指令 G41 或 G42。

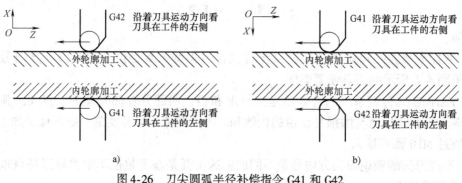

图 4-26　刀尖圆弧半径补偿指令 G41 和 G42

a）后置刀架　b）前置刀架

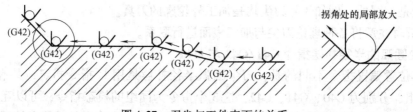

图 4-27　刀尖与工件表面的关系

4. 刀尖圆弧半径补偿动作分析

　　刀尖圆弧半径补偿的整个动作过程一般包括启动偏置（补偿）、偏置（补偿）方式移动和取消偏置（补偿）三个动作（注意这里偏置和补偿的实质是一样的）。其中，启动补偿与取消补偿必须在直线段（即 G00 或 G01 程序段）中进行，补偿方式保持刀尖圆弧圆心的移动轨迹是一条由编程轨迹按偏置矢量计算出来的偏置轨迹。关于这三种方式的详细说明可以参考 5.2.5 节的内容。

　　图 4-28 所示是一个简单的刀尖圆弧半径补偿动作分析图。图中，N1 段无刀尖圆弧半径补偿移动；N2 段启动刀尖圆弧半径右补偿，刀尖圆弧圆心进入偏置轨迹移动；N3 段 G42 补偿方式移动，这个过程刀尖圆弧圆心始终处于偏置轨迹移动；N4 段取消刀尖圆弧半径右补偿，刀尖圆弧圆心回到编程轨迹。图中，$A \to B \to C \to D \to A$ 为编程轨迹，$A \to B \to C' \to D' \to A$

为刀具轨迹。注意到图中的刀具偏置轨迹是由一个称为偏置矢量 r 控制的轨迹，即图4-28中的有向线段 $\overline{CO}$，其长度等于刀尖圆弧半径 R，方向由系统控制不断变化，一般垂直于编程线段的起点或终点。注意到图中启动补偿结束后的 C 点，刀具已切入工件刀尖圆弧半径的距离，这是不希望出现的。

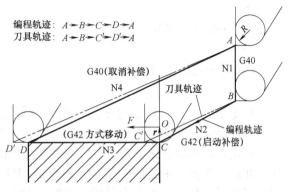

图4-28 刀尖圆弧半径补偿动作分析简图

理解了图4-28后，再来看一张稍微复杂一点的刀尖圆弧半径补偿动作分析图——图4-29。图中，编程轨迹的切入段（BC 段）在工件表面延伸出一段距离，编程结束段考虑到切断的需要一般应该延伸一段距离，如图中的 HI 段，退刀之前必须径向退出工件。图4-29中，编程轨迹为 $S \rightarrow A \rightarrow B \rightarrow C \rightarrow$（$R$ 圆弧）$\rightarrow D \rightarrow E \rightarrow F \rightarrow G \rightarrow H \rightarrow I \rightarrow J \rightarrow S$；刀具（刀位点）轨迹为 $S \rightarrow A \rightarrow B' \rightarrow C' \rightarrow$（$R'$ 圆弧）$\rightarrow D' \rightarrow E' \rightarrow F' \rightarrow G \rightarrow H \rightarrow I' \rightarrow J' \rightarrow S$。研习该图时，注意编程轨迹、刀具（刀位点）轨迹和刀尖圆弧轨迹的变化及其确切描述，同时注意到 B、C、D、E、F 点处偏置矢量的变化以及其他编程转折点 G、H、I、J 处的偏置矢量的位置及变化。

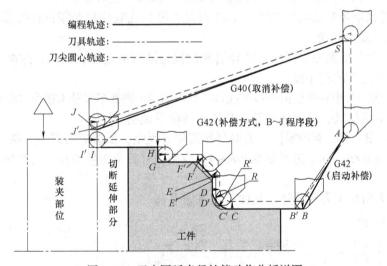

图4-29 刀尖圆弧半径补偿动作分析详图

5. 刀尖圆弧半径补偿指令应用格式及示例

要实现刀尖圆弧半径补偿，首先，必须设置补偿参数 R 和 T；其次，程序中必须指定补偿值的存储位置，确保数控系统能够提取得到这些参数；第三，系统必须启动刀尖圆弧半径补偿功能，计算出实际切削刀具刀尖圆弧加工轮廓相对于理论轮廓的误差并做出相应的补偿，修正加工误差。

虽然现代的数控系统都具有刀尖圆弧半径补偿功能，但如何让其产生实际的作用，必须通过一定的指令指定工作，数控车床刀尖圆弧半径补偿指令的应用格式可描述为

  T × × △△   调用 × × 刀及 △△ 号刀补

……

G41/G42 G00/G01 X（U）＿Z（W）＿F＿；　启动刀尖圆弧半径补偿

……　　　　　　　　　　　　　　　　刀尖圆弧半径补偿模态状态保持

G40 G00/G01 X（U）＿Z（W）＿；　　　取消刀尖圆弧半径补偿

……

以上格式中，刀具 T 指令用于指定当前工作刀具××，并指定该刀具后续可以调用△△补偿存储单元的刀尖圆弧半径补偿参数。当程序执行到具有 G41 或 G42 指令的程序段时，调用△△补偿存储单元中参数 R 和 T，并在程序段执行的过程中建立起刀尖圆弧半径补偿，此后，在程序中出现具有 G40 指令的程序段之前，始终保持 G41 或 G42 指令的模态。当程序执行到具有 G40 指令的程序段时，取消刀尖圆弧半径补偿。

说明：

1）刀具指令 T××△△执行时，△△补偿存储单元中的前两项刀具外形（即位置）几何偏置 X 和 Z 是立即生效的，而刀尖圆弧半径补偿参数 R 和 T 并不会立即生效，仅是指定了存储位置，即 T 指令虽然指定了刀尖圆弧半径补偿值，但程序中如果不出现具有 G41 或 G42 指令的程序段，系统就不会建立刀尖圆弧半径补偿。

2）刀具补偿存储器△△中的补偿值必须在程序执行之前存在。若程序执行之前没有指定刀具补偿存储器号（如 T××00）或补偿储存器△△中的补偿值 R 为 0 时，即使程序中出现具有 G41 或 G42 指令的程序段也无法建立起刀尖圆弧半径补偿。

3）刀尖圆弧半径补偿指令 G41 或 G42 以及 G40 所在程序段必须是直线程序段（G00 或 G01），否则系统就会报警。

4）由于启动与取消刀尖圆弧半径补偿的过程是渐变的过程，因此，这两个程序段一般设置在切削工件之外的程序段。

5）启动刀尖圆弧半径补偿指令 G41 或 G42 与取消刀尖圆弧半径补偿指令 G40 一般成对使用。

针对以上应用格式，以下通过某一具体示例给予说明。

例4-3：如图 4-30a 所示零件，试编写其精加工程序，要求运用刀尖圆弧半径补偿功能。已知：主轴转速 800r/min，进给量 0.2mm/r，应用 2 号刀及 2 号刀补，工件坐标系设定在右端面中心。

图 4-30b 为精加工刀具轨迹，其加工程序如下：

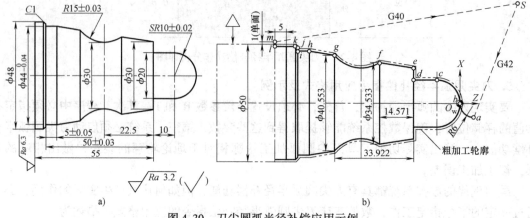

图 4-30　刀尖圆弧半径补偿应用示例

a）工件图　b）工艺设计与刀具轨迹

O4301；	程序名
N10 T0202；	调用 2 号刀及 2 号刀补
N20 G97 S800 M03；	恒转速控制，主轴正转，转速为 800r/min
N30 G54 G00 X200. Z160. M08；	G54 指令建立工件坐标系，快速定位至程序起点 S，开切削液
N40 G42 G00 Z6. X − 12.；	刀具快速移动至 a 点，启动刀尖圆弧半径补偿
N50 G99 G02 X0 Z0. R6. F0. 2；	指定分进给，圆弧切线切入工件至点 b，指定进给量为 0.2mm/r
N60 G03 X20. Z − 10. R10.；	车削 SR10mm 球头至点 c
N70 G01 Z − 20.；	车削 φ20mm 圆柱至点 d
N80 X30.；	车削端面至 e
N90 X34. 533 Z − 34. 571；	车削锥面至点 f
N100 G02 X40. 553 Z − 53. 922 R15.；	车削 R15mm 凹圆弧至点 g
N110 G01 X44. Z − 65.；	继续车削锥面至点 h
N120 Z − 70.；	车削 φ44mm 圆柱至点 i
N130 X46.；	车削端面至点 j
N140 X48. Z − 71.；	车削 C1mm 倒角至点 k
N150 Z − 80.；	车削 φ48mm 圆柱至点 l
N160 X52. M09；	径向切出至点 m
N170 G40 G00 X200. Z160.；	快速退刀至程序起点 S，取消刀尖圆弧半径补偿
N180 T0200；	取消 2 号刀及 2 号刀补
N190 M30；	程序结束，返回程序头

4.3　倒角与倒圆角简化编程

所谓倒角与倒圆角就是在两条相交成直角的直线交接处插入一个倒角或圆弧拐角 R。由于设计和工艺性的需要，这种结构形式在车床加工的零件中应用广泛，FANUC 0i Mate-TC 系统为此提供了专门的简化编程方法。

4.3.1　倒角编程

1. 由 Z→X 的倒角

由 Z→X 的倒角是指刀具由 Z 轴移动转向 X 轴移动时在转角处增加倒角。其刀具运动轨迹如图 4-31 所示，编程指令格式如下：

　　G01 Z(W)_ I(C) ±i；

其中　Z(W)——直线 ab 终点坐标的绝对（增量）值；

　　　I(C)——X 轴的倒角，其值为 ±i，用半径值编程，+ 或 − 号分别表示倒角向 +X 或 −X 方向。

2. 由 X→Z 的倒角

由 X→Z 的倒角是指刀具由 X 轴移动转向 Z 轴移动时，在转角处增加倒角。其刀具运动

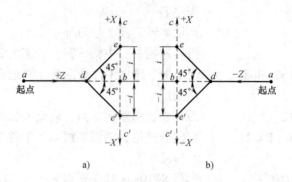

图 4-31　$Z \rightarrow X$ 倒角

a) $+Z$ 方向　b) $-Z$ 方向

轨迹如图 4-32 所示, 编程指令格式如下:

　　G01　X(U)_ K(C) ±k;

其中　X(U)——直线 ab 终点坐标的绝对 (增量) 值。

　　　　K(C)——Z 轴的倒角, 其值为 $±k$。+ 或 - 号分别表示倒角向 $+Z$ 或 $-Z$ 方向。

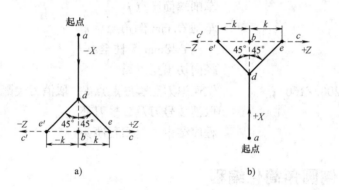

图 4-32　$X \rightarrow Z$ 倒角

a) $-X$ 方向　b) $+X$ 方向

4.3.2　倒圆角编程

1. 由 $Z \rightarrow X$ 的倒圆角

由 $Z \rightarrow X$ 的倒圆角是指刀具由 Z 轴移动转向 X 轴移动时, 在转角处增加圆角。其刀具运动轨迹如图 4-33 所示, 编程指令格式如下:

　　G01　Z(W)_ R ±r;

其中　Z(W)——直线 ab 终点坐标的绝对 (增量) 值;

　　　　R——转角的倒圆角半径, 其值为 $±r$, + 或 - 号分别表示倒角向 $+X$ 或 $-X$ 方向。

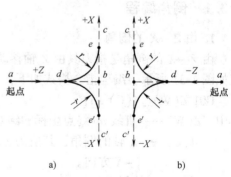

图 4-33　$Z \rightarrow X$ 倒圆角

a) $+Z$ 方向　b) $-Z$ 方向

2. 由 X→Z 的倒圆角

由 X→Z 的倒圆角是指刀具由 X 轴移动转向 Z 轴移动时，在转角处增加圆角。其刀具运动轨迹如图 4-34 所示，编程指令格式如下：

G01 X(U)_ R ±r;

其中　X(U)——直线 ab 终点坐标的绝对（增量）值；

　　　　R——转角的倒圆角半径，其值为 ±r，+ 或 − 号分别表示倒角向 +Z 或 −Z
　　　　方向。

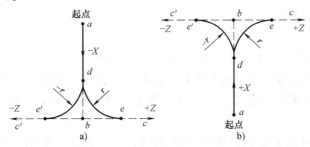

图 4-34　X→Z 倒圆角

a) −X 方向　b) +X 方向

4.3.3　倒角和倒圆角编程的注意事项

1. 注意事项

1) 倒角和倒圆角指令只能将两条与坐标轴平行且相互垂直的直线倒角，所以用 G01 指令移动的坐标轴只能是一个轴，如 X 轴或 Z 轴，而下一个程序段必须是一个与其垂直的另一个轴，如 Z 轴或 X 轴。

2) 下一个程序段是以 b 点为起始点的直线指令，而不是 e（e′）点，对于增量指令时要特别注意，应指令离 b 点的距离。

3) I 或 K 和 R 的指令值均为半径编程。

4) 在切螺纹的程序段中，不能使用倒角或倒圆角指令。

5) 如果用 G01 在相同程序段中指定了 C 和 R，最后指定的那个地址有效。

6) 是否可用 C 代替 I 或 K 作为倒角的地址须由系统参数设定。

7) 下列指令会引起报警：

① 倒角或倒圆角指令中，同时指定了 X 和 Z 轴。

② 在指定了倒角和倒圆角 R 的程序段中，X 或 Z 的移动距离小于倒角值和拐角 R 的值。

③ 在指定了倒角和倒圆角 R 的下一程序段中，没有与上一程序段相交成直角的 G01 命令。

④ 在 G01 中指定了多于一个的 I、K、R。

2. 编程举例

加工图形如图 4-35 所示。其参考程序如下：

……

N20 G00 X10.0 Z26.0;　　　　快速定位至切入点

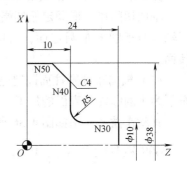

图 4-35　倒角和倒圆角举例

N30 G01 Z10.0 R5.0 F0.15；　　倒圆角 $R5$mm

N40 X38.0 K−4；　　　　　　倒角 $C4$mm

N50 Z0；　　　　　　　　　切削外圆 $\phi38$mm

......

通过以上程序可以看出，采用倒角或倒圆角编程可以省略倒角和倒圆角程序段，简化了编程。

4.4 固定循环指令

数控车削加工与普通车削加工一样，有许多自身的特点。如：

1）加工表面以回转体为主，包括圆柱、圆锥、平面（指端面）、型面和孔加工等。

2）加工表面往往要多次走刀完成，每一次走刀动作基本相同，仅加工尺寸逐渐接近零件尺寸。

3）根据加工精度及表面粗糙度的要求不同，加工表面一般需经过粗、精加工的工艺过程。

4）刀具运动轨迹以二维移动为主。

基于以上特点，加工编程时若仅采用前面介绍的基本编程指令编程，其多次粗加工中间点坐标的确定与计算比较麻烦；整个加工程序很长，且编写的指令大部分是简单重复劳动，易出现思维疲劳和迟钝等。针对这种情况，大部分数控系统都为其设置了一些固定循环指令，以简化编程。一个数控系统的优劣，其固定循环指令的多少，功能是否强大，使用是否方便等，往往是其主要评价指标之一。FANUC 0i Mate-TC 车削数控系统也不例外，提供了大量的固定循环指令。

4.4.1 单一形固定循环指令

单一形固定循环指令主要针对车削加工中各种广泛使用的圆柱、圆锥、端面和螺纹表面加工为主的指令，其特点是回转体母线为单一直线，指令的典型动作一般由四个组成。单一形固定循环指令主要包括：轴向切削单一形固定循环指令 G90、单刀切削螺纹固定循环指令 G92 和径向切削单一形固定循环指令 G94 三种。其中，单刀切削螺纹固定循环指令 G92 放到 4.5 节集中讲解。

1. 轴向切削单一形固定循环指令 G90

轴向切削单一形固定循环指令 G90 的切削进给方向以轴向方向为主，当进给方向平行于轴线时车削的是圆柱面，否则为圆锥面。其不仅可车削外回转表面，同样可车削内回转面。

（1）轴向车削圆柱面固定循环指令　该指令主要用于以圆钢或棒料为毛坯、轴向进给车削为主的圆柱形表面的加工，可用于圆柱面的粗、精车削加工。

其动作循环简图如图 4-36 所示，指令格式如下：

G90 X(U)_ Z(W)_ F_ ；

其中　X_ Z_ ——圆柱面切削终点 C 的绝对坐标值；

U_ W_ ——圆柱面切削终点 C 相对于循环起点 A 的增量坐标值；

　　F_ ——切削加工进给速度。

图 4-36 中，带箭头的虚线表示快速移动，用符号 R 表示，其动作相当于 G00 指令。带箭头的实线表示切削进给加工，用符号 F 表示，其动作相当于 G01 指令。其动作循环可描述为：1(R)→2(F)→3(F)→4(R)。其中，动作 1、4 为快速移动，动作 2、3 为切削进给加工，动作 2 是主切削动作。在"自动"运行方式下，每个 G90 指令程序段，刀具从循环起点 A 执行图示矩形轨迹的 4 个运动，回到循环起点后继续指向下一程序段。在"单段"运行方式下，每按一次"循环启动"按钮，机床便完成以上四个动作循环加工然后暂停。

注意：若 C 点的坐标在 A 点的左上角，则为内圆柱面（即内孔）的加工。

（2）轴向车削圆锥固定循环指令　该车削固定循环与圆柱车削固定循环加工类似，仅加工表面为圆锥面，即主切削动作 2 的进给轨迹与轴线不平行。圆锥车削固定循环同样可加工外圆锥面和内圆锥孔。其动作循环简图如图 4-37 所示，指令格式如下：

　　G90 X(U)_ Z(W)_ R_ F_ ；

其中　X_ Z_ ——圆锥面切削终点 C 的绝对坐标值；

　　U_ W_ ——圆锥面切削终点 C 相对于循环起点 A 的增量坐标值；

　　R_ ——圆锥面的切削始点 B 与切削终点 C 的半径差，且 $|R| \leqslant |U/2|$；

　　F_ ——切削加工进给速度。

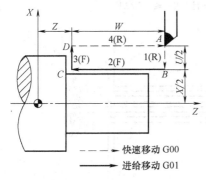

图 4-36　圆柱车削固定循环 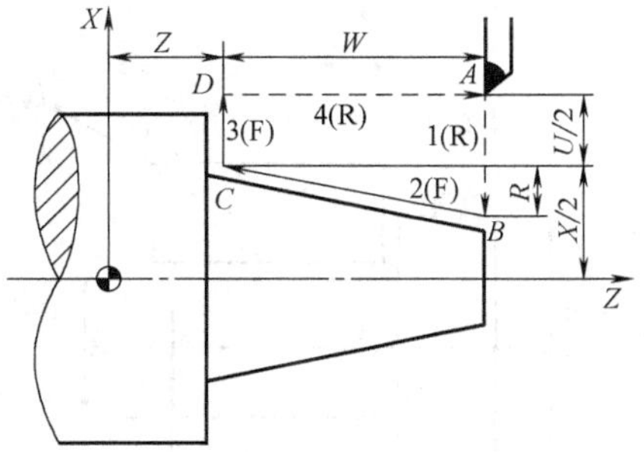　　　　　图 4-37　圆锥车削固定循环

图 4-37 中刀具动作循环的描述等与图 4-36 类似。

同样，若 C 点的坐标在 A 点的左上角，则为内圆柱/锥面的加工。

若采取增量坐标值编程。地址 U、W 和 R 后的数值符号与刀具轨迹之间的关系如图 4-38 所示。

（3）编程举例　G90 指令是模态指令，具有重复加工书写方便、应用简单的特点，对于加工法兰面为平面的几何特征而言，其车刀主偏角 $\kappa_r \geqslant 90°$，在切削动作 3（F）时出现切削刃显著增长的现象，这一点在编程时要引起注意。

例 4-4：利用 G90 指令加工图 4-39a 所示零件 $\phi 60$ 圆柱面，毛坯外圆 $\phi 100\text{mm}$，采用 T0101 号车刀，恒线速度切削，切削速度 100m/min，进给速度 0.25mm/r，工件坐标系取在工件右端面中点，循环起始点 A 坐标为（$X110$，$Z3$），起刀点 S 坐标为（$X150$，$Z150$）。

1）参考程序如下：

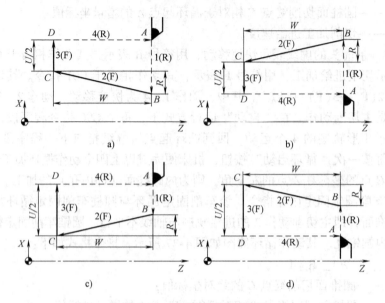

图 4-38　圆锥车削固定循环

a) 加工外正圆锥（$U<0$，$W<0$，$R<0$）　b) 加工内正圆锥（$U>0$，$W<0$，$R>0$）

c) 加工外倒圆锥（$U<0$，$W<0$，$R>0$ 且 $|R| \leqslant |U/2|$）

d) 加工内倒圆锥（$U>0$，$W<0$，$R<0$ 且 $|R| \leqslant |U/2|$）

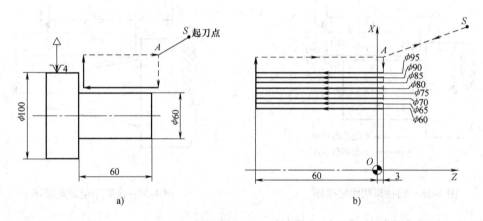

图 4-39　例 4-4 图

a) 零件及工艺图　b) 刀路轨迹

O4401；	程序名
N10 G50 S1000；	设定最高钳制转速
N20 G96 S100 M03；	恒线速度切削，切削速度为 100m/min，主轴正转
N30 T0101；	选择 01 号刀，调用 01 号刀补，建立工件坐标系
N40 G00 X150.0 Z150.0；	刀具快速定位至起刀点 S
N50 X110.0 Z3.0；	快速移动至固定循环起点 A
N60 G90 X95.0 Z−60.0 F0.25；	指令外圆粗车固定循环，进给速度为 0.25mm/r
N70 X90.0；	固定循环切削至 $\phi90$mm

N80 X85.0;	固定循环切削至 φ85mm
N90 X80.0;	固定循环切削至 φ80mm
N100 X75.0;	固定循环切削至 φ75mm
N110 X70.0;	固定循环切削至 φ70mm
N120 X65.0;	固定循环切削至 φ65mm
N130 X60.0;	固定循环切削至 φ60mm
N140 G00 X150.0 Z150.0;	快速退回起刀点 S
N150 T0100;	取消刀补
N160 M30;	结束程序，返回程序头

2）程序分析：G90 指令加工适于毛坯材料为圆钢的单一直线母线回转体零件的车加工。由于 G90 指令为模态指令，因此，N70～N130 程序段仅需写出终点的 X 轴坐标即可，程序简单、规范、书写方便。图 4-39b 为刀路轨迹图，供参考。

3）应用讨论：以上程序作为 G90 指令学习之用尚可，实际加工中动作 3（F）车削法兰阶梯面时存在无加工余量重复切削，表面加工质量差，刀具磨损严重问题，同时该程序未考虑粗、精车分开加工的问题。以下提供两个改进的应用程序示例供讨论学习，图 4-40 和图 4-41 分别为其对应的刀具轨迹。

方案一	方案二
O4202;	O4203;
N10 G50 S1000;	N10 G50 S1000;
N20 G96 S100 M03;	N20 G96 S100 M03;
N30 T0101;	N30 T0101;
N40 G00 X150.0 Z150.0;	N40 G00 X150.0 Z150.0;
N50 X110.0 Z3.0;	N50 X110.0 Z3.0;
N60 G90 X95.0 Z−59.8 F0.25;	N60 G90 X95.0 Z−59.9 F0.25;
N70 G90 X90.0 Z−59.8;	N70 X90.0 Z−59.8;
N80 G90 X85.0 Z−59.8;	N80 X85.0 Z−59.7;
N90 G90 X80.0 Z−59.8;	N90 X80.0 Z−59.6;
N100 G90 X75.0 Z−59.8;	N100 X75.0 Z−59.5;
N110 G90 X70.0 Z−59.8;	N110 X70.0 Z−59.4;
N120 G90 X65.0 Z−59.8;	N120 X65.0 Z−59.3;
N130 G90 X60.8 Z−59.8;	N130 X60.8 Z−59.2;
N140 G90 X60.0 Z−60.0;	N140 X60.0 Z−59.2;
N150 G00 X150.0 Z150.0;	N150 G00 X110.0 Z−60.0;
N160 T0100;	N160 G01 X60;
N170 M30;	N170 W2.0
	N180 G00 X150.0 Z150.0;
	N190 T0100;
	N200 M30;

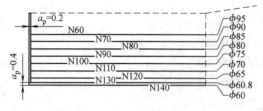

图 4-40　O4202 程序刀轨图

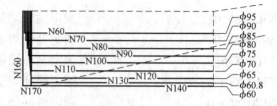

图 4-41　O4203 程序刀轨图

程序说明：方案一增加了精车的内容，N60 ~ N130 为粗加工部分，留有精加工余量，径向 0.8mm，轴向 0.2mm，然后 N140 精车，完成加工。注意其轴向精加工余量不能太大，因为其固定循环中动作 3（F）改变了方向，切削刃实际长度增加显著。以主偏角为 95°的外圆车刀为例，0.2mm 的余量相当于径向背吃刀量 2.286mm，若主偏角不到 95°，其切削刃实际长度还将增加。另外，随着循环次数的增加，法兰阶梯面的刀具摩擦也非常大，加剧刀具磨损，这些是这个程序的不足之处。解决问题的思路有两种，一是缩短每个循环中动作 3（F）的移动距离，如方案一程序中每循环一次用 G00 指令重新调整固定循环起点的位置，但这会带来编程的繁琐，且仅仅解决了粗车循环的刀具磨损问题；另一种方法是采取方案二的程序，其粗车时每一循环缩短轴向移动距离（如程序中的 0.1mm），解决了粗车循环的刀具磨损问题，同时精车时改变了原来动作 3（F）的走刀方向（N160），彻底解决了切削刃增加的问题，具体读者可阅读程序体会。另外，合理利用后续的复合固定循环指令，如 G71 + G70 可解决粗车循环重复车削端面问题，具体程序读者自己尝试。

例 4-5：利用 G90 指令加工图 4-42a 所示零件的圆锥面，毛坯外圆 φ100mm，采用 T0101 号车刀，恒转速切削，切削速度 800r/min，进给速度 0.25mm/min，工件坐标系选在零件右端面中心，固定循环起始点 A 坐标为（X110，Z5）起刀点 S 坐标为（X200，Z100）。

1）相关计算：由于切削起点向外延伸了 5mm，且加工面为锥面，所以必须计算延伸点的尺寸。计算方法可以采用相似三角形的几何关系计算，也可以利用 AutoCAD 软件作图确定。计算结果如图 4-42b 所示。切削起点 B 的坐标值为（58.75，5）。由此可知固定循环指令中的 R = - 10.625mm。

2）参考程序如下：

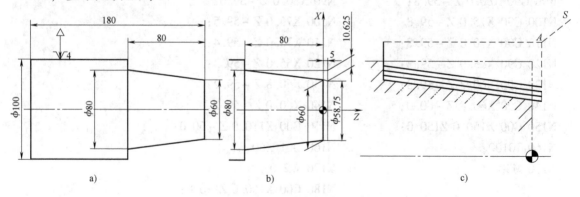

图 4-42　例 4-5 图

a）加工简图　b）尺寸计算简图　c）刀具轨迹图

O4501；	程序名
N10 G97 S800 M03；	恒转速切削，主轴正转，转速为800r/min
N20 T0101；	选择01号刀，调用01号刀补，建立工件坐标系
N30 G00 X200.0 Z100.0；	刀具快速定位至起刀点 S
N40 X110.0 Z5.0 M08；	快速定位至固定循环起点 A，切削液开
N50 G90 X95.0 Z－80.0	固定循环车削第1刀，进给速度为0.25mm/min
R－10.625 F0.25；	
N60 X90.0；	固定循环车削第2刀，背吃刀量0.25mm
N70 X85.0；	固定循环车削第2刀
N80 X80.0；	固定循环车削第2刀
N90 G00 X200.0 Z100.0 M09；	快速退回起刀点 S，切削液关
N100 T0100；	取消01号刀补
N110 M30；	结束程序

3）程序分析：切削锥面与切削圆柱面的指令仅相差一个 R 参数，其余写法和特点基本相同。图4-42c 为其刀具轨迹图。

4）应用讨论：从图4-42c 刀具轨迹图可见，其固定循环的第1刀背吃刀量很大，除非毛坯改为圆锥体。以下提供几种基于圆柱体毛坯、G90 指令车削圆锥面的方法供讨论学习，图4-43 为其刀具轨迹示意图。

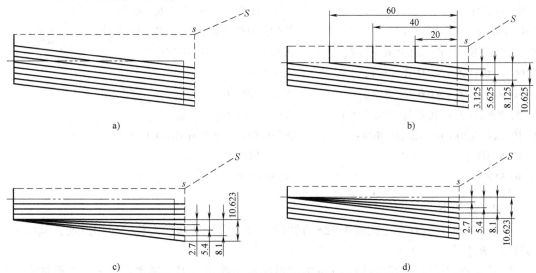

图 4-43　G90 指令锥面车削循环应用方案示例

a）增加刀数切削　b）缩减空刀切削　c）等厚度圆柱＋变厚度圆锥切削　d）变厚度＋等厚度圆锥切削

图4-43 所示刀具轨迹对应的数控加工程序如下：

O4502；（图4-43a 刀轨对应程序）	O4503；（图4-43b 刀轨对应程序）
N10 G97 S800 M03；	N10 G97 S800 M03；
N20 T0101；	N20 T0101；
N30 G00 X200.0 Z100.0；	N30 G00 X200.0 Z100.0；
N40 X120.0 Z5.0 M08；	N40 X110.0 Z5.0 M08；

N50 G90 X115.0 Z – 80.0 R – 10.625 F0.25；

N60 X110.0；

N70 X105.0；

N80 X100.0；

N90 X95.0；

N100 X90.0；

N110 X85.0；

N120 X80.0；

N130 G00 X200.0 Z100.0 M09；

N140 T0100

N150 M30；

O4504；（图 4-43c 刀轨对应程序）

N10 G97 S800 M03；

N20 T0101；

N30 G00 X200.0 Z100.0；

N40 X110.0 Z5.0 M08；

N50 G90 X95.0 Z – 80.0 F0.25；

N60 X90.0；

N70 X85.0；

N80 X80.0；

N90 G90 X80.0 Z – 80.0 R – 2.7；

N100 X80.0 Z – 80.0 R – 5.4；

N110 X80.0 Z – 80.0 R – 8.1；

N120 X80.0 Z – 80.0 R – 10.625

N130 G00 X200.0 Z100.0 M09；

N140 T0100；

N150 M30；

N50 G90 X100.0 Z – 20.0 R – 3.125 F0.25；

N60 Z – 40 R – 5.625；

N70 Z – 60.0 R – 8.125；

N80 Z – 80.0 R – 10.625；

N90 X95.0；

N100 X90.0；

N110 X85.0；

N120 X80.0；

N130 G00 X200.0 Z100.0 M09；

N140 T0100

N150 M30；

O4505；（图 4-43d 刀轨对应程序）

N10 G97 S800 M03；

N20 T0101；

N30 G00 X200.0 Z100.0；

N40 X120.0 Z5.0 M08；

N50 G90 X100.0 Z – 80.0 R – 2.7 F0.25；

N60 X100.0 Z – 80.0 R – 5.4；

N70 X100.0 Z – 80.0 R – 8.1；

N80 X100.0 Z – 80.0 R – 10.623；

N90 G90 X95.0 Z – 80；

N100 X90.0；

N110 X85.0；

N120 X80.0；

N130 G00 X200.0 Z100.0 M09；

N140 T0100

N150 M30；

应用分析如下：

① 图 4-43a 所示方案是在图 4-42c 方案的基础上等厚度增加刀轨，应用方便，其结果是空刀轨迹增加了。

② 图 4-43b 所示方案是在图 4-43a 方案的基础上缩短空刀轨迹实现，效率有效提高，但增加了编程的计算工作量。

③ 图 4-43c 所示方案是将加工分为两部分处理，前者为 G90 指令的等厚度圆柱循环切削，后者是 G90 指令变厚度圆锥循环切削，其仅需变化锥度参数 R 即可。

④ 图 4-43d 所示方案与图 4-43c 所示方案思路相似，仅是先变厚度圆锥循环切削，然后转为等厚度圆锥循环切削。

2. 径向切削单一形固定循环指令 G94

前述的 G90 指令主要用于加工长径比较大的轴类零件，对于长径比较小的盘类零件，其特点是圆柱面的长度短，直径方向的尺寸相对较大，若仍然采用 G90 加工，则切削长度小，空行程较多。为此，数控系统设计了针对这种适合盘类零件加工的以径向车削为主的单一形固定循环指令 G94。同 G90 类似，G94 指令也能分为平端面和锥端面加工指令。

（1）径向车削平端面固定循环指令　该指令主要用于毛坯为圆柱体、径向车削为主的与轴向垂直的平端面加工，同样可进行粗、精车加工。其动作循环简图如图 4-44 所示，指令格式为

G94 X(U)_ Z(W)_ F_ ；

其中　X_ Z_ ——切削终点 C 的绝对坐标值；

　　　U_ W_——切削终点 C 相对于循环起点 A 的增量坐标值；

　　　　　F_——切削加工进给速度。

图 4-44 中刀具动作循环的描述等与图 4-38 类似。

注意，若 C 点的坐标在 A 点的左上角，则为内平端面的加工。

（2）径向车削锥端面固定循环指令　与 G90 指令一样，端面车削循环指令也设计有锥端面循环指令，其动作循环简图如图 4-45 所示，其指令格式为

G94 X(U)_ Z(W)_ R_ F_ ；

其中　X_ Z_ ——切削终点 C 的绝对坐标值；

　　　U_ W_ ——切削终点 C 相对于循环起点 A 的增量坐标值；

　　　　R_ ——切削始点 B 与切削终点 C 在 Z 方向的坐标差，且 $|R| \leqslant |W|$。

　　　　F_ ——切削加工进给速度。

同圆锥面固定循环类似，若采取增量坐标值编程，地址 U、W 和 R 后的数值符号与刀具轨迹之间的关系如图 4-46 所示；

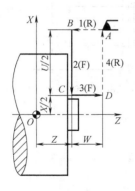

图 4-44　平端面车削固定循环

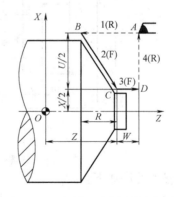

图 4-45　锥端面车削固定循环

（3）编程举例

例 4-6：利用 G94 指令加工图 4-47a 所示零件，毛坯外圆 φ80mm，采用 T0101 号车刀，恒线速度切削，切削速度 120m/min，进给速度 0.2mm/min，工件坐标系设置在零件的右端面中心，循环起始点 A 坐标为（X85，Z2）起刀点 S 坐标为（X150，Z150）。

1）分析：该图加工部分是一个台阶面，表现为长径比较小，适合用 G94 指令加工，分两次加工，背吃刀量取 2mm。工件坐标系建在零件的右端面中心处。

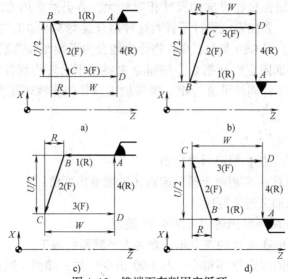

图 4-46 锥端面车削固定循环

a) 外锥端面加工 ($U<0$, $W<0$, $R<0$)

b) 内锥（孔）端面加工 ($U>0$, $W<0$, $R<0$)

c) 外锥端面加工 ($U<0$, $W<0$, $R>0$ 且 $|R| \leqslant |W|$)

d) 内锥（孔）端面加工 ($U>0$, $W<0$, $R>0$ 且 $|R| \leqslant |W|$)

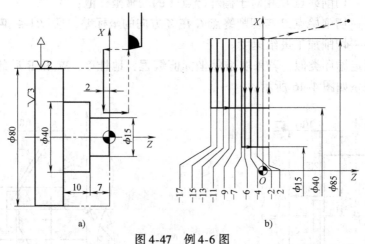

图 4-47 例 4-6 图

a) 零件图及工艺规划 b) 刀路轨迹

2）参考程序如下：

O4601;	程序名
N10 G50 S1000;	设定最高钳制转速
N20 G96 S120 M03;	恒线速度切削，切削速度为 120m/min，主轴正转
N30 T0101;	选择 01 号刀，调用 01 号刀补，建立工件坐标系
N40 G00 X150.0 Z150.0;	刀具快速定位至起刀点 S
N50 X85.0 Z2.0 M08;	快速定位至固定循环的起点 A，开切削液
N60 G94 X15.0 Z−2.0 F0.2;	启动端面车削固定循环，进给速度为 0.2mm/r
N70 Z−4.0;	端面车削固定循环第 2 刀

N80 Z – 6.0；	端面车削固定循环第 3 刀
N90 Z – 7.0；	端面车削固定循环第 4 刀
N100 X40.0 Z – 9.0；	端面车削固定循环第二台阶面第 1 刀
N110 Z – 11.0；	端面车削固定循环第二台阶面第 2 刀
N120 Z – 13.0；	端面车削固定循环第二台阶面第 3 刀
N130 Z – 15.0；	端面车削固定循环第二台阶面第 4 刀
N140 Z – 17.0；	端面车削固定循环第二台阶面第 5 刀
N150 G00 X150.0 Z150.0 M09；	快速退回起刀位置，关切削液
N160 T0200；	取消 01 号刀补
N170 M30；	结束程序

3）程序分析：本程序根据零件的双台阶面的特点，通过改变 G94 指令切削终点坐标实现阶梯圆柱体的加工。G94 指令适用于端面加工，略微变化可实现阶梯圆柱面的加工。本程序未考虑精加工。图 4-47b 为刀路轨迹图，供参考。

3. 单一形固定循环指令应用时的注意事项

（1）重复加工可简化编程　固定循环指令 G90、G92（螺纹切削循环，后面另行介绍）和 G94 每个程序段包含四个动作，可简化编程，参见例 4-4 ~ 例 4-6 程序。

（2）圆柱工件、圆柱毛坯与编程指令的处理当工件的长径比较长、以轴向切削为主时，选择 G90 圆柱面车削循环指令，等厚度分层进行加工，指令格式为 G90 X（U）_ Z（W）_ F_ ；，编程时仅需改变 X（U）_ 值即可，参见例 4-4。同理，当工件的长径比较小、以轴向切削为主时，选择 G94 平端面车削循环指令，等厚度分层进行加工，指令格式为 G94 X（U）_ Z（W）_ F_ ；，编程时仅需改变 Z（U）_ 值即可，参见例 4-6。

（3）圆锥工件、圆柱毛坯与编程指令的处理当工件长径比较大且以轴向车削为主时，选择 G90 圆锥面车削循环指令，指令格式为 G90 X（U）_ Z（W）_ R_ F_ ；，其可仅改变终点坐标 X（U）_ 实现等厚度加工，也可仅改变锥度参数 R_ 实现变厚度加工，参见图 4-43。同理，当工件长径比较小时，选择 G94 锥端面车削循环指令，指令格式为 G90 X（U）_ Z（W）_ R_ F_ ；，其同样可以仅改变终点的 Z（W）_ 坐标实现等厚度加工，但也可仅改变锥度参数 R_ 实现变厚度加工。

（4）应用技巧分析　就指令 G90 和 G94 本身而言，并未区分粗车与精车应用，但可应用不同的终点坐标留下精加工余量，再应用同样的指令完成精加工。参见例 4-4 的应用讨论部分。

（5）灵活运用编程指令　例 4-4 和例 4-5 中的应用讨论详细分析说明学习编程指令仅仅是编程的入门，合理地利用已有的编程指令及其组合解决实际加工问题才是学好数控编程的目标，其编程思路同样适用于 G94 指令。

4.4.2　复合形固定循环指令

上一节介绍的单一形固定循环指令，其加工表面形状简单（圆柱面或圆锥面）。实际生产中还常常会碰到加工表面形状复杂（母线为直线与圆弧等的组合形式）的零件；毛坯形状为圆柱体或类零件形表面（如铸、锻件毛坯）的零件；加工过程一般包括粗加工与精加工的零件等。基于这些特点及要求，FANUC 0i Mate-TC 数控系统设计了复合形固定循环指令。

复合形固定循环指令的复合，原意仅是指几何形状的复合，但可延伸理解为复合型概念，因其指令的复合含义远超过形状的复合，具体体现在以下几个方面：

（1）加工表面的复合　复合形固定循环指令适用于加工多个简单形状组合而成的复杂回转体表面。

（2）粗、精加工的复合　复合形固定循环的粗加工指令有 G71、G72 和 G73，都能与精加工指令 G70 配合使用完成复杂表面的粗、精加工。

（3）毛坯形状的复合　复合形固定循环指令不仅针对圆柱形毛坯的指令 G71 和 G72，还开发了适合于零件偏置形的铸、锻件毛坯加工指令 G73。

（4）零件几何特征的复合　复合形固定循环指令加工的几何特征更为丰富，不仅有复合几何特征的粗、精加工指令，还有端面与圆柱面上的均布槽或孔加工循环指令 G74 和 G75，其螺纹车削加工指令 G76 也将必须多刀车削的动作集成于一个指令中。

由于复合形的含义较为丰富，以下常简称为"复合"。复合形固定循环指令可以说是用简洁、浓缩的循环指令指定完成需要大量普通的基本指令才能完成的加工过程，特别适合于手工编程加工。编程时，只需对零件的轮廓定义之后，即可完成从粗加工到精加工的全过程，使程序得到进一步简化。即只需给出精加工形状的轨迹，控制系统便可以自动计算完成多次走刀进行粗车的刀具轨迹并为精车留下合适的加工余量。关于螺纹加工的复合形固定循环指令 G76，将在本章的 4.5 节集中讲解。

1. 轴向粗车复合循环指令 G71

轴向粗车复合循环指令 G71 是针对圆柱形毛坯，加工表面的长径比较大，以轴向进给车削加工为主的轴类零件加工而设计的粗车复合固定循环指令，其加工过程的动作循环简图如图 4-48 所示，进给运动方向以 Z 轴方向为主，编程指令格式如下：

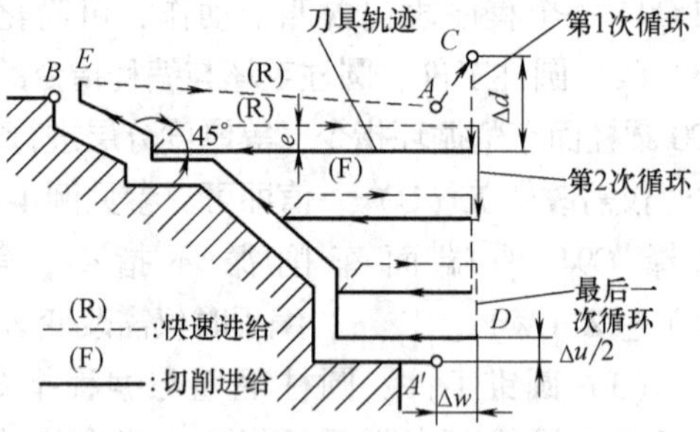

图 4-48　G71 指令的动作循环

G71 U（Δd）R（e）；

G71 P（ns）Q（nf）U（Δu）W（Δw）F（f）S（s）T（t）；

N（ns）……；

……；　　　　　　　　从顺序号 ns 到 nf 的程序段，用于指定

F_ ；　　　　　　　　$A \to A' \to B$ 的运动指令。也是精车加工

S_ ；　　　　　　　　形状的程序段，这段指令一般紧接着 G71

T_ ；　　　　　　　　指令编写，描述零件表面的轮廓形状

N（nf）……；

其中　Δd——背吃刀量（半径指定），不带符号数，切削方向 $A \to A'$ 方向决定，该值是模态的，即直到指定其他值以前一直有效，该值可由系统参数设定，也可由程序指令给定；

　　　　e——退刀量，是模态的，直到其他值指定前不会改变，其值可以由系统参数设定，或由程序指令指定；

　　　ns——精车加工程序第一个程序段的顺序号，不能省略；

　　　nf——精车加工程序最后一个程序段的顺序号，不能省略；

　　Δu——X 方向精加工余量（双面余量）的距离和方向；

　　Δw——Z 方向精加工余量的距离和方向；

f, s, t——G71 指令的粗车循环过程中的 F、S 或 T 功能指令的参数值，包含在 ns 到 nf 程序段中的任何 F、S 或 T 功能指令在 G71 循环中被忽略。

说明：

1）G71 指令适合于加工长径比较大的轴类零件。

2）零件的X轴数值沿 Z 的方向必须单向递增或递减。如图 4-49 所示，有四种切削方式，各种切削方式的 Δu 和 Δw 的符号在图中已有描述。上面两图为加工外形表面的运动轨迹，下面两图为加工内形表面（内孔）的运动轨迹（注意：FANUC 0i TC 以及后续型号的车床系统的 G71 和 G72 指令允许在 ns 程序段中设置为 G71 的类型Ⅱ方式实现非单调变化轮廓车削）。

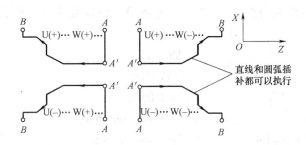

图 4-49　G71 的四种切削方式

　　3）A 和 A′之间的刀具轨迹是在顺序号为 "ns" 的程序段中由 G00 或 G01 指令指定的，该程序段不能有 Z 轴的移动（甚至尺寸字 Z__），如果需要的话，必须另起一个程序段指定。当 A 和 A′之间的刀具轨迹用 G00 或 G01 编程时，沿 AA′的切削是在 G00 或 G01 方式下完成的，一般以 G00 为好，可提高加工效率。

　　4）C 点的坐标，G71 指令中没有直接给出该点具体坐标值，数控系统根据 A′和 B 点坐标值、Δu、Δw 和 Δd 等自动计算并确定其坐标值。

　　5）外圆粗车加工循环由带有地址 P 和 Q 的 G71 指令实现。在 ns 至 nf 程序段指令中指定的 F、S 和 T 功能指令无效。但是在 G71 程序段或前面程序段中（当 G71 指令中未指定 F、S 和 T 时）指定的 F、S 和 T 功能有效。

　　当用恒线速度切削控制时，在 ns 至 nf 程序段指令中指定的 G96 或 G97 无效，而在 G71 程序段或以前的程序段中指定的 G96 或 G97 有效。

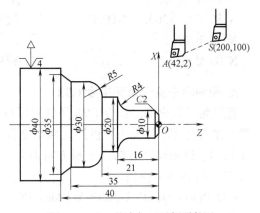

图 4-50　G71 指令加工示例零件图

　　6）顺序号 "ns" 和 "nf" 之间的程序段不能调用子程序。

　　例 4-7：以图 4-50 所示图形为例，用 G71 指令编程加工外轮廓表面。已知条件：毛坯外圆 ϕ40mm，工件坐标系建在零件右端面中心，采用 T0101 号车刀，主轴转速：粗车 600r/min、精车 1000r/min，进给量粗车 0.3mm/r、精车 0.5mm/r，起刀点 S 坐标为（X200，

Z100)，循环起始点 A 坐标（X42，Z2），背吃刀量 2.0mm，退刀量 1.0mm，X 方向的精加工余量 0.5mm，Z 方向的精加工余量 0.25mm。

参考程序：

O4701；	程序名
N10 G50 X200. Z100. ；	G50 指令设定工件坐标系
N20 T0101 S600 M03；	选择 01 号刀，调用 01 号刀补，主轴正转，转速为 600r/min
N30 G00 X42. Z2. M08；	快速移动到循环起始点 A，切削液开
N40 G71 U2. R1. ；	G71 固定循环指令开始
N50 G71 P60 Q170 U0.5 W0.25 F0.3；	设置固定循环起、止段号及参数
N60 G00 X0 S1000 F0.15；	ns 程序段，设定精车 S、F 参数，不得有 Z 轴尺寸字
N70 G01 Z0；	加工端面
N80 X6. ；	加工端面
N90 X10. Z−2. ；	加工倒角
N100 Z−12. ；	加工 φ10mm 外圆
N110 G02 X18. Z−16. R4. ；	加工 R4mm 圆弧
N120 G01 X20. ；	加工 φ20mm 端面
N130 Z−21. ；	加工 φ20mm 外圆
N140 G03 X30. Z−26. R5. ；	加工 R5mm 圆弧
N150 G01 Z−35. ；	加工 φ30mm 外圆
N160 X35. Z−40. ；	加工倒角
N170 X42. M09；	加工 φ40mm 端面，nf 程序段，切削液关
N180 G00 X200.0 Z100.0；	快速退回起刀点
N190 T0100；	取消 01 号刀补
N200 M30；	程序结束，返回程序头

2. 径向粗车复合循环指令 G72

径向粗车复合循环指令 G72 是针对圆柱形毛坯，加工表面的长径比较短，以径向进给车削为主的盘类零件加工而设计的粗车复合固定循环指令，其加工过程的动作循环简图如图 4-51 所示，进给运动方向以 X 轴方向为主，编程指令格式如下：

G72 W(Δd) R(e)；

G72 P(ns) Q(nf) U(Δu) W(Δw) F(f) S(s) T(t)；

N(ns)……；
……
F_；
S_；
T_；
N(nf)……；

从顺序号 ns 到 nf 的程序段，用于指定 A→A′→B 的运动指令。也是精车加工形状的程序段，这段指令一般紧接着 G72 指令编写，描述零件表面的轮廓形状

其中　Δd——背吃刀量，不带符号数，切削方向 A→A′方向决定，该值是模态的，即直到指
　　　　　定其他值以前一直有效，该值可由系统参数设定，也可由程序指令给定；

　　　　　e——退刀量，是模态的，直到其他值指定前不会改变，其值可由系统参数设定，
　　　　　　　或由程序指令指定；

　　　　　ns——精车加工程序第一个程序段的顺序号，不能省略；

　　　　　nf——精车加工程序最后一个程序段的顺序号，不能省略；

　　　　　Δu——X 方向精加工余量（双面余量）的距离和方向；

　　　　　Δw——Z 方向精加工余量的距离和方向；

　　f，s，t——G72 指令的粗车循环过程中的 F、S 或 T 功能指令的参数值，包含在 ns 到 nf
　　　　　程序段中的任何 F、S 或 T 功能指令在 G72 循环中被忽略。

由上述介绍可以看出，除进给运动方向是与 X 轴平行外，其他参数的含义与 G71 基本相同。

说明（可参照 G71 说明对照阅读）：

1）G72 指令适合于加工长径比较短的盘类零件或轴类零件的端部。

2）零件的 Z 轴数值沿 X 的方向必须单向递增或递减。如图 4-52 所示，有四种切削方
式，各种切削方式的 Δu 和 Δw 的符号在图中已有描述。上面两图为加工外形表面的运动轨
迹，下面两图为加工内形表面的运动轨迹。

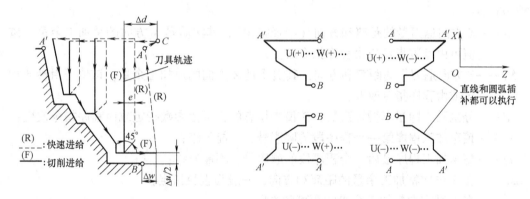

图 4-51　G72 指令的动作循环　　　　　　　图 4-52　G72 的四种切削方式

3）A 和 A′之间的刀具轨迹是在顺序号为"ns"的程序段中由 G00 或 G01 指令指定的，
该程序段不能有 X 轴的移动（甚至尺寸字 X___），如果需要的话，必须另起一个程序段指
定。当 A 和 A′之间的刀具轨迹用 G00 或 G01 编程时，沿 AA′的切削是在 G00 或 G01 方式下
完成的，一般以 G00 为好，可提高加工效率。

4）C 点的坐标，G72 指令中没有直接给出该点具体坐标值，数控系统根据 A′和 B 点坐
标值、Δu、Δw 和 Δd 自动计算并确定其坐标值。

5）端面粗车加工循环由带有地址 P 和 Q 的 G72 指令实现。在 ns 至 nf 程序段指令中指
定的 F、S 和 T 功能指令无效。但是在 G72 程序段或前面程序段中（当 G72 指令中未指定
F、S 和 T 时）指定的 F、S 和 T 功能有效。

当用恒线速度切削控制时，在 ns 至 nf 程序段指令中指定的 G96 或 G97 无效，而在 G72
程序段或以前的程序段中指定的 G96 或 G97 有效。

6）顺序号"ns"和"nf"之间的程序段不能调用子程序。

3. 仿形粗车复合循环指令 G73

仿形粗车复合循环指令 G73，用于指定刀具按零件轮廓形状，以一定的偏置距离移动刀具循环切削工件，最终以留出指令中指定的精加工余量接近零件形状的切削方法进行加工。可用于毛坯采取铸造、锻造等方法制造的外形近似于工件精加工后形状的零件。

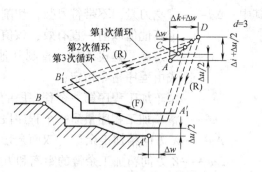

图 4-53 G73 指令的动作循环

G73 指令编程格式如下，指令加工过程的动作循环简图如图 4-53 所示。

G73 U(Δi) W(Δk) R(d)；

G73 P(ns) Q(nf) U(Δu) W(Δw) F(f) S(s) T(t)；

N(ns)……；

……

F_；

S_；

T_；

N(nf)……；

从顺序号 ns 到 nf 的程序段，用于指定 $A \rightarrow A' \rightarrow B$ 的运动指令。也是轮廓加工形状的程序段，这段指令一般紧接着 G72 指令编写，描述零件表面的轮廓形状

其中　Δi——X 方向退刀量的距离和方向（半径指定），其实质是 X 方向的总加工余量，该值可由参数指定或由程序指令改变；

Δk——Z 方向退刀量的距离和方向，其实质是 Z 方向的总加工余量，该值可由参数指定或由程序指令改变；

　d——分割数，即粗车循环次数，该值是模态的，可由参数指定或由程序指令改变；

　ns——精车加工程序第一个程序段的顺序号，不能省略；

　nf——精车加工程序最后一个程序段的顺序号，不能省略；

Δu——在 X 方向精加工余量的距离和方向，一般为直径指定；

Δw——在 Z 轴方向精加工余量的距离和方向；

f，s，t——G73 指令的粗车循环过程中的 F、S 或 T 功能指令的参数值，包含在 ns 到 nf 程序段中的任何 F、S 或 T 功能指令在 G73 循环中被忽略。

说明（可参照 G71 说明对照阅读）：

1）G73 指令适合于加工零件铸、锻件毛坯。

2）Δi、Δk 和 d 之间是有一定联系的，切削次数 d 多，则每一次循环切削的背吃刀量就小。

3）零件的 X 轴或 Z 轴方向不必单向递增或递减。有四种切削方式，如图 4-54 所示，各种切削方式的 Δu 和 Δw 的符号在图中已有描述。上面两图为加工外形表面的运动轨迹，下面两图为加工内形表面的运动轨迹。

4）A 和 A' 之间的刀具轨迹是在顺序号为 "ns" 的程序段中由 G00 或 G01 指令指定的，G73 指令允许该程序段同时有 X 和 Z 轴坐标值。当 A 和 A' 之间的刀具轨迹用 G00 或 G01 编程时，沿 AA' 的切削是在 G00 或 G01 方式下完成的，一般以 G00 为好，可提高加工效率。

5）C 点和 D 点的坐标，G73 指令中没有直接给出其具体坐标值，数控系统根据 A 点坐标值、Δu、Δw 和 Δi、Δk 自动计算并确定其坐标值。

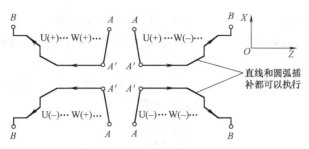

图 4-54　G73 的四种切削方式

6）型面粗车加工循环由带有地址 P 和 Q 的 G73 指令实现。在 ns 至 nf 程序段指令中指定的 F、S 和 T 功能指令无效。但是在 G73 程序段或前面程序段中（当 G73 指令中未指定 F、S 和 T 时）指定的 F、S 和 T 功能指令有效。

当用恒线速度切削控制时，在 ns 至 nf 程序段指令中指定的 G96 或 G97 无效，而在 G73 程序段或以前的程序段中指定的 G96 或 G97 有效。

7）顺序号"ns"和"nf"之间的程序段不能调用子程序。

4. 精车复合循环指令 G70

G71/G72/G73 三种粗加工循环指令，循环结束后均可留下一层均匀的精加工余量。G70 指令是专门设计与 G71/G72/G73 指令配合进行精加工的指令。在这三个粗加工循环指令的 nf 程序段后接一个 G70 指令即可按 ns→nf 的程序段切出 G71/G72/G73 三指令留下的精加工余量，完成零件的全部车削加工。G70 指令编程格式如下：

$$G70\ P(ns)\ Q(nf);$$

其中　ns——精加工程序第一个程序段的顺序号；

nf——精加工程序最后一个程序段的顺序号。

说明：

1）精加工指令中的 ns 和 nf 已在相应的粗加工循环指令中写出，这里要与其呼应。

2）在 G71、G72、G73 程序段中规定的 F、S 和 T 功能无效，但在执行 G70 时顺序号"ns"和"nf"之间指定的 F、S 和 T 有效。

3）G70 到 G73 中 ns 到 nf 间的程序段均不能调用子程序。

4）G70 循环指令运行结束后，系统执行 G70 程序段的下一个程序段。

5）G70 循环指令的动作循环是，在 G71/G72/G73 指令结束后，刀具移动至循环起始点 A，精车循环指令的动作是 A→A'→B→A，其中 A'→B 段为精加工切削动作，其余为相当于 G00 的快速运动。

例 4-8：将例 4-7 的程序增加 G70 指令改造成为粗、精车固定循环加工程序。改造后的程序如下：

O4801;	程序名
N10 G50 X200.0 Z100.0;	G50 指令设定工件坐标系
N20 T0101 S600 M03;	选择 01 号刀，调用 01 号刀补，主轴正转，转速为 600r/min
N30 G00 X42.0 Z2.0 M08;	快速移动到循环起始点，切削液开

N40 G71 U2. 0 R1. 0；	G71 固定循环指令开始
N50 G71 P60 Q170 U0. 5 　　W0. 25 F0. 3；	指定固定循环起、止段并设置循环参数
N60 G00 X0 S1000 F0. 15；	*ns* 程序段，设定精车 S、F 参数，不得有 Z 轴尺寸字
N70 G01 Z0；	加工端面
N80 X6. 0；	加工端面
N90 X10. 0 Z - 2. 0；	加工倒角
N100 Z - 12. 0；	加工 φ10mm 外圆
N110 G02 X18. 0 Z - 16. 0 R4. 0；	加工 R4mm 圆弧
N120 G01 X20. 0；	加工 φ20mm 端面
N130 Z - 21. 0；	加工 φ20mm 外圆
N140 G03 X30. 0 Z - 26. 0 R5. 0；	加工 R5mm 圆弧
N150 G01 Z - 35. 0；	加工 φ30mm 外圆
N160 X35. 0 Z - 40. 0；	加工倒角
N170 X40. 0；	加工 φ40mm 端面，*nf* 程序段，切削液关
N180 G70 P60 Q170；	轮廓精车，主轴转速和进给量按 N60 程序段执行
N190 G00 X200. 0 Z100. 0 M09；	快速退回起刀点，切削液关
N200 T0100；	取消 01 号刀补
N210 M30；	程序结束，返回程序头

程序分析：与例 4-7 的程序 O4701 相比，仅增加了 N175 程序段，同时注意该程序段执行精车时执行 N60 程序段中的主轴转速 S1000 和进给量 F0. 15，其余不变。

例 4-9：利用 G72 与 G70 指令配合完成图 4-55 所示零件的加工。已知：毛坯外圆 φ44mm，工件坐标系建在零件右端面中心，采用 T0101 号车刀完成粗、精加工；主轴转速：粗车 800r/min，精车 1200 r/min；进给速度：粗车 100mm/min，精车 50mm/min；起刀点 S 坐标（200，100），循环起始点 A 坐标（46，3），背吃刀量 3.0mm，退刀量 1.0mm，X 方向的精加工余量 0.4mm，Z 方向的精加工余量 0.2mm。

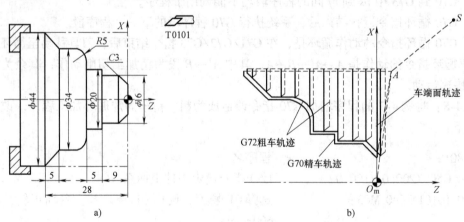

a)　　　　　　　　　　　b)

图 4-55　G72 + G70 指令端面粗、精加工

a) 零件图　b) 刀路轨迹

以下为加工程序，供参考。

O4901；	程序名
N10 M03 S800；	主轴正转，转速为 800r/min
N20 T0101；	选择 01 号刀，调用 01 号刀补，建立工件坐标系
N30 G98 G00 X200.0 Z100.0；	指定分进给，快速运动至起刀点 S
N40 G00 X46.0 Z0；	快速定位至端面加工起始点
N50 G01 X0 Z0 F100；	加工端面，进给速度为 100mm/min
N60 G00 X46.0 Z3.0；	快速定位至循环起始点 A
N70 G72 W3.0 R1.0；	G72 循环指令，指定背吃刀量 3mm，退刀量 1mm
N80 G72 P90 Q180 U0.4 W0.2 F100；	设定循环参数 ns、nf，精车余量，进给量等
N90 G00 Z−28.0 F50 S1200；	ns 程序段，不得有 X 轴尺寸字，设置车切削参数
N100 G01 X44.0；	接触工件
N110 X34.0 Z−23.0；	斜向切削至 φ34mm 的外圆处
N120 X34.0 Z−19.0；	车削 φ34mm 的外圆
N130 G02 X24.0 Z−14.0 R5.0；	车削 R5mm 的顺时针圆弧
N140 G01 X20.0；	车削端面至 φ20mm 处
N150 Z−9.0；	车削 φ20mm 的外圆
N160 X16.0 Z−9.0；	车削端面至 φ16mm 处
N170 Z−3.0；	车削 φ16mm 的外圆
N180 X10.0 Z0；	车削倒角，G72 指令 nf 程序段
N190 G70 P90 Q180；	轮廓精车，主轴转速和进给量按 N90 程序段执行
N200 G00 X200.0 Z100.0；	快速退刀至起刀点 S
N210 T0100；	取消 01 号刀补
N220 M30；	程序结束，返回程序头

例 4-10：利用 G73 与 G70 指令配合完成图 4-56a 所示零件型面的粗、精加工。分毛坯

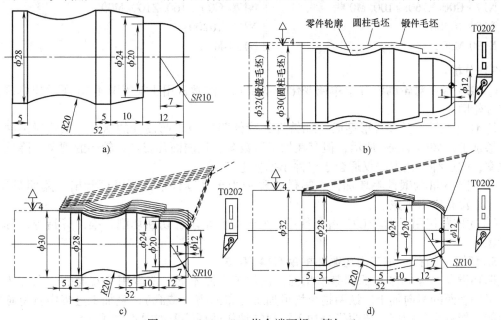

图 4-56 G73 + G70 指令端面粗、精加工
a）零件图 b）工艺分析 c）圆柱毛坯走刀轨迹 d）锻件毛坯走刀轨迹

为圆柱体和锻件两种情况考虑。圆柱体毛坯的直径为 $\phi30mm$，锻件毛坯其直径方向单面加工余量为 2mm，端面加工余量为 1mm，假设零件已经完成端面加工，工件坐标系建立在零件端面，试编程并分析车削工序。

1）工艺分析：如图 4-56b 所示，圆柱毛坯选择 $\phi30mm$ 的圆钢。锻件毛坯留 $\phi32mm$ 的夹位，即单面加工余量为 2mm。工件坐标系选择在零件右端面上，且端面留加工余量为 1mm，因此计算零件轮廓线时要将右侧 $SR20mm$ 圆弧顺势延伸轴向距离 1mm。

2）参考程序如下，读者可自行对这两程序进行分析，并对程序注释。

O4110；（圆柱毛坯）	O4210；（锻件毛坯）
N10 T0202；	N10 T0202；
N20 G00 X160. Z100. ；	N20 G00 X160. Z100. ；
N30 G97 G99 S800 M03；	N30 G97 G99 S800 M03；
N40 G00 X60. Z10. M08；	N40 G00 X60. Z10. M08；
N50 G73 U6. W0. 5 R7；	N50 G73 U3. W1. 0 R3；
N60 G73 P70 Q150 U0. 6 W0. 1 F0. 2；	N60 G73 P70 Q150 U0. 6 W0. 1 F0. 2；
N70 G00 X12. Z1. S1200；	N70 G00 X12. Z1. S1200；
N80 G03 X20. Z − 7. R10 F0. 1；	N80 G03 X20. Z − 7. R10 F0. 1；
N90 G01 Z − 12. ；	N90 G01 Z − 12. ；
N100 X24. ；	N100 X24. ；
N110 X28. Z − 22；	N110 X28. Z − 22；
N120 Z − 27. ；	N120 Z − 27. ；
N130 G02 X28. Z − 47. R20；	N130 G02 X28. Z − 47. R20；
N140 G01 Z − 57. ；	N140 G01 Z − 57. ；
N150 X31. ；	N150 X31. ；
N160 G70 P70 Q150；	N160 G70 P70 Q150；
N170 G00 X160. Z100. M09；	N170 G00 X160. Z100. M09；
N180 T0200；	N180 T0200；
N190 M30；	N190 M30；

3）分析：

① G73 指令对轮廓没有"单调变化"的要求，故常常用于加工图 4-56 所示非单调变化的零件轮廓。

② G73 是针对类零件形型面（如铸件或锻件等）粗车而设计的指令，虽然对圆柱毛坯也能够加工，如图 4-56c 所示，但存在加工刀数多，且前面几刀空刀较多的现象，降低了生产效率，故这种工艺方法仅适合于单件小批量生产。

③ 图 4-56d 为锻件毛坯加工，零件轮廓相当于类零件形，所以可看出刀路明显减少，且基本上没有空刀现象。

④ 此例题仅用于学习 G73 指令参考。关于端面车削、切断切削、换刀等指令，程序中未考虑。

5. 切槽（钻孔）加工固定循环指令 G74/G75

循环指令 G74/G75 的原理基本相同，仅加工表面不同，前者用于端面的轴向加工，后者用于外表面的径向加工。该两指令均可加工均布的槽（或孔），且加工过程中具有啄式进给功能，能够有效断屑。该两指令加工过程的动作循环简图如图 4-57 所示。

G74 编程指令格式如下：

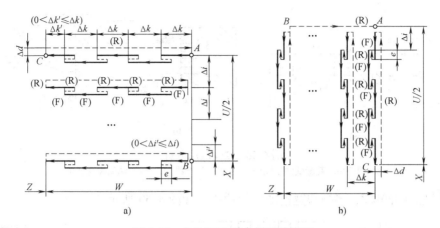

图 4-57　G74/G75 指令循环动作图

a) G74　b) G75

G74 R(e)；

G74 X(U)_Z(W)_P(Δi) Q(Δk) R(Δd) F(f)；

其中　　e——回退量，一般可取 0.5～1.0mm，这个值是模态值，可由系统参数设定，也可由
　　　　程序指令改变；

　　X_ ——B 点（最后一个孔或槽的端面点）的 X 轴绝对坐标；

　　U_ ——从 A 到 B 的 X 轴增量坐标；

　　Z_ ——C 点（孔或槽的深度）的 Z 轴绝对坐标；

　　W_ ——从 A 到 C 的 Z 轴增量坐标；

　　Δi——X 方向的移动量（不带符号），一般为半径指定，单位为 μm；

　　Δk——Z 方向每次切深（不带符号），单位为 μm；

　　Δd——刀具在切削底部的横向退刀量，单位为 mm，Δd 的符号总是（＋）号，但是如
　　　　果地址 X（U）和 Δi 被忽略，退刀方向可以指定为希望的符号，设置此参数要
　　　　注意防止退刀时打坏刀具，必要时可以设为 0；

　　f——进给速度。

G75 编程指令格式如下：

G75 R(e)；

G75 X(U)_Z(W)_P(Δi) Q(Δk) R(Δd) F(f)；

其中　　　　e——同 G74。

　　X_ ——C 点的 X 轴绝对坐标（即槽底的直径值）（对应 G74 的 Z）；

　　U_ ——从 A 到 C 的 X 轴增量坐标（对应 G74 的 W）；

　　Z_ ——B 点的 Z 轴绝对坐标，可能是槽宽或最后一个槽的 Z 轴坐标值（对应 G74 的 X）；

　　W_ ——从 A 到 B 的 Z 轴增量坐标（对应 G74 的 U）；

　Δi 和 Δk ——与 G74 移动方向等相同，但意义不同；

　　　Δd——作用同 G74；

　　　f——同 G74。

　　G74 指令主要用于端面均布的槽或孔加工，其深度方向的啄式动作有利于深孔断屑；当
未指定 X（U）时，主要用于端面中心的钻孔加工；当 Δi 大于刀具宽度时为多槽切槽加工，
否则，则属于镗孔加工；如图 4-58 所示。

　　G75 指令主要用于外圆柱面上均布的槽或孔加工，同样啄式功能有利于深槽切削时的断

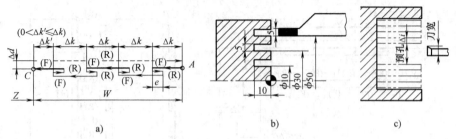

图 4-58　G74 应用分析

a) 端面中心孔啄式加工动作　b) 断面均布槽加工　c) 端面镗孔加工

屑；其同样也具有单槽、多槽和宽槽加工的功能，如图 4-59 所示。

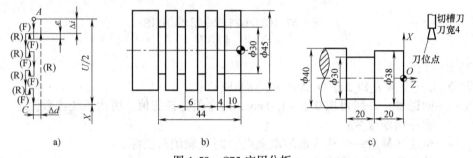

图 4-59　G75 应用分析

a) 径向单槽啄式加工动作　b) 径向均布槽加工　c) 宽槽加工

4.5　螺纹切削指令

螺纹加工是机械制造中常见的加工特征之一，本书以等距螺纹为对象进行介绍。数控车削加工可方便地加工出圆柱螺纹、圆锥螺纹、端面（涡卷）螺纹等，如图 4-60 所示。

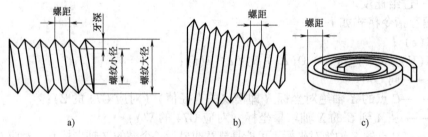

图 4-60　常见的螺纹特征

a) 圆柱螺纹　b) 圆锥螺纹　c) 端面（涡卷）螺纹

螺纹加工有几个共性的问题，首先，螺纹一般均需多刀加工，如图 4-61 所示；其次，螺纹加工必须考虑切入与切出的距离。

FANUC 0i Mate-TC 数控系统为用户提供了三种加工螺纹的指令——G32、G92 和 G76。

螺纹加工一般需多刀加工，其常见的进刀方式如图 4-61 所示。图 a 所示为径向恒切削深度进刀，随着切削刀数的增加，切削力也随之增加，因此，只能用于小牙深螺纹的加工，应用不多。图 b~e 所示均为恒面积进刀，其切削力基本不变。图 b 所示径向进刀切屑控制困难，切削振动大，刀尖负荷大且温度高，适合小螺距（导程）螺纹的加工以及螺纹的精加工；图 c 所示侧向进刀，改善了图 b 进刀的缺点，但左、右侧切削刃磨损不均匀，右侧后面磨损大，适合稍大螺距（导程）螺纹的精加工；图 d 所示改进式侧向进刀，由于进刀方向的略微变化，使得右侧切削刃也参与一定程度的切削，一定程度抑制了右侧后面的磨损；图 e 所示的左右侧交替进刀主要用于大牙型、大螺距螺纹的加工，但编程较为复杂。

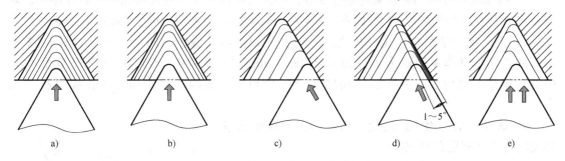

图 4-61　螺纹加工常见的进刀方式

a) 径向恒切削深度进刀　b) 径向恒面积进刀　c) 侧向进刀　d) 改进式侧向进刀　e) 左右侧交替进刀

4.5.1　螺纹切削基本指令 G32

（1）指令格式　G32 X（U）_ Z（W）_ F_ ；

其中　X(U)_ Z(W)_——螺纹切削结束点的坐标；

　　　　　　　　F——螺纹导程（单线螺纹等于螺距），参见图 4-62，进给率单位为 mm/r。

（2）说明

1）当程序段中的 X（U）值不变（程序中可以不写），则为车削圆柱螺纹（图 4-60a）；当程序段中的 Z（W）值不变（程序中可以不写），则为车削端面螺纹（图 4-60c）；当程序段中的 X（U）、Z（W）值均存在，则为车削圆锥螺纹（图 4-60b）。

2）螺纹的牙型往往要经过多次加工完成。常用螺纹切削的进刀次数及每次进给量见表 4-2。按表 4-2 的背吃刀量加工螺纹基本可实现恒面积进刀车螺纹方式。

表 4-2　常用螺纹切削的进刀次数及每次背吃刀量　　　　（单位：mm）

螺距		1.0	1.5	2.0	2.5	3.0	3.5	4.0
牙深（半径值）		0.649	0.974	1.299	1.624	1.949	2.273	2.598
背吃刀量（直径值）	1 次	0.70	0.80	0.90	1.00	1.20	1.50	1.50
	2 次	0.40	0.60	0.60	0.70	0.70	0.70	0.80
	3 次	0.20	0.40	0.60	0.60	0.60	0.60	0.60
	4 次	—	0.16	0.40	0.40	0.40	0.60	0.60
	5 次	—	—	0.10	0.40	0.40	0.40	0.40
	6 次	—	—	—	0.15	0.40	0.40	0.40
	7 次	—	—	—	—	0.20	0.20	0.40
	8 次	—	—	—	—	—	0.15	0.30
	9 次	—	—	—	—	—	—	0.20

3) 数控车削螺纹的切入、切出距离。由于数控车床最少必须旋转一圈以上才可保证进给速度的准确性，因此，螺纹切削的编程长度必须在实际切削长度 L 的基础上前、后分别加入适当的切入、切出距离（图4-62）。一般按以下经验选取：

$\delta_1 \geq 2 \times$ 导程；$\delta_2 \geq (1 \sim 1.5) \times$ 导程。

4) 考虑到螺纹切削时金属的塑性变形，螺纹切削前的坯料直径可比公称直径略小。对于高速切削三角形螺纹时，当螺距在 1.5 ~ 3.5mm 时，外径一般可以小 0.15 ~ 0.25mm。

5) 虽然螺纹切削仅仅是一段直线，但实际切削时一般包含四个动作，如图4-62所示。四个切削动作可叙述为：进刀①-切削②-退刀③-返回④。G32 指令仅仅是图4-62中的动作②，每切削一刀还必须辅助另外三个动作，即四个动作均需单独编写程序段完成。

6) 螺纹切削过程中进给速度倍率和主轴速度倍率功能均无效（固定在100%）。

7) 在螺纹切削期间不要使用恒线速度的速度控制，而使用 G97。

（3）螺纹切削的编程步骤

1) 螺纹底径的确定。螺纹底径（d_1）确定的简单算法（普通螺纹）是：

$$d_1 = d - 1.3P$$

式中　d——螺纹大径；

　　　P——螺距。

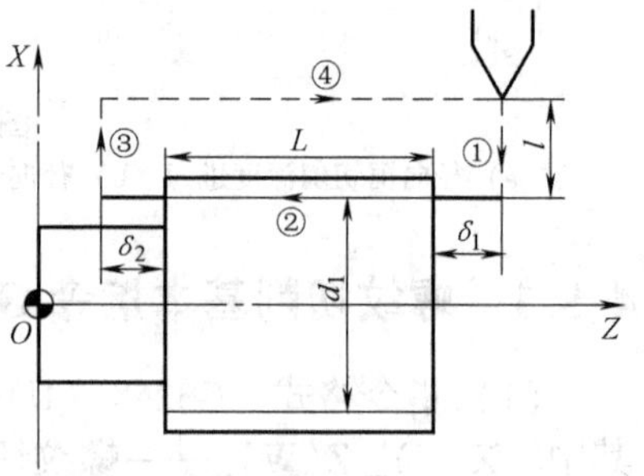

图 4-62　螺纹切削动作分析

2) 螺纹切入、切出行程 δ_1 和 δ_2 的确定。按式(4-1)确定。

3) 编程径向尺寸的确定。根据表4-1确定切削次数及每次的背吃刀量，进而确定每次切削的径向尺寸。即：螺纹大径（d）-每次进刀的累积深度（详见后面的编程举例）。

4) 按确定参数及零件图要求编程。

例4-11：图4-63所示螺纹，试用 G32 指令加工螺纹。

1) 螺纹底径 $d_1 = d - 1.3P = 48\text{mm} - 1.3 \times 2\text{mm} = 45.4\text{mm}$。

2) 螺纹切入和切出距离，取 $\delta_1 = 5\text{mm}$、$\delta_2 = 2\text{mm}$。

3) 进刀次数、背吃刀量及径向尺寸的确定，见表4-3。

4) 编写加工程序。加工程序如下所示：

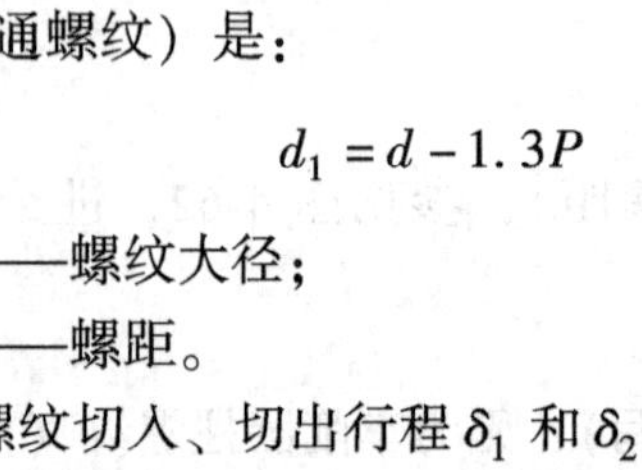

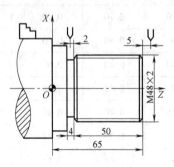

图 4-63　螺纹加工实例

表4-3　每次进刀径向尺寸

次数	余量 /mm	径向尺寸 /mm
1	0.9	48.0 − 0.9 = 47.1
2	0.6	47.1 − 0.6 = 46.5
3	0.6	46.5 − 0.6 = 45.9
4	0.4	45.9 − 0.4 = 45.5
5	0.1	45.5 − 0.1 = 45.4

```
O4011；                        程序名
N10 G50 X100. Z100. ；         建立工件坐标系
N20 S300 M03 T0404；           主轴正转，转速为 300r/min，调用 4 号刀及 4 号刀补
N30 G00 X58. Z70. ；           进刀至起点
N40 X47.1；                    第 1 次进刀 0.9mm
N50 G32 Z13. F2. ；            切削螺纹
N60 G00 X58. ；                退刀
N70 Z70. ；                    返回进刀起点
N80 X46.5；
N90 G32 Z13. F2. ；            第 2 次进刀 0.6mm
N100 G00 X58. ；
N110 Z70. ；
N120 X45.9；                   第 3 次进刀 0.6mm
N130 G32 Z13. F2. ；
N140 G00 X58. ；
N150 Z70. ；
N160 X45.5；                   第 4 次进刀 0.4mm
N170 G32 Z13. F2. ；
N180 G00 X58. ；
N190 Z70. ；
N200 X45.4；                   第 5 次进刀 0.1mm
N210 G32 Z13. F2. ；
N220 G00 X100. ；
N230 Z100. ；                  快速退刀至起刀点
N240 T0400；                   取消刀补
N250 M30；                     程序结束并复位
```

4.5.2　单刀切削螺纹固定循环指令 G92

针对 G32 指令每加工一刀螺纹必须编写四个程序段的特点，引入了单刀切削螺纹固定循环指令 G92，每个指令包含 G32 指令的四个动作，其指令格式及编程特点如下所述。

（1）圆柱螺纹单刀车削固定循环指令　指令格式：

G92 X(U)_ Z(W)_ F_；

其中　X_ ，Z_ ——圆柱螺纹切削终点 C 的绝对坐标值；

U_ ，W_ ——圆柱面切削终点 C 相对于循环起点 A 的增量坐标值；

F——螺纹导程。

刀具的四个动作循环如图 4-64 所示，意义同上。螺纹收尾可处理成倒角的形式，如图中右下角的放大图。倒角距离 r 在（0.1~12.7）L 指定，即数值单位为 0.1L，数值范围 1~127，倒角角度为 1°~89°，倒角距离和角度由系统参数设定。G92 指令与 G32 指令动作基

本相同，只是将 4 个动作合并为一个指令。

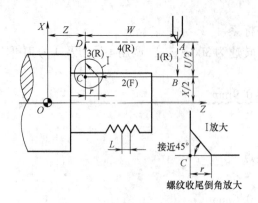

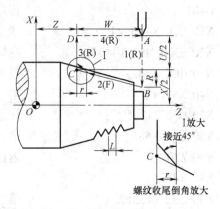

图 4-64　圆柱螺纹单刀车削固定循环　　　　图 4-65　圆锥螺纹单刀车削固定循环

（2）圆锥螺纹单刀车削固定循环指令　指令格式：

G92 X(U)_ Z(W)_ R_ F_;

其中　X_ , Z_ ——圆柱螺纹切削终点 C 的绝对坐标值；

　　　U_ , W_ ——圆柱面切削终点 C 相对于循环起点 A 的增量坐标值；

　　　　　　F——螺纹导程；

　　　　　　R——含义与 G90 相同，即圆锥面的切削始点 B 与切削终点 C 的半径差，且 $|R| \leq |U/2|$。

刀具的四个动作循环如图 4-65 所示。螺纹收尾等设置同上。

以下提供两个 G92 指令的例子供读者阅读与分析，这里不展开讨论。

例 4-12：利用 G92 指令加工图 4-66 所示零件的圆柱螺纹，假设零件毛坯已加工完成。采用 T0404 号车刀，主轴转速 300r/min，单头螺纹，螺距 1.5mm，工件坐标系设置在零件的右端面中心，起刀点 S 为（$X160$, $Z160$），循环起点 A 为（$X35$, $Z5$）。

加工程序如下，其切入距离 $\delta_1 = 5mm$、切出距离 $\delta_2 = 2mm$。工件坐标系原点取在工件右端面。螺纹切削次数及每次背吃刀量和编程径向尺寸见表 4-4。

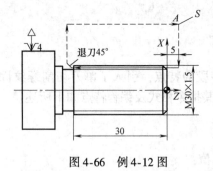

图 4-66　例 4-12 图

表 4-4　每次进刀径向尺寸

次数	余量 /mm	径向尺寸 /mm
1	0.8	30.0 - 0.8 = 29.2
2	0.6	29.2 - 0.6 = 28.6
3	0.4	28.6 - 0.4 = 28.2
4	0.16	28.2 - 0.16 = 28.04

O4012;	程序名称
N10 G97 S300 M03;	恒转速加工，主轴正转，转速为 300r/min
N20 G00 X160.0 Z160.0 T0404;	调用 4 号刀及 4 号刀补，建立工件坐标系，快速定位系 S 点
N30 G00 X35.0 Z5.0;	快速定位至固定循环起点 A
N40 G92 X29.2 Z-32.0 F1.5;	圆柱螺纹固定循环开始第 1 刀加工

N50 X28.6；	圆柱螺纹固定循环第 2 刀加工
N60 X28.2；	圆柱螺纹固定循环第 3 刀加工
N70 X28.04；	圆柱螺纹固定循环第 4 刀加工
N80 G00 X160.0 Z160.0；	快速退回起刀位置 S
N90 T0400；	取消 4 号刀补
N100 M30；	结束程序

程序分析：采用 G92 指令加工螺纹与 G32 指令加工相比，G32 指令的程序量可以大幅缩减，且书写简单、规范。

例 4-13：利用 G92 指令加工图 4-67 所示零件的圆锥螺纹，假设零件毛坯已加工完成。采用 T0404 号车刀，主轴转速 300r/min，螺距 1.5mm，工件坐标系设置在零件的右端面中心，起刀点 S 坐本标为（$X160$，$Z160$），循环起始点 A 坐标为（$X70$，$Z5$）。

加工程序如下，其切入距离 $\delta_1 = 5$mm，工件坐标系原点取在工件右端面，螺纹切削次数及每次背吃刀量和编程径向尺寸见表 4-5。

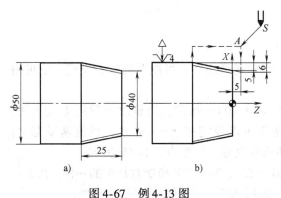

图 4-67　例 4-13 图
a）加工简图　b）计算图及动作简图

表 4-5　每次进刀径向尺寸

次数	余量 /mm	径向尺寸 /mm
1	0.8	50.0 − 0.8 = 49.2
2	0.6	49.2 − 0.6 = 48.6
3	0.4	48.6 − 0.4 = 48.2
4	0.16	48.2 − 0.16 = 48.04

O4013；	程序名称
N10 G97 S300 M03；	恒转速加工，主轴正转，转速为 300r/min
N20 G00 X160.0 Z160.0 T0404；	调用 4 号刀及 4 号刀补，建立工件坐标系，快速定位系 S 点
N30 G00 X70.0 Z5.0 M08；	快速定位至固定循环起点 A，切削液开
N40 G92 X49.2 Z−25.0 R−6.0 F1.5；	圆锥螺纹固定循环开始第 1 刀加工
N50 X48.6；	圆锥螺纹固定循环第 2 刀加工
N60 X48.2；	圆锥螺纹固定循环第 3 刀加工
N70 X48.04；	圆锥螺纹固定循环第 4 刀加工
N80 G00 X160.0 Z160.0 M09；	快速退回起刀位置，切削液关
N90 T0400；	取消 4 号刀补
N100 M05；	主轴停转
N110 M30；	结束程序

4.5.3　多刀复合切削螺纹固定循环指令 G76

G92 指令虽然比 G32 指令所用的程序段减少了很多，但还有简化的空间，G76 指令正是这样一个指令，其将切削螺纹所需的多刀动作集成于一个指令中，大大简化了编程。G76 指令的切削方式采取的是粗加工单侧刃切入，精加工双侧刃切削的加工方法，如图4-68所示。为保证每一次的切削面积 A_c 不变，第 n 次的切入量等于第一次切入量 Δd 的 $\sqrt{n}$ 倍，即 $\Delta d_n = \sqrt{n}\Delta d$，除第一次背吃刀量外，其余各次背吃刀量及切削次数 n 由系统自动计算。

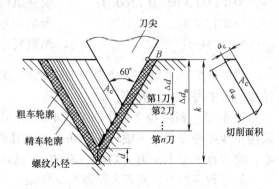

图 4-68　G76 指令进刀加工方式

G76 指令加工过程的动作循环简图如图 4-69 所示，编程指令格式如下：

G76 P(m) (r) (a) Q(Δd_{min}) R(d)；

G76 X(U)_Z(W)_R(i) P(k) Q(Δd) F(L)；

其中　　　m——精加工重复次数（1~99），该值是模态的，可用系统参数设定，也可由程序指令改变；

r——螺纹尾部倒角量，由两位数（00~99）指定，当螺纹导程用 L 表示时，数值单位为 $0.1L$，所以倒角量可以设定在 $0.0 \sim 9.9L$，该值是模态的，可用参数设定，也可由程序指令改变，倒角方向为 $45°$ 方向；

a——刀尖角度，可以选择 $80°$、$60°$、$55°$、$30°$、$29°$ 和 $0°$ 六种中的一种，由 2 位数规定，该值是模态的，可用参数设定，也可由程序指令改变；

Δd_{min}——最小背吃刀量，单位为 μm，由 X 轴方向的半径值编程指定，当一次循环运行的背吃刀量 $(\Delta d \sqrt{n} - \Delta d \sqrt{n-1})$ 小于 Δd_{min} 时，背吃刀量钳制在此值，该值是模态的，可用参数（参数号 5140）设定，也可由程序指令改变；

d——精加工余量，单位为 μm，由 X 轴方向的半径值编程指定，该值是模态的，可用系统参数设定，也可由程序指令改变；

X(U)、Z(W)——螺纹切削终点的绝对（增量）坐标值，其中 X_ 相当于螺纹的小径；

i——锥度螺纹半径差，由 X 轴方向的半径值编程指定，如果 $i = 0$，则表示为圆柱螺纹，可省略；

k——螺纹牙高（X 轴方向的高度），单位为 μm，由 X 轴方向的半径值编程指定，螺纹的牙高可按经验公式 $h = 0.6495P$ 计算（h 为牙高，P 为螺距）；

Δd——第一刀背吃刀量，单位为 μm，由 X 轴方向的半径值编程指定；

L——螺纹导程（指 Z 轴方向的螺纹导程）。

参数 m、r 和 a 用地址 P 同时指定，例当 $m = 2$，$r = 1.2L$，$a = 60°$，指定如下（L 是螺

纹导程)：P(02)(12)(60)。

注意：对于牙型角为 60° 的普通米制螺纹而言，若刀尖角取 60°，则粗车进刀方式属于图 4-61c 所示的侧刃进刀，若刀尖角取 55° 则成为改进式侧刃进刀方式（图 4-61d）；

图 4-69 循环动作说明：①循环动作可描述为 1(R)→2(F)→3(R)→4(R)；②B(C) 点是一个理想位置点，刀尖到达的实际点与切削循环的刀数有关，A→B(C) 轨迹实际上是一条折线；③切削运动轨迹 B(C)→D 简称为 C→D 轨迹，也是随循环参数 r（螺纹尾部倒角量）的设置不同而变化的；④动作 D→E→A 是快速退刀动作，其轨迹是两段直线运动。

G76 多刀复合循环指令，共有 4 种对称的进刀图形，如图 4-70 所示。①图 4-70a、c 为切削外螺纹，图 4-70b、d 为切削内螺纹；②U、W 的符号由刀具轨迹 AC 和 CD 的方向决定，R 的符号由刀具轨迹 AC 的方向决定，P 和 Q 的符号总是正值（＋）；③B(C) 和 D 之间的进给速度由地址 F 指定，而其他轨迹则是快速移动；④螺纹切削的注意事项与 G32 和 G92 基本相同；⑤倒角值对于 G92 螺纹切削循环也有效。

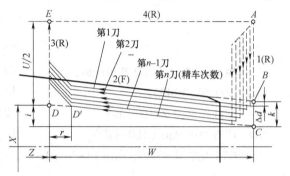

图 4-69　G76 多刀复合螺纹车削循环刀具轨迹

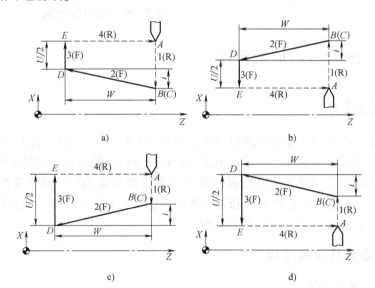

a)

b)

c)

d)

图 4-70　G76 螺纹车削重复循环

a) 外螺纹加工（$U<0$，$W<0$，$i<0$）　b) 内螺纹加工（$U>0$，$W<0$，$i>0$）

c) 外螺纹加工（$U<0$，$W<0$，$i>0$ 且 $|i| \leqslant |U/2|$）

d) 内螺纹加工（$U>0$，$W<0$，$i<0$ 且 $|i| \leqslant |U/2|$）

G76 指令编程示例，如图 4-71 所示，阅读完成后请思考几个问题：①螺纹的切入与切出长度分别为多少？②精车了几刀？③总共车了几刀？

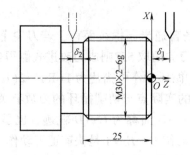

图 4-71　G76 指令加工示例

O4014；	程序名称
N10 G00 X200.0 Z100.0 T0404；	调用 4 号刀及 4 号刀补，建立工件坐标系
N20 G97 S400 M03；	恒转速切削，主轴正转，转速为 400r/min
N30 G00 X32.0 Z4.0 M08；	快速移动至循环起点，开切削液
N40 G76 P010060 Q100 R100；	设定 G76 加工参数
N50 G76 X27.4 Z−27.0 R0 P1300 Q450 F2.0；	设定 G76 加工参数，起动 G76 指令加工螺纹
N60 G00 X200.0 Z100.0 M09；	快速退回到起刀点，关切削液
N70 T0400 M05；	取消 4 号刀补，主轴停转
N80 M30；	结束程序，返回程序头

4.6　数控车床的多刀加工问题

4.6.1　问题的引出

实际中的数控车削加工要用到多把刀具，而每把刀具由于安装位置的不确定性，当其转到工作位置时，各刀尖的位置不可能完全重合，若不进行补偿处理，则加工时必然存在加工误差。另外，实际加工时由于刀具磨损或对刀误差等微量误差，可能造成加工件的超差现象，这种微量误差通过改变程序或重新对刀来改善都是不明智的选择。以上问题一般通过数控系统的刀具位置偏置（或补偿）进行处理。

4.6.2　刀具偏置及应用分析

1. 刀具外形偏置概念

在 4.1.3 中谈到 FANUC 0i Mate-TC 数控系统将刀具偏置分为外形偏置（又称位置偏置）与磨损偏置两部分管理，前者一般用于刀具安装位置较大尺寸的偏置甚至直接用于对刀，而后者主要用于刀具磨损或尺寸的微量误差的补偿。图 4-72 所示为刀具外形偏置与磨损偏置的基本原理，刀具总的偏置值等于外形偏置与磨损偏置两部分的代数和。即

$$\Delta X = G_X + W_X$$

$$\Delta Z = G_Z + W_Z$$

式中　G_X、G_Z——刀具 X 和 Z 轴的外形偏置；

W_X、W_Z——刀具 X 和 Z 轴的磨损偏置；

ΔX、ΔZ——刀具 X 和 Z 轴的总偏置。

刀具外形偏置方法分为绝对偏置与相对偏置两种。

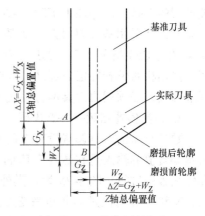

绝对偏置是以参考点位置处的刀具为基准进行刀具偏置。如图 4-73 所示，将所有处于机床参考点位置处的刀具向工件坐标系原点 O 偏置，其偏置矢量为刀位点指向工件坐标系原点的有向矢量，该矢量在 X 和 Z 轴的分量即是输入数控系统外形偏置存储器（参见图 4-6a 所示画面）中的偏置值。数控车床刀具偏置建立工件坐标系便是利用这一原理。绝对偏置建立工件坐标系，每次使用刀具时必须调用刀具偏置，用完刀具后一般应取消刀具偏置。

图 4-72　刀具偏置的概念

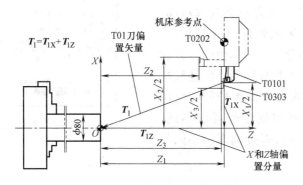

图 4-73　绝对位置偏置

相对偏置是以某把刀具处于工作位置时的刀位点为基准点，这把刀具常称为基准刀（或标准刀），其他刀具转至工作位置时一般存在偏差，但可以通过刀具外形偏置给予补偿，确保执行程序时以与基准刀的刀位点相同的位置进行加工。如图 4-74 中，以 T0101 号刀具为基准刀，当 T0202 号刀具转至工作位置时假设处于基准刀的左上方，但若将相对偏置矢量 T_2 的分量 T_{2X} 和 T_{2Z} 在加工之前输入 02 号刀具外形偏置储存器中，在程序执行到 T0202 刀具指令时，会将 T02 号刀具转至工作位置，并同时调用 02 号刀具偏置存储值，补偿刀具安

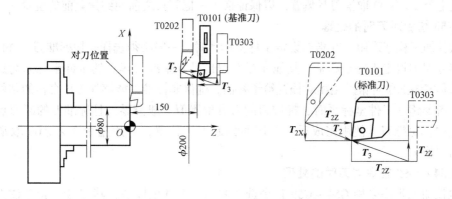

图 4-74　G50 设定工件坐标系示意图

装位置的误差，确保加工精度。数控车床加工中，当采用 G50 或 G54～G59 指令建立工件坐标系时，常采用基准刀对刀，非基准刀具的安装位置偏差则用相对位置偏置进行补偿。图 4-74 便是 G50 指令对刀，T01 号刀为基准刀，T02 和 T03 为非基准刀的相对偏置原理示意图。使用相对偏置补偿非标准刀偏差时，基准刀的刀具外形偏置必须设置为 0。每次使用非标准刀具时必须调用刀具偏置，使用完成后必须取消刀具偏置。

2. 刀具偏置指定——T 代码

数控车床的刀具偏置没有专门的 G 代码，而是由刀具 T 指令指定，详见 4.1.3 的介绍。刀具偏置值的输入是在数控车床的 LCD/MDI 操作面板中进行，图 4-75 为刀具外形偏置画面，X 和 Z 两列便是刀具位置偏置值。刀具位置偏置参数与刀具磨损偏置参数分别在不同的画面中显示，可按下部的 [外形] 或 [磨损] 软键进行切换，内容排列基本相同。第 1 列为补偿号，G 表示外形（几何），W 表示磨损，第 2、3 列分别为刀具位置（X 和 Z 轴）偏置值，第 4、5 列分别为刀尖圆弧半径补偿值；每一行对应一个偏置号的一组偏置值，T 指令中刀具号与偏置号可以不同，即 T 指令中同一把刀具可以分别调用不同的偏置号。

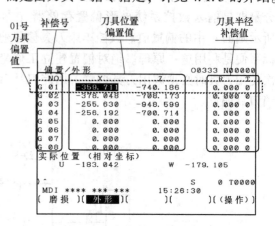

图 4-75　刀具外形偏置画面

4.6.3　多刀加工时的对刀问题

明白以上刀具偏置的原理后，多刀加工时的对刀处理便不难解决了。多刀对刀时的处理方法与建立工件坐标系的方法有关，具体叙述如下。

1. 刀具偏置对刀时的处理

当数控加工程序采用刀具偏置对刀建立工件坐标系时，不分标准刀与非标准刀，每把刀具均需通过对刀，将其工作位置时的刀位点向工件坐标系原点的矢量分量输入相应的刀具偏置存储器中，在程序中通过刀具指令调用相应的刀具偏置值建立工件坐标系，程序执行完成后一般通过刀具指令 T××00 取消刀具偏置，以保证换下一把刀具之前回到偏置前的位置处。

2. G50 指令对刀时的处理

当数控加工程序采用 G50 指令设定工件坐标系时，一般必须选择一把标准刀，并以此刀具用 G50 指令对刀设定工件坐标系，其他非标准刀也是以基准刀建立的工件坐标系为加工坐标系，其刀具安装的位置偏差用相对偏置给予补偿，确保非标准刀能够加工出合格的零件。

G50 指令建立工件坐标系时，标准刀的刀具偏置值一般清零，且标准刀的起刀点位置必须是固定的，每把刀具使用完成后一般应回到起刀点位置，并用指令 T××00 取消刀具偏置，然后再换刀。

3. G54～G59 指令对刀时的处理

若数控加工程序采用 G54～G59 指令选择并建立工件坐标系，其与 G50 指令建立工件坐标系类似，也必须选择一把标准刀，并以此对刀，其他非标准刀的处理方法相同。唯一不同的是，标准刀的起刀点不需固定在对刀位置处。

4.6.4 加工尺寸的控制问题

刀具外形偏置主要用于对刀以及非标准刀的位置补偿。刀具偏置还有一部分磨损偏置则主要用于加工尺寸的精确控制，包括刀具磨损和对刀误差的补偿。因为刀具总的偏置等于外形偏置与磨损偏置的代数和。下面通过一个示例进行讨论。

例 4-14：编制图 4-76a 所示零件的数控加工程序。已知：材料 45 钢，外圆表面粗糙度

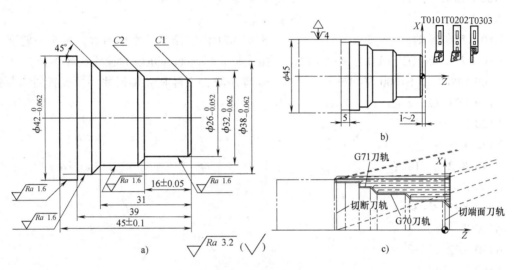

图 4-76 例 4-14 图

a）零件图 b）工艺设计 c）刀具轨迹

为 $Ra1.6\mu m$，其余为 $Ra3.2\mu m$，毛坯尺寸 $\phi45mm$，端面留 $1\sim2mm$ 余量，切断处留 $1mm$ 光端面余量，要求用手工编程的方法编制。

程序编制过程如下：

（1）工艺准备 选用机夹可转位车刀，粗车与精车用刀如图 4-76b 所示，为自定心卡盘装夹。

1）刀具选择。

外圆粗车及车端面：T0101。

外圆精车刀：T0202。

切断刀：T0303，刀宽 $B=4mm$。

2）切削用量的选择。

车端面：$f=0.15mm/r$，$n=500r/min$。

粗车外圆：$a_p=2mm$，$f=0.2mm/r$，$n=500r/min$。

精车外圆：$a_p=0.3mm$，$f=0.15mm/r$，$n=1000r/min$。

切断：$f=0.1mm/r$，$n=300r/min$。

（2）程序编制 外圆粗、精车采用 G71 + G70 组合加工，刀具加工轨迹如图4-76c 所示。参考程序如下。

```
O4015；                         程序名
N10 T0101；                     调用 1 号刀及 1 号刀补，建立工件坐标系
N20 G00 X160. Z200.；           快速定位至换刀点
N30 G97 S500 M03；              指定恒转速切削，主轴正转，转速为 500r/min
N40 G00 X46. Z0 M08；           快速定位至切端面起点，开切削液
N50 G99 G01 X0 F0.15；          指定分进给，切断面
N60 G00 Z2.；                   Z 轴退刀
N70 X50.                        X 轴退刀
N80 G71 U2. R1.；               指定 G71 固定循环及循环参数，粗车外轮廓
N90 G71 P100 Q200 U0.6 W0.3 F0.2；指定固定循环起、止段并设置循环参数
N100 G00 X20. S1000 F0.15；     ns 程序段，不得有 Z 轴尺寸字，设置精车参数
N110 G01 X26. Z－1.；
N120 Z－16.；
N130 X28.；
N140 X32.2－18.；
N150 Z－31.；
N160 X38. Z－34.；
N170 Z－39.；
N180 X42.；
N190 Z－50.；
N200 X45.；                     nf 程序段
N210 G00 X160. Z200. M09；      快速返回换刀点，关切削液
N220 T0200；                    取消 1 号刀补
N230 T0202 M08；                调用 2 号刀及 2 号刀补，开切削液
N240 G70 P100 Q200；            G70 指令精车外轮廓
N250 G00 X160. Z200. M09；      快速返回换刀点，关切削液
N260 T0200；                    取消 2 号刀补
N270 T0303 S300 M03；           调用 3 号刀及 3 号刀补，开切削液
N280 G00 X46. Z－50. M08；      快速定位值切断点，留掉头车端面余量 1mm

N290 G01 X0 F0.1；              切断
N300 G00 X160. Z200. M09；      快速返回换刀点，关切削液
N310 T0300；                    取消 3 号刀补
N320 M30；                      程序结束，返回程序头
```

（3）尺寸控制　注意到外圆尺寸均有公差，且外轮廓加工包含粗、精车加工，将外轮廓的尺寸控制交由精车刀 T0202 的 2 号磨损偏置存储器控制。例如，若试切加工后测量出的 ϕ26mm 尺寸为 ϕ26.161mm，则可将直径方向补偿值 －0.187mm 输入 2 号磨损偏置存储器 X 栏中。同理，若 ϕ26mm 圆柱的长度尺寸为 15.855mm，则可将长度方向补偿值 －0.145 输入

2 号磨损偏置存储器 Z 栏中。下一个零件加工时，若执行 T0202 指令则会调用 2 号刀补，将以上的误差补偿，使零件达到要求，补偿后加工的结果理论上应该是外径 $\phi26^{\ 0}_{-0.026}$（尺寸公差的中值尺寸）和长度 16mm。

4.7 数控车削编程综合举例

例 4-15：图 4-77 所示零件，实线部分为待加工部位，材料为 45 钢，外圆表面粗糙度全部为 $Ra1.6\mu m$，端面必须加工。

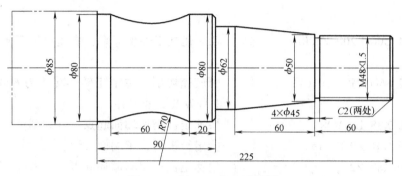

图 4-77 例 4-15 加工零件图

程序编制过程如下：

（1）工艺分析 由于批量不大，选用圆柱毛坯。因工件端面需加工，故工件坐标系定在毛坯端面偏材料内 1~2mm 处，采用自定心卡盘装夹，如图 4-78a 所示。由于外圆柱面存在凹陷，若外圆柱面仅采用 G73 指令粗车必然造成空刀问题，故拟考虑用 G71 指令粗车，然后用 G73 指令加工 R70mm 凹陷弧面，考虑到加工质量，将 R70mm 圆弧在直径方向上延伸 1mm，计算数据如图 4-78b 所示。

加工工艺过程为：车端面→G71 + G70 粗、精车外圆→G73 + G70 粗、精车 R70 圆弧

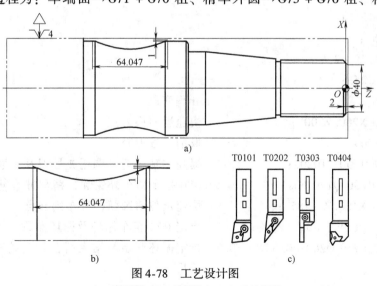

图 4-78 工艺设计图

a）工艺设计 b）局部放大 c）刀具分配

面→车退刀槽→车螺纹。

（2）工艺准备

1）刀具选择：选用机夹可转位车刀，具体刀具号与刀补号如图4-78c。其中，外圆粗车及车端面刀为T0101，外圆精车刀为T0202，切槽刀为T0303，刀宽 $B = 4\text{mm}$；螺纹车刀为T0404。

2）切削用量的选择：车端面时，$f = 0.2\text{mm/r}$，$n = 600\text{r/min}$；粗车外圆时，$a_p = 2\text{mm}$，$f = 0.2\text{mm/r}$，$n = 600\text{r/min}$；精车外圆时，$a_p = 0.3\text{mm}$，$f = 0.1\text{mm/r}$，$n = 1000\text{r/min}$；切槽时，$f = 0.1\text{mm/r}$，$n = 600\text{r/min}$；车螺纹时，$n = 200\text{r/min}$，导程1.5mm。

（3）程序编制　参考程序如下所述。

O0416;	程序名
N10 G54 G00 X200. Z200. ;	G54 建立工件坐标系，快速定位至换刀点
N20 G97 S600 M03 T0101;	恒转速切削，主轴正转，转速为600r/min，调用1号刀及1号刀补
N30 G00 X88. Z0 M08;	快速定位至切端面起点，开切削液
N40 G99 G01 X0 F0. 15;	指定转进给，车端面
N50 G00 X88. Z2. ;	快速定位至粗车循环起点
N60 G71 U2. R0. 6;	指定 G71 粗车循环及循环参数
N70 G71 P80 Q170 U0. 6 W0. 3 F0. 2;	指定循环开始与结束行，指定精车余量及粗车进给量
N80 G00 X40. ;	ns 程序段，不得有 Z 轴尺寸字
N90 G01 X48. Z − 2. ;	
N100 Z − 60. ;	
N110 X50. ;	
N120 X62. Z − 120. ;	
N130 Z − 135. ;	
N140 X76. ;	
N150 X80. W − 2. ;	
N160 Z − 225. ;	
N170 X86. ;	nf 程序段
N180 G00 X200. Z200. ;	快速返回换刀点
N190 T0100;	取消1号刀补
N200 S1000 M03 T0202;	提高主轴转速，调用2号刀及2号刀补
N210 G70 P80 Q170 F0. 1;	G70 指令精车外轮廓，精车进给为0.1mm/r
N220 G00 X100. Z − 185. ;	快速定位值圆弧循环车削起点
N230 G73 U6. W0 R3;	指定 G73 粗车循环及循环参数
N240 G73 P250 Q260 U0. 3 W0 F0. 2;	指定循环开始与结束行，指定精车余量及粗车进给量
N250 G00 X82. W32. 024;	轮廓循环起始行 ns

N260 G02 W－64.027 R70.；	轮廓循环结束行 nf
N270 G70 P250 Q260 F0.1；	G70 指令精车 $R70$mm 圆弧轮廓，精车进给量为 0.1mm/r
N280 G00 X200. Z200. M09；	快速定位至换刀点，关切削液
N290 T0200；	取消 2 号刀补
N300 S600 M03 T0303；	降低主轴转速，调用 3 号刀及 3 号刀补
N310 G00 X51. Z－60. M08；	快速定位至切槽开始点，开切削液
N320 G01 X45. F0.1；	车退刀槽，进给量 0.1mm/r
N330 G00 X51.；	快速退刀
N340 G00 X200. Z200. M09；	快速定位至换刀点，关切削液
N350 T0300；	取消 3 号刀补
N360 S200 M03 T0404；	降低主轴转速，调用 4 号刀及 4 号刀补
N370 G00 X62. Z4. M08；	快速定位值螺纹车削循环指令 G92 起始点
N380 G92 X47.2 Z－58. F1.5；	G92 循环车螺纹第一刀
N390 X46.6；	G92 循环车螺纹第二刀
N400 X46.2；	G92 循环车螺纹第三刀
N410 X46.04；	G92 循环车螺纹第四刀
N420 G00 X200. Z200. M09；	快速返回换刀点，关切削液
N430 T0400；	取消 4 号刀补
N440 M30；	程序结束，返回程序头

（4）刀具轨迹分析　刀具轨迹如图 4-79 所示，读者可对照前述的加工工艺过程阅读。

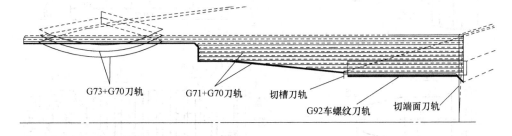

图 4-79　刀具轨迹图

思考与练习

1. 名词解释：直径编程与半径编程，绝对坐标编程、增量坐标编程与混合坐标编程，数控车刀的刀位点与刀尖点、恒转速与恒线速度控制。

2. 简述数控车床的前置刀架与后置刀架坐标系的异同性。

3. 数控车削系统绝对坐标编程、增量坐标编程的方法是什么？数控车削系统编程为什么允许在同一个程序段中混合编程？

4. 数控车床的进给速度控制指令有哪些？一般常用哪一种？

5. 数控车床的主轴控制指令有哪些？其使用时有什么特点？

6. 试说明数控车床的圆弧插补指令的顺圆与逆圆如何判断？为什么？

7. 什么叫对刀？数控车削系统的对刀指令有哪些？试以试切法对刀为例说明其原理与方法。

8. 数控车削系统的刀具偏置（补偿）包含哪些项目？其作用如何？各是用什么方式调用的？

9. 试说明数控车床的外形偏置原理及其作用。

10. 试说明数控车床的刀尖圆弧半径补偿原理及其作用。是不是什么场合都必须使用刀尖圆弧半径补偿？

11. 试说明简单固定循环 G90 和 G94 等厚度分层加工与变厚度分层加工的编程特点。

12. 试说明数控车床复合固定循环指令 G71、G72、G73 的刀具路径及适用场合，并说明其与指令 G70 的关系及使用方法。

13. 试说明螺纹切削固定循环指令 G32、G92 和 G76 的刀具路径及编程指令的区别？

14. 编程题：编制图 4-80 所示零件的数控车削加工程序。

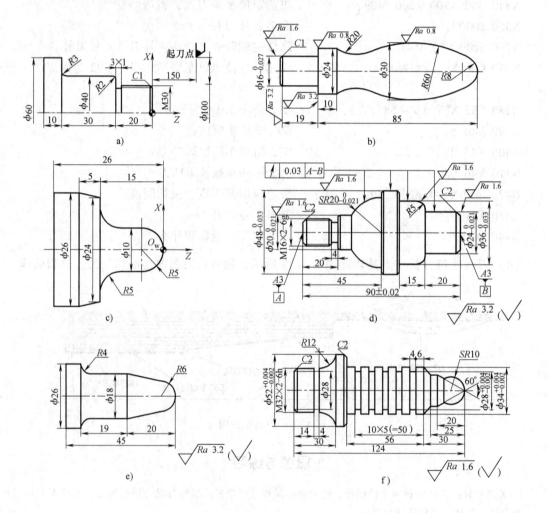

图 4-80　思考与练习 14 图

第5章 数控铣床与加工中心编程

5.1 概述

5.1.1 数控铣削与加工中心的加工特点

数控铣床是以复杂型面铣削加工为主,兼顾钻、镗、螺纹加工工艺,以数字控制为工作方式,在普通铣床基础上经过机械结构与传动系统等方面的改进而发展起来的一种能在数控程序代码的控制下较精确地进行铣削加工的机床。

加工中心是在数控铣床基础上发展而来的一种功能较全的数控加工机床。它把数控铣床的铣削、镗削、钻削、攻螺纹和切削螺纹等功能集成于一体,并配上刀库与自动换刀装置,能够根据加工特征的需要自动换刀进行多工位、多工序的加工。是目前世界上产量最高、应用最广泛的数控机床之一。特别适合于普通机床需要多次装夹才能完成甚至不能完成的,形状复杂、精度要求较高的单件或小批量生产的场合,一般来说,加工中心的工作效率大于数控铣床,且加工功能更全面。

数控铣床和加工中心按机床的结构布置方式不同有立式、卧式和龙门式等形式,其中立式加工中心应用广泛。按机床工作轴数不同分为二轴半、三轴、四轴、五轴等,其中还包括联动轴的数量的不同。三轴联动数控铣床应用最为广泛。

目前,采用专业生产的数控系统的数控铣床一般均属于全功能型,其特点是:

1)三轴联动连续轮廓控制功能,可进行平面铣削、轮廓铣削、型腔铣削等三维复杂型面铣削。

2)具有刀具半径补偿与长度补偿功能。

3)具有功能全面的固定循环功能,特别是丰富的钻、镗孔和螺纹孔加工等循环功能。

4)具有比例缩放、旋转与镜像加工功能。

5)子程序调用功能。

6)宏程序编程功能。

5.1.2 数控铣床与加工中心的编程特点

三轴联动立式数控铣床与加工中心是实际生产中应用普遍,且具有代表性的数控机床,也是学习数控铣床与加工中心的典型代表。而加工中心是在数控铣床基础上发展起来的,其编程基础主要还是数控铣床,所不同的是选刀与换刀指令及其编程特点。所以本书主要以立式数控铣床进行讲解。

1. 数控铣床的工件坐标系

数控铣床的工件坐标系与编程坐标系有一定的关系,其是在编程坐标系的基础上,通过对刀确定。工件坐标系一般是机床坐标系平移获得,所以主要是确定坐标原点的位置。根据工件形状特征不同，其工件坐标系的位置也不同。一般来说，长方体特征的工件可以取在工件上表面的四个角点或上表面的几何中心。圆形特征的工件取在工件上表面的圆心位置处。

2. 数控铣床的工作平面 G17 /G18 /G19

数控机床的工作平面共有三个，如第 3 章图 3-5 所示。对于立式数控铣床，其默认的坐标工作平面是 XY 平面，即 G17 指令是其开机时的默认指令，正是这个原因，立式数控铣床编程时可以不写 G17 指令。例如，圆弧插补指令必须指定工作平面，但在立式数控铣床编程时却常常是用以下简化格式编程。

$$\begin{Bmatrix} G90 \\ G91 \end{Bmatrix} \begin{Bmatrix} G02 \\ G03 \end{Bmatrix} X\_ \ Y\_ \begin{Bmatrix} I\_ \ J\_ \\ R\_ \end{Bmatrix} F\_;$$

3. 换刀方式与换刀指令 T × ×/M06

在换刀问题上，数控铣床与加工中心是截然不同的，前者只能手动换刀，而后者则是通过编程指令自动换刀。

数控铣床的换刀一般在程序执行之前手动进行，若想在程序中换刀，则可以采用 M00 指令暂停机床运行进行换刀。但需注意所换刀具必须在换刀之前测定并设定好刀具的长度补偿值与半径补偿值等。

加工中心的换刀指令与数控车床不同，其选刀与换刀指令是分开的，一般是刀具选择指令 T × × 和换刀指令 M06，这两个指令可以放在一个程序段中执行，也可以分开执行，即先选刀后换刀的方式。当然，换刀之前刀具必须返回换刀位置，这个问题后面再讨论。

4. 绝对坐标与增量坐标编程指令 G90 /G91

数控铣床不同于数控车床，其绝对坐标与增量坐标编程方式的指定必须用指令 G90 或 G91 执行，而且不能混合编程。G90 和 G91 是同组的模态指令，可以相互注销。这里再次提醒，增量坐标不是相对坐标。

5. 数控铣削进给速度指令 F_及其控制指令 G94/G95

切削进给主要用于切削加工时刀具移动速度的控制。进给功能由 F 指令设定，即由地址符 F 加后边的数值指定。进给速度值的大小取决于金属切削原理与刀具方面的相关知识，其运动速度一般均远小于快速移动指令 G00 的速度。铣削加工时刀具移动速度的表述有三种：每齿进给量（mm/z）、每转进给量（mm/r）和每分钟进给量（mm/min）；数控铣削系统对进给速度的控制方式主要有两种：每分钟进给 G94 和每转进给 G95（简称分进给和转进给）；数控铣床常用的进给控制方式是每分钟进给。

铣削进给速度控制指令格式与说明如下：

G94 F_;指定每分钟进给方式，F 指定的进给量为分进给，单位 mm/min。

G95 F_；指定为每转进给方式，F 指定的进给量为转进给，单位 mm/r。

G94 和 G95 指令是同组的模态指令，可以相互注销，其中 G94 指令是其开机默认指令。机床实际进给速度可由机床操作面板上的进给速度倍率调节旋钮在一定范围内进行无级调整。螺纹切削时，进给速度倍率修调无效，即始终按 100% 控制。

切削进给的速度大小和方向均可由数控系统控制。

进给速度的方向，对于直线插补 G01 是沿直线的移动速度，对于圆弧插补 G02/G03 是刀位点的切线方向的速度，如图 5-1 所示。

切削速度的大小由系统控制，在移动时保持刀具的刀位点合成速度为恒定的进给速度，

其合成速度为

二轴联动时：
$$F = \sqrt{F_X^2 + F_Y^2}$$

三轴联动时：
$$F = \sqrt{F_X^2 + F_Y^2 + F_Z^2}$$

式中　F_X、F_Y 和 F_Z——分别为 X、Y 和 Z 轴的进给分速度。

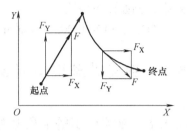

图 5-1　进给速度

数控铣床的进给运动形式也可由系统参数设定，常采用指数型和铃形（采用正弦曲线加减速）曲线，如图 4-12 所示。

6. 切削进给移动速度方式控制指令

数控加工刀具移动的方式主要有快速移动（快速定位）和切削移动两种，前者移动至终点时一般执行"到位"检查，即准停。而切削移动默认设置为不执行准停，由此可能带来一些问题，如两程序段转折处出现圆角轨迹；加工内圆弧时由于进给速度为刀心移动速度，圆周切削刃上的实际进给速度增大而影响切削质量等，为此，数控系统提供了几个切削进给移动速度方式控制指令，如下所述：

1）准确停止指令 G09。该指令为非模态指令，仅对指定的程序段有效。其作用是刀具在程序段的终点减速，执行到位检查，然后执行下一个程序段。

2）准确停止方式指令 G61。模态指令，其作用是刀具在程序段的终点减速，执行到位检查，然后执行下一个程序段。

3）切削方式指令 G64。模态指令，其作用是刀具在程序段的终点不减速，而执行下一个程序段。

4）攻螺纹方式指令 G63。模态指令，其作用是刀具在程序段的终点不减速，而执行下一个程序段。当指定 G63 时，进给速度倍率和进给暂停都无效。

5）内拐角自动倍率指令 G62。模态指令，其作用是在刀具半径补偿期间，当刀具沿着内拐角移动时，对切削进给速度实施倍率可以减小单位时间内的切削量，所以可以加工出好的表面精度。所谓内拐角指两线段转折处刀具移动的转角 θ，包括：直线—直线、直线—圆弧、圆弧—直线和圆弧—圆弧四种，当 $2° \leqslant \theta \leqslant \theta_P \leqslant 178°$ 时，自动倍率生效，θ_P 可由系统参数设置，默认设置为 91°。

以上 G61、G62、G63、G64 指令为同组模态指令，开机默认切削方式为 G64。

另外，在刀具半径补偿方式中切削内圆弧时，系统会自动减小内圆弧切削进给速度（即自动倍率），而与 G 指令无关。

7. 主轴速度指令 S 及控制指令 G96／G97

数控铣床的主轴速度指令同样是用地址符 S 及其后面的数值指令，主轴速度单位取决于速度控制指令 G96/G97，前者为恒线速度控制指令（m/min），后者为恒转速控制指令（r/min），G96 和 G97 指令是同组的模态指令，可以相互注销。由于数控铣削加工常用的是恒转速工作方式，因此系统一般将 G97 指令设定为开机以后的默认指令，这也是为什么数控铣床编程时常常不写 G97 的原因。主轴无级变速的数控铣床，其主轴实际转速可由机床操作面板上的主轴转速倍率调节旋钮在一定范围内进行调整。

数控铣床的主轴速度指令 S_一般要与辅助指令 M03（或 M04）联合使用才能见到实际

效果，例如以下应用：

（G97）S1200 M03；主轴正转，转速为1200r/min

5.2　数控铣床编程指令

5.2.1　数控铣削的准备功能指令

数控机床编程使用的指令必须严格按照数控系统厂家提供的指令表执行，G指令又称为准备功能指令，是描述数控机床运动的主要指令群，本章以应用较为广泛的 FANUC 0i MC 数控系统的 G 指令进行讲解，详细的 G 指令表见附录 D。学习时要注意模态与非模态、开机默认指令等，并注意与数控车床的 G 指令进行比较。

5.2.2　数控铣床的坐标系指令

1. 机床坐标系指令 G53

同数控车床类似，数控铣床也存在机床坐标系，只是数控铣床更多的是用三坐标描述。数控铣床也有机床参考点，一般由机床制造厂家在出厂时设置好了，用户最好不要动。

机床坐标系指令 G53 用于指定刀具在机床坐标系中的位置。其指令格式为

G90 G53 X_Y_Z_;

其中　X_、Y_、Z_——刀具在机床坐标系中的绝对坐标值。

执行该指令后，刀具快速移动到指令中所指定的机床坐标系的指定位置。

G53 指令是非模态指令，仅在程序段中有效，其尺寸数字必须是绝对坐标值（G90），如果指令了增量坐标值（G91），则 G53 被忽略。如果要将刀具移动到机床的特定位置换刀，可用 G53 指令编制刀具在机床坐标系的移动程序，刀具以快速运动速度移动。如果指定了 G53 命令，就取消了刀具半径补偿和长度补偿。

注意，在执行 G53 指令之前必须建立机床坐标系，否则 G53 无法执行刀具移动的具体位置。对于以相对位置检测元件的数控机床，必须执行完手动返回参考点操作（即回零）或用 G28 指令自动返回参考点后才能执行 G53 指令。对于采用绝对位置检测元件的数控机床，开机启动后即会自动建立起工件坐标系，所以这一返回参考点的操作就不必进行了。机床坐标系一旦设定，就保持不变，直到电源关断为止。

2. 选择工件坐标系指令 G54 ~ G59

在 FANUC 数控系统中，可以在工件坐标系存储器中设定 6 个工件坐标系 [No. 01（G54）~ No. 06（G59）] 和一个外部工件零点偏移坐标系 No. 00(EXT)，如图 5-2 所示。它们之间的关系如图 5-2a 所示。当外部零点偏移值设置为零时，1 ~ 6号工件坐标系是以机床参考点为起点偏移的。但若设置了外部工件零点偏移值后，则 6 个工件坐标系同时偏移。图 5-2a 中，EXOFS 为外部工件坐标系零点偏移值；ZOFS1 ~ ZOFS6 为工件坐标系零点偏移值。图 5-2b 为工件坐标系画面 1，按操作面板上的翻页键↓可以切换到画面 2，显示 G57 ~ G59 偏置设置框。在工件坐标系设置画面中，若外部工件零点偏置值 EXOFS 设置为零，则外部工件坐标系零点 EXT 与机床参考点 O_m 重合。

在数控系统中，可以用 G54 ~ G59 选择事先设置好的六个工件坐标系之一，这六个工件

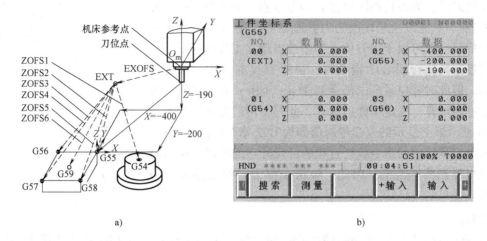

图 5-2　工件坐标系设定画面
a) 工件坐标系与外部工件坐标系偏移之间关系　b) 工件坐标系画面

坐标系相对于机床原点的偏置距离可以通过 LCD/MDI 面板设置。在设置工件坐标系时，Z 轴的零点位置可以由用户约定，如实际中常常用刀具的刀位点作为机床参考点进行对刀。假设外部零点偏移值设置为零，并以刀位点对刀，设置的 G55 工件坐标系的值如图 5-2b 所示。当机床通电并执行了返回参考点操作后所设定的工件坐标系即建立。注意，若重新设置工件坐标系，必须执行返回参考点操作才能生效。

例 5-1：工件坐标系的偏移设定。如图 5-2 所示，欲设定的工件坐标系 G55 偏移值为 $X = -400$、$Y = -200$、$Z = -190$，若事先通过 LCD/MDI 面板在 No.02 工件坐标系存储器（G55）中分别设置 $X = -400$、$Y = -200$、$Z = -190$，则程序中出现 G55 指令时即选择了 G55 坐标系，并建立起图 5-2 所示的工件坐标系 2（G55）。以下列写的典型程序结构供研读。

N10 G90 G55 G00 X0 Y0 Z100. ;　　　　选择工件坐标系 2，快速定位至起刀点
……
N110 G00 X100. Y100. Z150. ;　　　　刀具快速返回起刀点
N120 M30；

G54 ~ G59 指令建立的工件坐标系位置是程序执行前存入的，与刀具当前位置无关，因此程序执行前刀具可不移至起刀点，同样，程序结束前刀具也可不必返回起刀点，即 N110 程序段动作可以不要，但起刀点一般较为安全，所以习惯上常有这个动作。

3. 设定工件坐标系指令 G92

所谓设定工件坐标系，就是确定起刀点相对工件坐标系原点的位置，G92 使用方法与数控车削系统中工件坐标系设定指令 G50 类似。G92 的指令格式如下：

（G90）G92 X_ Y_ Z_；

其中，X_、Y_、Z_只能是绝对坐标编程。在数控系统加工之前，必须先将刀具基准点（一般以所用刀具的刀位点或主轴端面中心点为基准点）与工件坐标系原点的相对位置调整至 G92 指令中的 X_、Y_、Z_值，如图 5-3 所示。若执行指令 G92 Xα Yβ Zγ，则是以刀具刀位点（用

圆柱立铣刀时,为刀具端面中点)为基准点。若执行指令 G92 Xα Yβ Zγ′,则是以主轴端面为刀具基准点。用 G92 指令设定工件坐标系一般习惯于用刀位点为基准点建立工件坐标系。

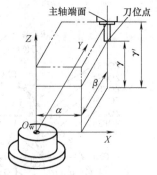

图 5-3 G92 设定工件坐标系

数控系统执行到 G92 指令时,虽然刀具本身并不会做任何移动,但此时数控系统内部会基于 α、β 和 γ 值及刀具的当前位置进行计算,确定工件坐标系,此时,可以看到数控系统的 LCD 显示屏上显示的坐标绝对值即为 G92 指令中的坐标值,后续有关刀具移动的指令执行过程中的尺寸字的绝对坐标值就是以该坐标系为基准的。因此,该指令称为工件坐标系"设定"指令。

注意:

1)若在刀具长度补偿期间使用 G92 指令设定工件坐标系,则 G92 指令是用无补偿时的坐标值设定坐标系,并且刀具半径补偿被 G92 临时删除。

2)G92 指令中的坐标设定值,在编程时是无法确定的,一般只是凭经验初定一个值,实际加工时,操作人员可以根据具体情况修改。

3)G92 指令设定工件坐标系时,刀具基准点相对于工件坐标系原点的位置是主要的,对于多次加工时,每次加工完成后刀具必须返回 G92 指令执行前的位置,否则,第二次加工工件坐标系的位置就会发生变化。

4)从第 3)条可以看出,若单件小批量生产,工件装夹位置不固定的话,每装夹一次就必须对一次刀,所以有时认为这个指令更适合于单件小批量生产。

5)对于批量生产,一般习惯采用下面介绍的 G54 ~ G59 指令建立工件坐标系。若用 G92 指令设定工件坐标系,则须按第 3)条中所说的在程序结束之前将刀具移至对刀点。但由于某种原因刀具位置发生了变化时,如每班结束之前打扫机床时将刀具的位置移动了,则在下一次加工之前必须重新对刀。注意,巧妙利用 G53 指令可以克服这个问题。

例 5-2:如图 5-3 所示,欲建立工件上表面中心为原点 O_w 的工件坐标系,刀具已调整至图示当前位置,刀位点相对于 O_w 的坐标为 $\alpha = 100mm$、$\beta = 100mm$ 和 $\gamma = 150mm$,执行如下程序。

N10 (G90) G92 X100. Y100. Z150. ;G92 指令设定工件坐标系

⋮

N110 G00 X100. Y100. Z150. ;刀具快速返回起刀点
N120 M30;

若执行完 N10 程序段,则建立起工件坐标系,刀具当前位置为起刀点,在程序结束之前,执行 N110 程序段,刀具返回起刀点。这样,更换工件重新执行时,工件坐标系的位置就不变了。可见,G92 指令设定的工件坐标系与刀具当前位置有关。

例 5-3:G53 指令应用示例。接上例,若在对刀时通过 LCD 显示器查得图示刀具位置在机床坐标系的坐标值,例如其绝对坐标值为 $X = -220mm$、$Y = -110mm$、$Z = -260mm$,则上述程序可改造为

```
/N01 G91 G28 X0 Y0 Z0；
/N05 G90 G53 X－220. Y－110. Z－260.；
N10 G92 X100. Y100. Z150.；
  ⋮
N100 G00 X100. Y100. Z150.；
N110 M30；
```

上述程序中 N01 程序段为返回坐标参考点，若执行手动返回参考点，该程序段可以不要。程序段 N05 使刀具快速移至图 5-3 所示的起刀点位置。N01 和 N05 程序段前的程序段跳选符号"/"可控制这两程序是否执行，对于已经执行过一次的程序，建立起了工件坐标系，由于程序结束之前，刀具已经返回对刀点，因此可以按下机床操作面板上的"跳选"按钮，不执行这两程序段。G92 的这种用法其功能与 G54～G59 指令建立工件坐标系有异曲同工的效果。

4. 数控铣床工件坐标系建立典型程序结构

以下通过两个典型程序，比较其工件坐标系建立的方式，其程序可上机练习体会。

```
O5054；                        O5092；
N10 G00 G54 X0 Y0 Z120.；       N10 G00 G92 X0 Y0 Z120.；
N20 S300 M03；                  N20 S300 M03；
N30 G00 Z10.；                  N30 Z10.；
N40 G01 Z1. F50；               N40 G01 Z1. F50；
/N50 Z－0.5；                   /N50 Z－0.5；
N60 X15.                        N60 X15.；
N70 G03 I－15.；                N70 G03 I－15.；
N80 G01 X0                      N80 G01 X0；
N90 Z10.；                      N90 Z10；
N100 G00 Z120.；                N100 G00 Z120.；
N110 M30；                      N110 M30；
```

程序分析：对比发现，两程序的差异是程序段 N10，分别用不同的指令建立工件坐标系。在程序 O5054 中，执行 G54 指令选择工件坐标系 1 并建立工件坐标系，刀具快速定位至起刀点，程序执行前刀具不需移动至起刀点。而程序 O5092 中，程序执行前，必须通过对刀将刀具移动至起刀点，执行 G92 指令后刀具不会动，但建立起了工件坐标系。程序段/N50 是可选的，练习前按下机床操作面板上的程序跳选按键可跳过它，刀具仅在工件上表面 1mm 处整圆运动，若释放程序跳选按键，则可在工件上表面铣削深度 0.5mm 的圆，并可拆下工件观察与测量。若仅仅用于对刀练习，可删除/N50 程序段，因为刀具在工件上表面 1mm 位置通过目测可大致确定工件坐标系设定的正确性，程序上机练习时最好使用单段工作方式并空运行执行。

5. 对刀方法与对刀工具简介

工件坐标系的对刀操作可以采用试切法或借助于各种辅助工具，如用于 X 和 Y 轴对刀的各种寻边器、配磁力表座的千分表、标准对刀棒、塞尺和用于 Z 轴对刀的高度对刀器等。

图 5-4 所示为各种寻边器（又称为分中棒或分中器），其中图 5-4d 所示的量表 3D 式寻边器还可用于 Z 轴对刀。

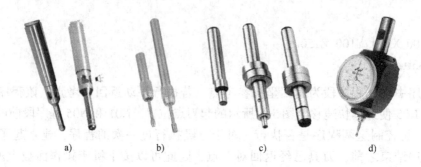

图 5-4　寻边器
a) 光电式　b) 回转式　c) 偏心式　d) 量表 3D 式

图 5-5 所示为高度对刀器。高度对刀器不仅用于 Z 轴对刀，更多的是用于刀具长度补偿的测量。

图 5-5　高度对刀器
a) 光电式　b) 量表 + 光电式　c) 量表式　d) 量表式（带磁座）

工件坐标系的建立过程就是确定工件坐标系在机床坐标系中的位置，这个过程俗称为"对刀"，G54 ~ G59 指令与 G92 指令对刀操作方法略有不同。下面以试切法为例讨论 G54 ~ G59 指令对刀的原理。

首先，假设机床开机并执行返回参考点操作，若 G54 坐标系存储器中的设置值全为 0，则 MDI/LCD 实际位置显示画面上的绝对坐标显示一般也是全为 0。

其次，启动主轴在旋转的方式下分别试切工件的顶面和两个垂直的侧面，可测得工件顶面和侧面至机床参考点的距离。数控系统具有测量此值并将测得的值自动输入数控系统工件坐标系存储器光标所在位置的功能。

以图 5-6 为例，假设刀具直径为 d，工件尺寸为 $L \times W \times H$，欲将工件坐标系建立在工件上表面左下角。通过刀具分别试切工件的右、前和上侧面，可分别在数控系统的 LCD 显示器的实际位置显示画面上显示出 X、Y 和 Z 坐标，则工件坐标系原点相对于机床参考点的偏移距离分别为 $-(X + d/2 + L)$、$-(Y + d/2 + W)$ 和 $-Z$，这些值即是工件坐标系原点相对于机床参考点的偏置矢量分量。

对刀的方法与工件形状有关，对于圆形几何体，还可用百分表直接找正圆形中心。用磁力表座吸附在主轴上的百分表绕工件旋转且表值基本不变时，可认为主轴中心与圆柱同轴，这时显示器上显示的 X 和 Y 坐标值就是工件中心的坐标值。另外，圆中心的找正也可以用寻边器进行，如图 5-7 所示，将寻边器的触头深入孔中，固定 Y 坐标不动，移动 X 坐标，分别与孔的左、右侧接触，将两点的坐标值相加除以 2 即得到圆心的 X 坐标。同理，固定 X 坐标，可找正出圆心的 Y 坐标。

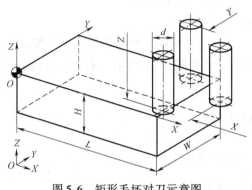

图 5-6　矩形毛坯对刀示意图

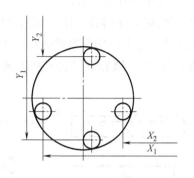

图 5-7　圆孔对刀

5.2.3　数控铣床的基本编程指令与分析

1. 数控铣床基本编程指令回顾

在第 3 章，我们介绍过基本插补指令 G00/G01/G02/G03 和暂停指令 G04，这些指令是学习数控编程的基础，必须熟练掌握并能在阅读程序时准确地描述刀具的运动状态。在 FANUC 0i MC 系统中，还有一个螺旋插补指令值得一提。

2. 螺旋插补指令 G02/G03

螺旋插补是在圆弧插补程序段的基础上加上非圆弧插补轴同步移动，形成螺旋移动轨迹的指令。其中，非圆弧插补轴最多可指令两个轴。立式数控铣床螺旋插补指令的格式如下：

$$G17 \begin{Bmatrix} G02 \\ G03 \end{Bmatrix} X\_ Y\_ \begin{Bmatrix} I\_ J\_ \\ R\_ \end{Bmatrix} Z\_ F\_;$$

指令中的 Z 轴是圆弧插补轴之外的移动轴，其他部分与圆弧插补指令相同。F 指定的是沿圆弧插补的进给速度，如图 5-8 所示 XY 平面中圆弧插补的进给速度。而沿直线轴的进给

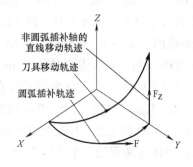

图 5-8　螺旋插补移动

速度如下：

$$直线轴的进给速度 F_Z = F \times \frac{直线轴的长度}{圆弧的长度}$$

说明：

1）该指令在使用时，刀具半径补偿只用于圆弧移动。

2）刀具半径补偿和长度补偿不能用于指令螺旋插补的程序段中。

3）直线移动轴的进给速度钳制可由系统参数设定。

螺旋插补指令可用于型腔铣削中的螺旋下刀、内孔或外圆的圆柱面粗铣削加工等。

例5-4：利用螺旋下刀功能加工圆形沉孔。沉孔尺寸如图5-9a所示。毛坯上未钻预孔。

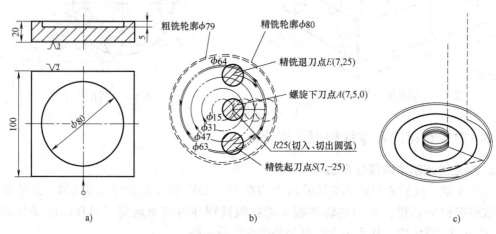

图5-9　例5-4图

a）工件图　b）刀具轨迹规划图　c）刀具三维轨迹图

1）工艺分析：本例属于不通孔铣削，其垂直进刀方式可以是轴线直接进刀、螺旋进刀和斜插进刀等。轴线直接进刀的刀具必须采用两刃的键槽铣刀，但两刃键槽铣刀的切削效果不如三刃的立式铣刀好。立式铣刀铣削效果虽好，但其端面中部不具有切削能力，这种刀具下刀时必须钻预孔或采用螺旋下刀或斜插下刀，本例圆形特征适合于螺旋下刀。

2）铣刀及铣削方式的选择：考虑到沉孔直径较大，为减少切削次数，提高切削效率，选用了ϕ16mm的立式铣刀，螺旋下刀，螺旋插补圆弧半径为R7.5mm（即螺旋铣削圆弧直径为15mm），每圈Z轴移动1mm，下到底后做一个平面圆弧插补，然后刀具向右移动刀具的半径8mm做一次顺圆整圆铣削（逆铣），共铣三刀，留1mm精加工余量。精加工采用圆弧切线切入、切出，逆时针整圆铣削（顺铣），铣削轨迹如图5-9b所示。

3）切削用量：主轴转速取500r/min，切削进给量取200mm/min。

4）工件坐标系、起刀点和退刀点的确定：工件坐标系取在工件上表面圆心位置处（图中未示出）。起始点取在（7.5，0，100）位置上，结束点取在（7.5，25，100）处。由于采用G55建立工件坐标系，因此，即使结束点不与起始点重合也问题不大，这是G54～G59建立工件坐标系与G92建立工件坐标系编程的一个不同之处。

5）程序编制：依照以上分析编制的数控程序如下。

O0504；	程序名
N10 G90 G55 G00 X7.5 Y0. Z100；	选择 G55 工件坐标系，刀具快速移至程序起始点
N20 M03 S500；	主轴正转，转速为 500r/min
N30 Z2.；	快速下刀，距工件 2mm
N40 G02 I-7.5 Z-1.0 F200；	螺旋下刀至深度 1mm 的位置上
N50 I-7.5 Z-2.；	螺旋下刀，每转轴向下刀 1mm，第一圈至深 2mm 处
N70 I-7.5 Z-3.；	螺旋下刀，每转轴向下刀 1mm，第二圈至深 3mm 处
N70 I-7.5 Z-4.；	螺旋下刀，每转轴向下刀 1mm，第三圈至深 4mm 处
N80 I-7.5 Z-5.；	螺旋下刀，每转轴向下刀 1mm，第四圈至深 5mm 处
N90 I-7.5 Z-5.；	整圆铣削保证深度 5mm
N100 G01 X15.5；	刀具 X 方向移动 8mm
N110 G02 I-15.5；	顺时针整圆铣削
N120 G01 X23.5；	刀具继续 X 方向移动 8mm
N130 G02 I-23.5；	顺时针整圆铣削
N140 G01 X31.5；	刀具继续 X 方向移动 8mm
N150 G02 I-31.5；	顺时针整圆铣削至轮廓直径 79mm
N180 G01 Z-4；	提刀 1mm
N190 G00 X7. Y-25.；	快速定位至精铣整圆起刀点 S
N200 G01 Z-5.；	下刀至孔底
N210 G03 X32. Y0 R25.；	圆弧切线切入
N220 I-32.；	逆时针整圆精铣
N230 X7. Y25. R25.；	圆弧切线切至整圆退刀点
N240 G00 Z100.；	快速退回程序结束点
N140 M30；	程序结束；返回程序头

　　6）程序分析：注意以上 N40～N90 螺旋下刀程序，共写了 5 个螺旋程序段和一个圆弧插补程序段。铣削刀具三维轨迹图如图 5-9c 所示。

　　例 5-5：利用螺旋铣削加工外圆柱面，外圆柱面的尺寸如图 5-10 所示。

　　分析：由于外圆柱面较深，用整圆铣削一刀铣削有一定的难度，故采用螺旋铣削。选择 ϕ16mm 的立铣刀，Z 轴进刀速度为 2mm/每圈，平口钳装夹，工件坐标系定在工件上表面圆心处，主轴转速取 600r/min，铣削进给量取 200mm/min。

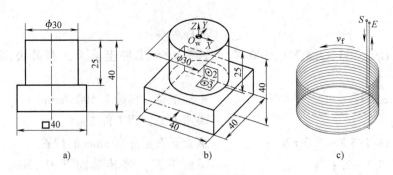

图 5-10　例 5-5 图

a) 零件尺寸　b) 工艺设计　c) 刀具轨迹

O0505 ;	程序名
N10 G90 G55 G00 X23. Y0 Z100 ;	选择 G55 坐标系，快速定位至起始点
N20 M03 S600 ;	主轴正转，转速为 600r/min
N30 Z2 ;	快速下刀至工件上表面 2mm 处
N40 G03 I－23. Z0　F200 ;	螺旋下刀至工件上表面处
N45 M98 P0121505 ;	调用子程序 O1505 执行 12 次至 24mm 深度处
N180 G90 G03 I－23. Z－25. ;	绝对编程，螺旋铣削至 25mm 深度处
N190 G03 I－23. Z－25. ;	整圆铣削修整底面
N200 G01 X25. ;	X 轴进给退刀
N210 G00 Z100. ;	Z 轴快速退刀
N220 M30 ;	程序结束，返回程序头
O1505	子程序名
N10 G91 G03 I－23. Z－2. F200 ;	增量编程，向下螺旋插补，导程 2mm
N20 M99 ;	子程序结束，返回主程序

分析：本程序的螺旋插补通过子程序调用，对比上一例程序可以看出其可显著减少程序长度。利用本程序可以方便地改造为孔加工程序。另外，本程序未考虑圆柱面的精加工。

3. 任意角度倒角/拐角圆弧

任意角度倒角和倒圆角是实际零件常见的几何元素过渡方式，FANUC 0i MC 系统专门设计了这种过渡倒角或倒圆角的编程方法——任意角度倒角/拐角圆弧指令（,C_/,R_），编程时将它们加在直线插补（G01）或圆弧插补（G02 或 G03）程序段的末尾处，系统会自动地在拐角处加上倒角或过渡圆弧。

任意角度倒角的指令格式为：　　　,C_

拐角圆弧过渡的指令格式为：　　　,R_

指令中，地址 C 后的数值表示倒角起点和终点到虚拟拐点之间的距离，如图 5-11 所示。地址 R 后的数值表示两基本图素连接处加入的过渡圆弧半径，如图 5-12 所示。虚拟拐点是假设不倒角或圆弧过渡时两个基本几何图素的连接点。注意，DNC 运行不能使用任意角度倒角和拐角圆弧过渡。

......

N100 G91 G01 X100.0 , C10.0;

N110 X100.0 Y50.0;

......

......

N100 G91 G01 X100.0 , R20.0;

N110 X100.0 Y50.0;

......

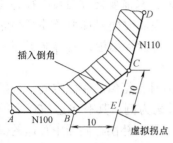

图 5-11　任意角度倒角

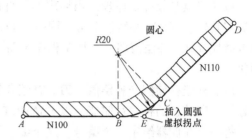

图 5-12　拐角圆弧过渡

5.2.4　刀具半径补偿

1. 问题的引出

铣削刀具，刀位点一般都在刀具（主轴）的中心线上，而刀具是存在半径的，刀具的切削点一般不在刀位点上，以平底立铣刀为例，刀位点是刀具中心线与刀具端面的交点。而刀具加工生成的零件轮廓是由刀具的切削点形成的，两维铣削时立铣刀的切削点是刀具的外圆柱面上的点，按此道理编程时，刀位点形成的加工轨迹必须与零件轮廓线偏移一个刀具半径值。实际上，刀具的制造误差和刀具磨损等影响刀具的实际半径值，若换用不同直径的刀具其直径值的变化更大，因此这种偏移轮廓线编程的方法实用价值不高，主要用于学习与研习之用。

针对以上存在的问题，现代数控系统一般都设计有刀具半径补偿功能，编程时是以刀位点为基准，按零件轮廓进行编程，然后再通过刀具半径补偿功能，由系统自动计算出刀具偏置轨迹并控制刀具按此轨迹运动加工，获得所需要零件轮廓尺寸。

2. 刀具半径补偿工作原理

（1）刀具半径补偿原理　以图 5-13 为例，刀具编程是在图示坐标平面中执行，图中剖面线所示部分为加工轮廓，实线及实心箭头表示编程轨迹及方向，双点画线及空心箭头表示刀具偏置后的刀心轨迹及方向，三个小圆表示铣刀，若干小箭头表示偏置矢量 r，其方向垂直于相应的轮廓线，大小等于铣刀半径，图中 $S(E)$ 点为起刀点和返回点，程序采取直线切线式切入、切出。从图中可以看出，编程轨迹是按零件轮廓编写的，逆时针方向的走刀路线，不考虑刀具半径的影响，如图 5-13 中实线所示。执行了刀具半径补偿后，系统会根

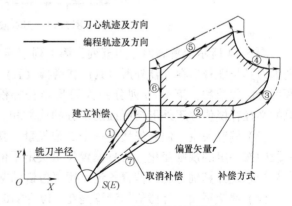

图 5-13　刀具半径补偿原理

据刀具半径补偿偏置矢量，自动计算出偏置以后的刀心移动轨迹，如图5-13中双点画线所示，双点画线偏离零件轮廓的距离由程序执行前存入系统刀具半径补偿存储器中的补偿值确定。图中从 S 点出发，第一段为直线①，程序在这一段建立刀具半径补偿，返回 E 点的程序段为直线⑦，这一段为取消刀具半径补偿，这样刀具就返回起刀点 S，在中间的程序段②→③→④→⑤→⑥为补偿方式的移动轨迹。

按照刀具半径补偿原理，当换用不同直径值的刀具时，只需要修改刀具半径补偿存储器中的刀具外形（D）补偿值即可。同样，当刀具磨损后，只需改变刀具半径补偿存储器中的刀具磨损（D）补偿值即可。加工程序不需修改。这样一种设计思想，使得加工程序更加实用化。

（2）补偿存储器与补偿值　刀具补偿存储器是存放刀具补偿值的存储空间，数控系统中设置了一定数量的补偿存储器，以 FANUC 0i MC 数控系统为例，其有多达400个补偿存储器，每一个存储器给定一个编号，这个编号简称刀补号。刀具补偿存储器中存储的值就是补偿值。刀具补偿存储器中存储的补偿值包括长度补偿 H 和半径补偿 D，为了使用和管理方便，又将这两个值进一步分解为外形（也有称几何）和磨损（也有称磨耗）两部分管理。刀具补偿存储器和刀补值可以通过数控机床的 LCD/MDI 面板上的 OFS/SET 按键调用并通过面板上的数字键设置和修改。图5-14为刀具偏置画面示例，用操作面板上的上下翻页键 ⬇ 或 ⬆ 可翻页浏览其他补偿存储器的值。

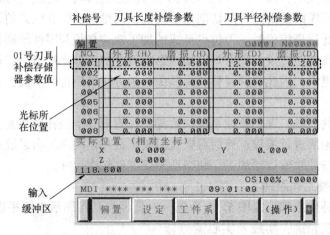

图 5-14　刀具偏置画面

图5-14所示偏置画面分为五列，第1列"NO."为刀具补偿存储器编号；第2、3列分别为刀具长度补偿存储器外形（H）和磨损（H）两部分，总的长度补偿值等于外形与磨损两部分的代数和；第4、5列分别为刀具半径补偿存储器外形（D）和磨损（D）两部分，总的半径补偿值等于外形与磨损两部分的代数和。

（3）偏置矢量　偏置矢量是一个二维矢量，其大小等于刀具半径补偿值，方向在每个程序段中按一定的规则变化。刀具偏置矢量决定了偏置轨迹偏离编程轨迹的距离。这个过程是由数控系统计算确定的。偏置矢量可用复位键清除。

（4）偏置平面　补偿值的计算是在 G17、G18 或 G19（平面选择 G 代码）指定的坐标平面内实现的。这个平面称为偏置平面。不在指定坐标平面内的位置坐标值不执行补偿。在3

轴联动控制时，对刀具轨迹在各平面上的投影进行补偿。偏置平面的改变必须在补偿取消模式下进行。

3. 刀具半径补偿指令 G41 /G42 /G40

刀具半径补偿指令包括刀具补偿建立指令 G41/G42 和刀具补偿取消指令 G40，其中 G41 是左侧刀具半径补偿（简称左补偿），而 G42 是右侧刀具半径补偿（简称右补偿），如图 5-15 所示。数控系统根据指令 G41/G42 并与指令 G00/G01/G02/G03 一起确定偏置矢量的大小和方向，控制刀具运动。

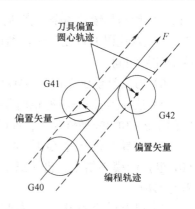

图 5-15　G40、G41、G42 的关系

刀具半径补偿指令的指令格式为

$$\begin{Bmatrix} G17 \\ G18 \\ G19 \end{Bmatrix} \begin{Bmatrix} G41 \\ G42 \end{Bmatrix} \begin{Bmatrix} G00 \\ G01 \end{Bmatrix} \begin{Bmatrix} X\_\ Y\_ \\ Z\_\ X\_ \\ Y\_\ Z\_ \end{Bmatrix} D\_\ F\_;$$　　　刀具补偿的建立

……　　　　　　　　　　　　　　　　刀具补偿方式运行（模态有效）

$$G40 \begin{Bmatrix} G00 \\ G01 \end{Bmatrix} \begin{Bmatrix} X\_\ Y\_ \\ Z\_\ X\_ \\ Y\_\ Z\_ \end{Bmatrix};$$　　　　　　取消刀具半径补偿

其中　　G17/G18/G19——选择工件坐标平面，立式数控铣床的默认设置是 G17，可以不写；

　　　　G41/G42——左/右侧刀具半径补偿，其是沿着刀具编程运动方向看，刀具中心往左侧偏置的称为左补偿，往右侧偏置的称为右补偿；

　　　　G40——取消刀具半径补偿指令，刀心轨迹与编程轨迹重合；

　　　　G00/G01——刀具半径补偿的建立与取消，必须在直线移动程序段 G00/G01 中进行；

　　　　X_、Y_、Z_——建立（或取消）刀具补偿程序段的终点坐标，具体使用与工件坐标平面有关；

　　　　D_——刀具补偿号，由地址 D 加 1~3 位非零数字组成。

　　　　F_——G01 指令建立（或取消）刀补时指定刀具进给速度，采用 G00 指令建立刀补或前面已经指定可以没有此项。

总结前面的分析，可以看出刀具补偿的建立与取消有以下几点值得记住。

1）刀具补偿必须在指定的工作平面中进行，立式铣床默认的工作平面是 *XY* 工作平面，程序中可以省略不写 G17。

2）刀具补偿的建立与取消必须在直线程序段（G00/G01）中进行，如果指定圆弧插补指令 G02/G03，则会出现报警。注意，数控系统在处理刀具半径补偿时预读了两个程序段，所以建立刀具补偿时能够判断是左补偿还是右补偿。

3）刀具补偿的建立与取消最好在零件轮廓切削之外的程序段进行，如图 5-13 所示。

4）取消刀具补偿除可以使用 G40 指令外，还可以用 D00 指令。

5）刀具半径补偿值必须在程序执行之前，通过 MDI 面板操作输入，如存入到图 5-14 所示刀补号所对应的补偿存储器中的"外形（D）"处。另外，系统还提供了编程输入指令

G10。D 代码是续效指令，直到指定另一个 D 代码之前一直有效，或执行取消刀具半径补偿 G40，注意代码 D00 是系统保留的刀补号，其刀补值永远为 0，指定刀补号 D00 与执行 G40 指令效果相同。

6）刀具补偿建立指令 G41/G42 与刀具补偿取消指令 G40 一般成对使用。

7）选择刀具左/右补偿时不要忘记考虑铣削工艺中的顺/逆铣问题，如图 5-16 所示。

8）刀具补偿指令 G41/G42/G40 是同组（07 组）的模态指令，机床通电时的默认设置是 G40。

9）以上讨论的刀具左/右侧补偿是假设补偿值为正值的情况，若补偿值为负值，则左、右补偿对调。

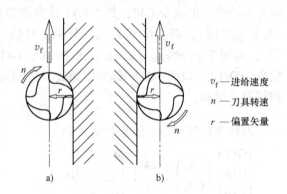

v_f——进给速度
n——刀具转速
r——偏置矢量

4. 刀具半径补偿时刀具轨迹的分析

经过前面的介绍，已对半径补偿有了一个基本的了解，在此基础上，我们来更深一步地讨论半径补偿的原理，学完本节后必须

图 5-16　刀具左/右补偿与顺/逆铣
a）G41/左补偿/顺铣　b）G42/右补偿/逆铣

能够根据数控加工程序准确地描述出加工时刀具的运动轨迹。

（1）概述

1）偏置矢量。偏置矢量是确定刀具运动中心与编程轨迹关系的矢量，是分析刀具半径补偿时重要的概念，随着数控程序的不断执行，数控系统会不断地计算并确定偏置矢量的方向，从而确定刀具运动轨迹。正确理解偏置矢量的大小和方向对数控程序的编制有着极大的现实意义，读者应当认真研读，经常思考。

2）刀具半径补偿的建立与取消。刀具半径补偿建立指令有左补偿与右补偿指令 G41/G42 两种，刀具半径补偿取消指令为 G40。它们必须与 G00 或 G01 联合使用才能建立或取消。建立补偿后，一般用 G40 指令取消补偿方式。当指定了 D00 补偿号时，刀具半径补偿也取消了。在建立补偿之后，取消补偿之前，一致保持刀具偏置运动方式。

3）取消方式。机床通电后默认为 G40 方式。按下 MDI 面板上的复位按键或者执行 M02、M30 强制结束程序时，系统立即进入取消方式。在取消方式下，刀具中心轨迹与编程轨迹重合。程序结束时一般必须处于取消方式。另外，执行自动返回参考点指令 G28 时，也会取消刀具半径补偿。

4）刀具半径补偿的三种基本方式。刀具半径补偿一般经历三个过程：启动补偿、补偿执行方式、取消补偿，如图 5-13 所示。下面学习时要注意启动补偿和取消补偿过渡过程的刀具轨迹以及补偿执行方式时转折部分的刀具轨迹。

（2）相关定义与约定

1）内侧和外侧的定义：当两个程序段的运动指令所形成的刀具轨迹的交角超过 180°时，就称作"内侧"，当角度在 0°至 180°时，就称作"外侧"，如图 5-17 所示。

2）符号的约定：数控铣削刀具半径补偿图解（图 5-18～图 5-30）中相关符号的规定如下：

S：表示单程序段执行一次的位置。

SS：表示单程序段执行二次的位置。

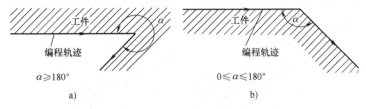

图 5-17　内侧与外侧

a）内侧　b）外侧

SSS：表示单程序段执行三次的位置。

L：表示刀具沿直线运动。

C：表示刀具沿圆弧运动。

r：表示刀具半径补偿值。

交点：是指两个程序段的编程轨迹被偏置 *r* 后彼此相交的位置。

○或●：表示刀具中心点

⟹：粗实线或带箭头的粗实线表示编程轨迹。

┅┅➤：虚线或带箭头的虚线表示刀具 *R* 中心轨迹，即补偿轨迹。

（3）启动补偿刀具运动分析

1）启动补偿的条件。程序段满足以下条件即进入启动补偿方式：

① 程序段中包含有 G41 或 G42，这一操作控制又叫起刀。

② 刀具半径补偿号不是 D00 且刀具补偿值不为零。

③ 程序段中有直线移动指令 G00 或 G01，且移动距离不为 0（一般要求大于刀具半径补偿值）。

2）数控系统对启动补偿的处理过程。启动补偿程序段执行期间，系统预读入后面两个程序段，执行第一个程序段时，第二个程序段进入刀具半径补偿缓冲存储器，并对刀补参数（刀具半径等）进行处理，得到偏置矢量，为启动补偿程序段提供偏置轨迹终点坐标。在单程序段方式，读入两个程序段而执行第一个程序段，然后机床停止。在以后的操作中，提前读入两个程序段，因而数控系统中有正在执行的程序段和其后的两个程序段。

3）启动补偿时的刀具轨迹。

① 加工内侧面（$\alpha \geq 180°$）的刀具轨迹如图 5-18 所示，这种启动补偿的方式最可靠。

② 加工外侧面（$90° \leq \alpha < 180°$）的刀具轨迹分为 A、B 两种形式，可由系统参数设定。

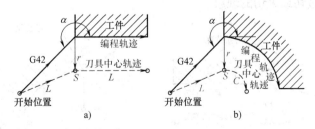

图 5-18　启动补偿（$\alpha \geq 180°$）

a）直线—直线　b）直线—圆弧

A 型刀具移动轨迹如图 5-19 所示，其处理不当可能造成过切现象，而图 5-20 所示的 B 型刀具移动轨迹可以避免过切。

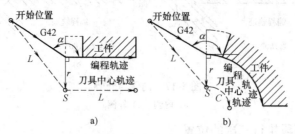

图 5-19　启动补偿（$90° \leq \alpha < 180°$，A 型）
a) 直线—直线　b) 直线—圆弧

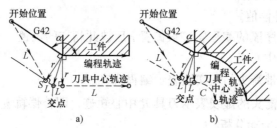

图 5-20　启动补偿（$90° \leq \alpha < 180°$，B 型）
a) 直线—直线　b) 直线—圆弧

③ 加工外侧面（$\alpha < 90°$）的刀具轨迹分为 A、B 两种形式。A 型刀具移动轨迹如图 5-21 所示，其非常容易造成过切。B 型刀具移动轨迹如图 5-22 所示，其可在一定程度上避免过切，但仍然存在过切的可能性。这种情况启动补偿必须将切入轨迹向材料外空间延伸，最好的办法是避免这种启动补偿的方法。

（4）补偿执行方式刀具运动分析

1）补偿执行的条件。启动补偿方式后至取消补偿方式前，刀具移动处于补偿执行方式。在补偿执行方式下，若在连续两个以上（含两个）的程序段中指定非移动指令（例如辅助功能或暂停），则会发生过切或欠切的现象。

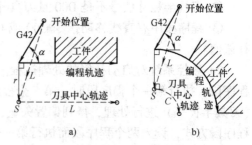

图 5-21　启动补偿（$\alpha < 90°$，A 型）
a) 直线—直线　b) 直线—圆弧

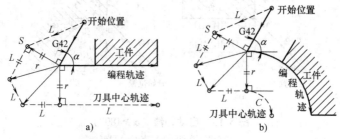

图 5-22　启动补偿（$\alpha < 90°$，B 型）
a) 直线—直线　b) 直线—圆弧

2）补偿执行方式刀具运动轨迹。

① 加工内侧面（α≥180°）的刀具轨迹如图 5-23 所示，系统自动求出两偏置轨迹的交点。

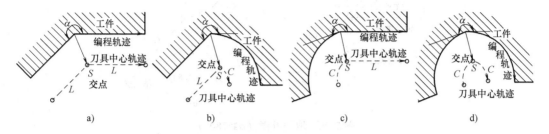

图 5-23　补偿方式（α≥180°）

a）直线—直线　b）直线—圆弧　c）圆弧—直线　d）圆弧—圆弧

② 加工外侧面（90°≤α<180°）的刀具轨迹如图 5-24 所示。

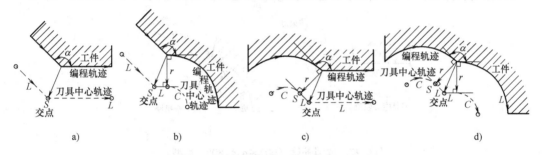

图 5-24　补偿方式（90°≤α<180°）

a）直线—直线　b）直线—圆弧　c）圆弧—直线　d）圆弧—圆弧

③ 加工外侧面（α<90°）的刀具轨迹如图 5-25 所示。

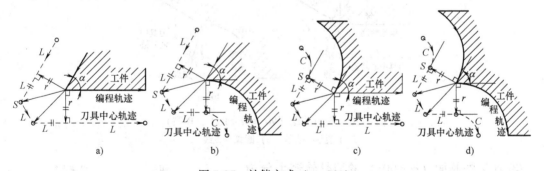

图 5-25　补偿方式（α<90°）

a）直线—直线　b）直线—圆弧　c）圆弧—直线　d）圆弧—圆弧

（5）取消补偿时刀具运动分析

1）取消补偿的条件。在补偿状态下，程序段满足以下条件即进入取消补偿方式：

① 执行到程序段中的 G40 指令。

② 刀具半径补偿号为 D00 时。

③ 程序段中有直线移动指令 G00 或 G01，且移动距离不为 0（一般要求大于刀具半径补偿值）。

2）取消补偿时的刀具轨迹。

① 加工内侧面（$\alpha \geq 180°$）的刀具轨迹如图 5-26 所示，这时取消补偿的方式最可靠。

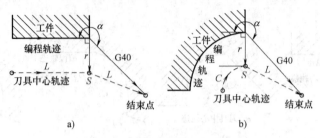

图 5-26　取消补偿（$\alpha \geq 180°$）

a）直线—直线　b）圆弧—直线

② 加工外侧面（$90° \leq \alpha < 180°$）的刀具轨迹分为 A、B 两种形式，可由系统参数设定。A 型刀具移动轨迹如图 5-27 所示，B 型刀具移动轨迹如图 5-28 所示。

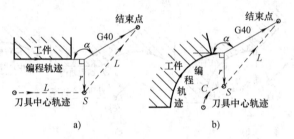

图 5-27　取消补偿（$90° \leq \alpha < 180°$，A 型）

a）直线—直线　b）圆弧—直线

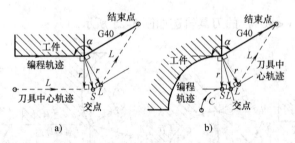

图 5-28　取消补偿（$90° \leq \alpha < 180°$，B 型）

a）直线—直线　b）圆弧—直线

③ 加工外侧面（$\alpha < 90°$）的刀具轨迹也分为 A、B 两种形式，A 型刀具移动轨迹如图 5-29 所示，B 型刀具移动轨迹如图 5-30 所示。

以上简单地讨论了刀具半径补偿时刀具的移动轨迹，有关详细的研习可参见厂家资料 FANUC 0i MC 操作说明书。

5. 刀具半径补偿程序应用分析

分析刀具半径补偿的原理，可以看出刀具半径补偿能够实现以下功能：

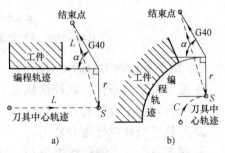

图 5-29　取消补偿（$\alpha < 90°$，A 型）

a）直线—直线　b）圆弧—直线

1）可简化程序编制过程。即直接采用零件图样上给出的尺寸编程，不需考虑刀具直径及磨损情况，参见例5-6。

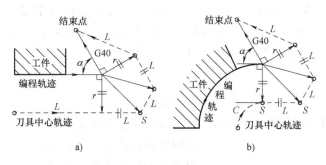

图5-30　取消补偿（$\alpha < 90°$，B型）

a）直线—直线　　b）圆弧—直线

2）可用一条程序实现精加工与粗加工。通过改变不同的刀补值，可以得到不同的刀具轨迹，因此可以实现粗、精加工共用一条程序。仍以例5-6为例，若用 $\phi 6$mm 的刀具进行加工，首先将刀补值设置为3.2，即留单面加工余量0.2mm，粗加工完成后，实测零件尺寸，假设单面加工余量还剩0.19mm，则将刀具半径补偿值改为3.01，然后进行精加工即可。

3）可补偿刀具磨损。可通过刀具补偿值改变刀具轨迹，自然就能够补偿磨损。FANUC 0i MC 数控系统将刀具偏置基本尺寸［外形（D）］与磨损［磨损（D）］分开管理，使得磨损的修正更清晰。仍以例5-6为例，加工一定数量的零件后，测量零件尺寸，若增加了0.16mm，则只需将 -0.16 输入磨损（D）存储器中即可。

4）可实现横向尺寸的精确控制。

5）可实现相互配凹、凸零件共用一个数控加工程序，参见例5-8。

6）编写刀具半径补偿指令 G41/G42 时，要注意考虑"顺铣/逆铣"和"外/内轮廓"的关系。一般粗铣用逆铣，精铣用顺铣，因此加工外轮廓时 G41 为顺铣，G42 为逆铣。加工内轮廓时正好相反。

例5-6：编制图5-31所示零件轮廓的加工程序，假设材料厚度为25mm，工件坐标系取

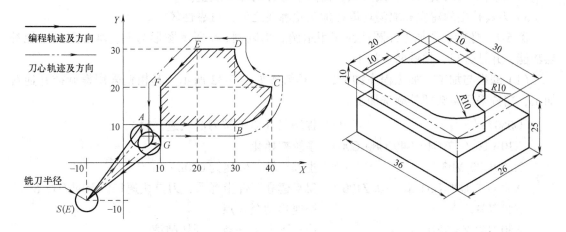

图5-31　例5-6图编程轨迹及零件示意图

在工件上表面图示位置，起刀点位置为 S 点，加工路径如图中箭头所示，设加工开始时刀具距离工件上表面 50mm，采用 ϕ6mm 键槽立铣刀，切削深度为 10mm。

（1）工艺处理　采用 G92 建立工件坐标系，刀具补偿存储器编号取 D01，主轴转速 600r/min，进给速度 100mm/min，切削路径为 $A \rightarrow B \rightarrow C \rightarrow D \rightarrow E \rightarrow F \rightarrow G$，其切入、切出延伸了 5mm，加工前将刀具半径 3mm 存入 D01 存储器中。

（2）加工程序

O0506；	程序名称
N10 G92 X-10.0 Y-10.0 Z50.0；	G92 指令建立工件坐标系
N20 S600 M03；	主轴正转，转速为 600r/min
N30 G00 Z2.0 ；	快速下刀至工件表面 2mm
N40 G01 Z-10.0 F80；	切削下刀至深度 10mm，进给速度为 80mm/min
N50 G42 X5.0 Y10.0 D01 F120；	启动刀具半径右补偿，横向切削至 A 点
N60 X30.0；	横向切削直线 AB 段
N70 G03 X40.0 Y20.0 R10.0；	切削圆弧 BC 段
N80 G02 X30.0 Y30.0 R10.0；	切削圆弧 CD 段
N90 G01 X20.0；	切削直线 DE 段
N100 X10.0 Y20.0；	切削直线 EF 段
N110 Y5.0；	切削直线 FG 段
N120 G40 X-10.0 Y-10.0；	横向移动，取消刀补
N130 G00 Z50.0；	快速提刀，快速退回起刀点 S
N140 M30；	程序结束

（3）分析

1）采用刀具半径补偿功能，按零件轮廓线编程，使程序通用性更强。

2）G42 与 G40 成对使用。

3）采用 G92 建立工件坐标系，因此程序结束前，刀具应取消刀补并返回起刀点。

4）采用了切线引入、引出方式，提高了零件的加工质量。

5）刀具补偿的建立和取消均取在加工轮廓线之外，可靠性较好。

例 5-7：螺旋指令加工外圆柱面应用示例。仍以例 5-5 所示图形为例，增加刀具半径补偿功能，并且分粗、精铣两步加工。

（1）编程与加工　加工程序如下，刀具轨迹如图 5-32 所示，其粗铣采用螺旋插补逆铣加工，精铣采用整圆插补顺铣加工。

O0507；	程序名（以下按刀心轨迹注释）
N10 G00 G17 G40 G49 G80 G90；	系统初始化
N20 S600 M03；	主轴正转，转速为 600r/min
N30 G00 G90 G54 X0. Y0. Z100.	G54 建立工件坐标系，刀具快速定位至起刀点 S
N40 X31.	快速移动至 A 点
N50 G43 Z5. H01 M08；	快速下刀至 B 点，开切削液
N60 G01 Z1. F100. ；	进给下刀至 C 点（工件上表面 1mm 处）

N70 G90 G42 Y – 16. F200. D01	横向移动至 D 点，启动刀具半径右补偿
N80 G02 X15. Y0. I0 J16.	圆弧切线切入至 E 点
N90 M98 P131507；	调用 13 次子程序 O1507，结束后至 H 点
N100 G90 G3 I – 15.	逆时针整圆加工返回 H 点
N110 G02 X31. Y16. I16. J0.	圆弧切下切出至 I 点
N120 G40 G01 Y0.	横向移动至 J 点，取消刀具半径补偿
N130 G41 Y16. F200. D02；	横向移动至 K 点，刀具半径左补偿
N140 G03 X15. Y0. I0. J – 16. ；	圆弧切线切入至 L 点
N150 G02 I – 15. ；	顺时针顺铣整圆一圈返回 L 点
N160 G03 X31. Y – 16. I16. J0. ；	圆弧切线切出至 M 点
N170 G40 G01 Y0 M09；	横向移动至 J 点，取消刀补
N180 G49 G00 Z100. ；	快速提刀至 A 点
N190 X0 Y0；	快速返回起刀点 S
N200 M30；	程序结束，返回程序头
O1507；	子程序名
N10 G91 G03 I – 15. Z – 2；	逆时针螺旋逆铣外圆
N80 M99；	子程序结束，返回主程序

（2）刀具轨迹分析　图 5-32 中，内螺旋部分及底部整圆等为按图样尺寸确定的编程轨迹，偏置矢量 r_c（粗铣偏置矢量，图中 dD 和 iI 处箭头所示）和 r_j（精铣偏置矢量，图中 kK 和 mM 处箭头所示）分别确定了粗铣螺旋加工和精铣整圆加工的刀心轨迹。

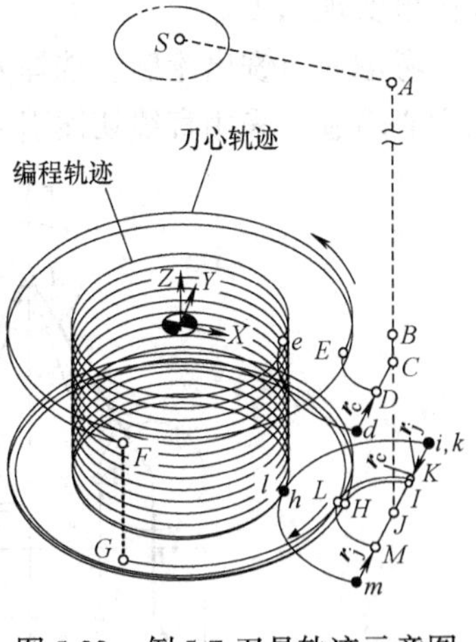

内螺旋编程轨迹的走刀顺序为：$S \rightarrow A \rightarrow B \rightarrow C \rightarrow d \rightarrow e \rightarrow$ 13 圈螺旋线 $\rightarrow h \rightarrow i \rightarrow J \rightarrow k \rightarrow l \rightarrow$ 顺时针整圆 $\rightarrow l \rightarrow m \rightarrow J \rightarrow A \rightarrow S$。

外螺旋刀心轨迹的走刀顺序为：$S \rightarrow A \rightarrow B \rightarrow C \rightarrow D \rightarrow E \rightarrow$ 经过 F 和 G 共 13 圈螺旋线（图中省略了部分螺旋线）$\rightarrow H \rightarrow I \rightarrow J \rightarrow K \rightarrow L \rightarrow$ 顺时针整圆 $\rightarrow L \rightarrow M \rightarrow J \rightarrow A \rightarrow S$，其中，螺旋线中间 F 至 G 之间大螺旋线省略未画。

图 5-32　例 5-7 刀具轨迹示意图

（3）应用分析　该程序基于外圆柱面铣削编写，粗、精铣均采用刀具半径补偿功能，应用价值较高，并可适度修改，如粗、精加工用不同直径的刀具加工，或加入换刀指令成为加工中心加工程序等。

例 5-8：图 5-33 所示为一对凹凸相配的零件，材料为 45 钢，要求凹凸相配，配合间隙小于等于 0.12mm，毛坯已完成六面加工，尺寸为 45mm × 40mm × 15mm。

（1）工艺分析　该凹凸件为一对相配的零件，已完成粗加工，这里主要考虑凹凸相配部分的加工。加工轮廓为二维曲线，深度不大，适合数控加工。毛坯材料为 45 钢，加工性能良好。考虑到零件有尺寸精度及配合要求，为提高加工质量，拟采取粗、精加工两步进行，

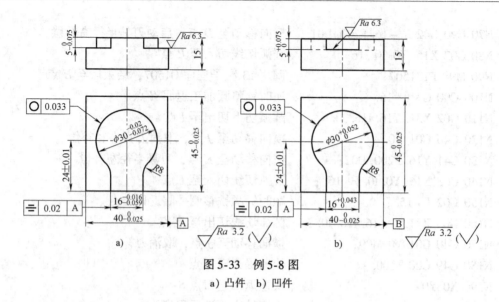

图 5-33　例 5-8 图

a) 凸件　b) 凹件

精加工取单面余量 0.5mm。根据零件特征，取工件上表面 $\phi30$mm 圆弧中心为工件坐标系原点，并计算出 $R8$mm 圆弧两端点坐标（图 5-34。）

（2）数控加工工艺　该零件轮廓为二维图形，以直线和圆弧为主，形状较为简单，适合于手工编程。考虑到零件加工必须要粗、精加工两工步，同时考虑到零件存在凹、凸相配两件，可以利用刀具半径补偿功能实现。基于以上分析，拟采用一个加工程序，通过改变刀具补偿值实现加工。

考虑一刀铣出轮廓，选择 $\phi12$mm 立铣刀。加工刀具路径如图 5-34 所示，实线为刀具加工中心轨迹，采用直线切线引入、引出，引入、引出长度为 8mm。

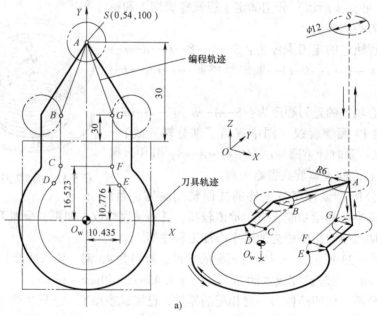

图 5-34　刀具路径分析

a) 凸件

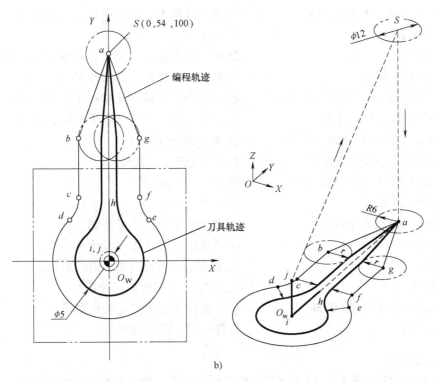

图 5-34　刀具路径分析（续）

b) 凹件

图 5-34 中，起刀点为 S 点，以凸件为主编写加工程序，粗加工按逆铣加工（逆时针，G42），精加工按顺铣加工（顺时针，G41），粗加工刀具补偿号及补偿值为 D01 =6.5，精加工刀具补偿号及参考补偿值为 D02 =6，其中 D02 中的补偿值必须待粗加工后，通过测量尺寸精确确定补偿值。凹件加工与凸件加工共用一个加工程序，仅仅是将凸件加工时的刀补值更换为负值即可，即 D01 = -6.5、D02 = -6。凹件加工时由于刀具的直径偏小，加工时中部会留下一个 $\phi5$mm 的凸台，必须增加几段加工程序，为使加工程序共用，拟利用程序跳选功能实现。

（3）加工程序　如下所示，其中粗加工转速为 400r/min，进给速度为 200mm/min；精加工转速为 1000 r/min，进给速度为 100mm/min。

O0508 ;	程序名
N10 G90 G55 G00 X0 Y54. Z100 ;	建立工件坐标系 G55，快速进给至起刀点 S
N20 S400 M03 ;	主轴正转，转速为 400r/min
N30 Z - 5. ;	Z 轴快速下刀
N40 G42 G00 X - 8. Y32. D01 M08 ;	起刀，建立刀具半径右补偿，开切削液
N50 G01 Y16. 523 F200 ;	粗切直线，进给速度为 200mm/min
N60 G02 X - 10. 435 Y10. 776 R8. ;	粗加工 R8mm 圆弧
N70 G03 X10. 435 Y10. 776 R - 15. ;	粗加工 ϕ30mm 圆弧
N80 G02 X8. Y16. 523 R8. ;	粗加工 R8mm 圆弧
N90 G01 Y32. ;	粗加工直线

N100 G40 G00 X0 Y54. M09;	退刀，取消刀具半径补偿，关切削液
N110 M05;	主轴停转
N120 M00;	暂停，测量粗加工尺寸，调整 D02 中的补偿值
N130 S1000 M03;	主轴正转，提高主轴转速至 1000r/min
N140 G41 G00 X8. Y32. D02 M08;	起刀，精铣刀具半径左补偿，开切削液
N150 G01 Y16. 523 F100;	精加工直线，进给速度为 100mm/min
N160 G03 X10. 435 Y10. 776 R8. ;	精加工 R8mm 圆弧
N170 G02 X – 10. 435 Y10. 776 R – 15. ;	精加工 ϕ30mm 圆弧
N180 G03 X – 8. Y16. 523 R8;	精加工 R8mm 圆弧
N190 G01 Y32. ;	精加工直线
N200 G40 G00 X0 Y54. ;	退刀，取消刀具半径补偿
/N210 G00 Y14. ;	快速进给（凹件加工使用）
/N220 G01 Y0. ;	加工 ϕ5mm 凸台（凹件加工使用）
/N230 Z5. ;	提刀 5mm（凹件加工使用）
N240 G00 X0 Y54 Z100. M09;	快速退回至起刀点，关切削液
N250 M30;	程序结束，返回程序头

（4）程序分析

1）N120 程序段为暂停，用于测量粗加工后的结果，确定精加工时的刀补值。如果是批量加工，可将指令改为选择停 M01，加工一定数量的零件后再抽检。

2）凸、凹件加工共用一个加工程序，粗加工时刀补值为正值，精加工时刀补值为负值。

3）加工凸件时必须按下机床操作面板上的"跳选"按键，跳过程序段 N210、N220 和 N230。

5.2.5　刀具长度补偿

1. 问题的引出

数控铣床特别是加工中心的加工过程中，不可避免地会遇到需要多把刀具才能完成一个零件的加工，而多把刀具的长度不可能完全相等。即使是一把刀具，更换新刀具也会遇到刀具长度不相等的问题。另外，刀具在使用过程中，长度方向的磨损也是存在的。如何保证在同一个工件坐标系中不需修改加工程序就能加工出合格的零件呢？答案是刀具的长度补偿。现代数控系统一般均具备刀具长度补偿功能。

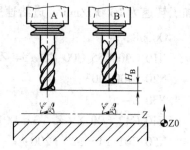

图 5-35　刀具长度补偿原理

以图 5-35 为例，假设编程时先以刀具 A 对刀，然后换刀具 B 加工，显然直接使用的结果是刀具 B 在高度上不能加工到工件表面（欠切），相反，若刀具 B 的长度大于刀具 A，则结果显然是多切除了工件表面（过切）。但是若在使用刀具 B 加工的同时，使其所有 Z 轴方向的尺寸均向下移动一个长度差 H_B（长度补偿），则其加工效果就相当于长度等于刀具 A 的刀具加工，这就是刀具长度补偿的原理。

2. 刀具长度补偿指令 G43 /G44 与 G49

典型的刀具长度补偿指令有三个，即刀具长度的正/负方向补偿指令 G43/G44 和取消刀具长度补偿指令 G49。在 FANUC 0i MC 系统中，刀具长度补偿指令有 A、B 和 C 三种，可由系统参数设定，对于立式铣床一般采用刀具长度补偿 A 指令，这种长度补偿与坐标平面的选择无关，仅对刀具 Z 轴有效，这种设置确保刀具长度补偿时不出错误。

刀具长度补偿 A 的指令格式为

$\begin{Bmatrix} G43 \\ G44 \end{Bmatrix}$ Z_ H_ ;　　　　启动刀具长度 $\begin{Bmatrix} 正 \\ 负 \end{Bmatrix}$ 方向偏置

……　　　　　　　　长度偏置保持方式

G49;　　　　　　　　取消刀具长度偏置，或用 H00 取消

其中　G43/ G44——刀具长度正/负方向补偿指令；

　　　　 H_——刀具长度补偿存储器编号；

　　　　 G49——刀具长度补偿取消指令。

刀具长度补偿指令 G43/G44/G49 是同组的模态指令，可以互相注销，开机默认 G49。取消刀具补偿指令是 G49；刀具长度补偿存储器编号 H00 是系统保留的规定补偿值为 0 的存储器，故其与取消长度补偿效果相同。

当执行刀具长度正向补偿时（G43），刀具实际到达的位置是指令指定的位置 Z_与指定的补偿存储器中的补偿值的代数和。以图 5-36 为例，假设刀具长度补偿正值 h 存入补偿存储器 H××中，当执行 G43 Z_H××;时，刀具实际到达的位置是 H 点，P 点是指令中 Z_的坐标位置，相当于取消刀具长度补偿（G49 或 H00）的位置。

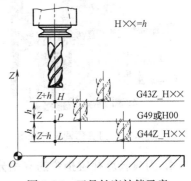

图 5-36　刀具长度补偿示意

同理，刀具长度负向补偿时（G44），刀具实际到达的位置是指令指定的位置 Z_与指定的补偿存储器中的补偿值的代数差。当执行 G44 Z_H××;时，刀具实际到达的位置是 L 点。

以上讨论是基于刀具补偿存储器中存入的是正值的情况，若存入的值是负值，则刀具到达的位置正好相反。正是基于这一道理，刀具长度补偿的实际应用常常采用一个指令 G43 实现刀具长度补偿功能，即

G43 Z_H××;当 H××存入的是正值时是正向补偿，而存入负值时便是负向补偿

当长度补偿指令中未指定 Z 轴，则刀具以当前位置进行长度补偿，以下两个指令是等价的。

$\begin{Bmatrix} G43 \\ G44 \end{Bmatrix}$ H_　　⇔　　$\begin{Bmatrix} G43 \\ G44 \end{Bmatrix}$ G91 Z0 H_

长度补偿指令中，补偿号的改变仅是补偿值的改变，新的刀具补偿值与原补偿值无关，即新的补偿值并不与原补偿值叠加。

3. 刀具长度的测量方法

要应用刀具长度补偿，刀具的长度测量是必不可少的。刀具长度的测量方法有两种——

机外测量与机上测量。

所谓机外测量是指在机床之外应用刀具预调仪测量的方法。刀具预调仪是一种功能全面的刀具测量装置，可测量刀具的装夹长度、刀具直径、刀尖圆弧半径、刀具角度、刀尖破损等项目，甚至可以将测量的数据输入数控机床中。图 5-37 所示为某型号刀具预调仪全貌图。

刀具预调仪测量的是刀具的装夹长度，而不是刀具的物理长度，这个装夹长度实际上是刀具端面到主轴端面的实际长度，如图 5-38 中的 $h_1 \sim h_3$。主轴端面常常作为机床参考点。

机上测量则是指在机床上利用数控机床的坐标显示值测量刀具的长度，其更多的是测量刀具的相对长度。如图 5-38 中借助量表式的高度对刀器测量刀具的相对长度 Δh，每把刀具与高度测量器接触即可通过机床的 Z 轴位置坐标测得长度差。图中，假设 T01 号刀为基准刀，则 T02 号刀比 T01 号刀短 Δh_2，测量的结果是一个负的长度差，而 T03 号刀则是一个正的长度差。这个正、负号同时输入刀具补偿存储器中，则只需一个 G43 指令即可实现刀具长度的正向和负向补偿。

图 5-37　刀具预调仪外观图

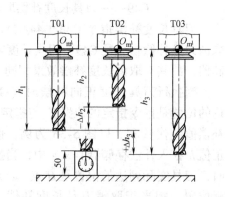

图 5-38　机上测量刀具长度原理

4. 刀具长度补偿指令的应用分析

（1）基本概念

1）刀具长度：刀具补偿指令中的刀具长度不是刀具自身的物理长度，而是刀具装夹以后的装夹长度。刀具长度有绝对长度与相对长度两种。

绝对长度是刀具刀位点至机床主轴端面之间的距离。也是刀具预调仪上测得的刀具长度。

相对长度是以基准刀刀位点为基准，其他刀具刀位点与基准刀刀位点之间的高度差。这把基准刀是用于对刀确定工件坐标系的刀具，又称标准刀。大部分刀具的刀位点取在刀具端面。相对长度不仅可用预调仪测量，而且可以借助机床的位置坐标进行测量。

2）刀位点：刀位点是数控编程描述刀具轨迹的一个点，这个点可以是虚拟的。数控铣床的刀位点一般取在刀具轴线与端面的交点上，球头铣刀也有取在球头圆心上的。

3）基准点：基准点是执行刀具长度补偿指令的 Z 向基准点。它可以是机床主轴端面，也可以是基准刀的刀位点，这个点常常是定位工件坐标系的 Z 向零点。当机床返回坐标参考点后其往往是刀具的最高位置。

（2）长度补偿指令的使用方法　为叙述方便，这里假设只用一个长度补偿指令 G43，通过输入正或负补偿值实现刀具长度的正或负向补偿。刀具长度补偿指令的编程及应用方法主要有以下三种：

① 机外刀具长度测量补偿法。

② 机上刀具长度测量补偿法。

③ 标准刀（又称基准刀）长度补偿法。

每种方法各有优缺点，编程和操作人员可以在了解以上方法的基础上，固定选用一种方法，这对编程的一致性以及编程与操作人员的沟通方面都是有益的。

1）机外刀具长度测量补偿法：机外刀具长度测量补偿法是指采用刀具预调仪等专用刀具长度测量装置在数控机床之外测得刀具的绝对长度，并以此为补偿值进行刀具的长度补偿。

以图 5-39 为例，工件坐标系采用 G54 ~ G59 设定并选择，工件坐标系存储器的 Z 轴偏移值为主轴端面至工件坐标系原点之间的垂直距离，刀具补偿存储器中的补偿值是每把刀具的机外测量长度（正值输入）。

以下为一个具有刀具长度补偿程序段的数控铣床加工程序框架，读者可仔细品味其长度补偿指令的作用。

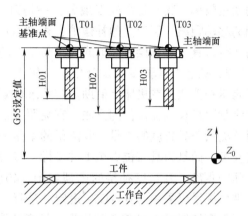

图 5-39　机外刀具长度测量补偿原理

O0539；	程序名称
N10 G00 G17 G40 G49 G80 G90；	程序初始化，手工装好 1 号刀
N20 G90 G55 G00 X - 100. Y - 60. ；	选择工件坐标系，XY 平面快速移动至换刀点
N30 S300 M03；	主轴正转，转速为 300r/min
N40 G43 Z10. H01；	1 号刀具长度正补偿，快速移动至工件上表面 10mm 处
N50 ……	…… （1 号刀具加工部分略）
N170 G00 X - 100. Y - 60. Z100. ；	快速退回换刀点
N180 M00；	程序暂停，手工换 2 号刀
N200 S350 M03；	调整主轴转速
N210 G43 Z10. H02；	2 号刀具长度正补偿，快速移动至工件上表面 10mm 处
N220 ……	…… （2 号刀具加工部分略）
N340 G0 X - 100. Y - 60. Z100. ；	快速退回换刀点
N350 M00；	程序暂停，手工换 3 号刀
N360 S400 M03；	调整主轴转速
N370 G43 Z10. H03；	3 号刀具长度正补偿，快速移动至工件上表面 10mm 处

N400 ……　　　　　　　　……（3 号刀具加工部分略）
N510 G91 G49 G28 Z0. ；　　　取消刀具长度补偿，Z 轴快速退刀至 Z 轴参考点
N520 G28 X0. Y0. ；　　　　　快速退回参考点
N530 M30；　　　　　　　　　程序结束，返回程序头

　　机外刀具长度测量补偿法进行刀具长度补偿的优点是刀具长度在机外进行，可提高机床的使用效率。其不足之处表现为：一是刀具预调仪价格较贵；二是必须确保加工程序中 Z 轴的移动距离大于刀具的补偿值，否则可能造成 Z 轴超程报警；三是程序执行时若未有效的执行刀具长度补偿可能造成刀具与工件的碰撞事故。

　　2）机上刀具长度测量补偿法：机上刀具长度测量补偿法是在机床上借助数控系统位置显示值测量刀具长度补偿值的方法。它克服了需要对刀仪测量刀具长度的不足，其测量的不是刀具装夹长度，而是刀具刀位点至工件坐标系 Z 轴零点之间的距离。其长度补偿的原理如图5-40所示，工件坐标系仍采用 G54 ~ G59 设定并选择，工件坐标系存储器的 Z 轴偏移值为零，长度补偿存储器中存储的是图5-40所示的 H01 ~ H03 的值，注意到这个值在机上测量时是一个负的补偿值。

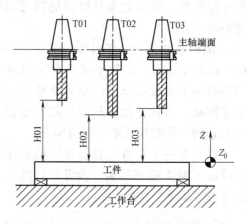

图 5-40　机上刀具长度测量补偿原理

　　阅读以下程序段，体会刀具刀位点实际到达的位置为工件坐标系零点。

　　G90 G55 G00 G43 Z0 H01；
　　以下程序段与上述程序段的 Z 轴移动效果相同。
　　方法一：G90 G55 G00 X_ Y_；
　　　　　　G43 Z0 H01；
　　方法二：G90 G55 G00 X_ Y_；
　　　　　　G43 H01；

　　采用机上刀具长度测量补偿法执行的程序不需变化，仅仅是将工件坐标系中存储的 Z 轴补偿值设置为零即可。读者可按照这种方法阅读前面的 O0539 程序。

　　采用机上长度测量补偿的方法，不需对刀仪，但占用的机时增加了，从加工角度上说就是降低了机床的使用效率。

　　3）标准刀长度补偿法：标准刀又称基准刀，是建立工件坐标系的刀具，也是其他刀具测量相对长度的基准刀具。标准刀长度补偿法中的刀具补偿长度是相对长度，可以基于刀具预调仪测量计算，也可以在机床上用试切法或高度对刀器直接测量。

　　以图 5-41 所示图形为例，假设 T01 号刀为标准刀，以刀具刀位点为基准对刀确定工件坐标系，工件坐标系采用 G54 ~ G59 设定并选择，工件坐标系存储器的 Z 轴偏移值为标准刀刀位点至工件坐标系 Z 轴零点之间的有向距离，并将 T01 号刀具调用的刀具长度补偿存储器的补偿值置零，其他非标准刀长度补偿存储器中的补偿值为相对于标准刀的长度差（既相对长度），当比标准刀短时则为负补偿值，反之，则为正补偿值。

使用标准刀长度补偿法进行刀具长度补偿时，其加工程序中标准刀加工的部分不需进行刀具长度补偿，实际中可将其"外形（H）"项补偿值设置为 0，"磨损（H）"项留作刀具磨损后的补偿或高度加工尺寸的微调。

（3）长度补偿指令的应用分析　长度补偿指令的应用可以归纳为以下几点：

1）处理多把刀具加工长度不等的补偿，也可用于一把刀具加工更换新刀具时长度不等的补偿。

2）可用于 Z 轴方向加工尺寸的微调与控制。

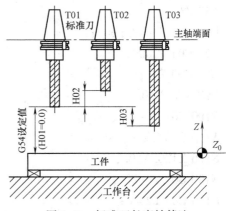

图 5-41　标准刀长度补偿法

3）可用一把刀具调用不同的长度补偿值进行分层加工。

例 5-9：如图 5-42 所示零件，需钻孔加工，其中三个等直径的孔，考虑到实际加工过程中经常需要更换钻头，要求编制的加工程序能够适应这个要求，并假设换了一把新的钻头比原刀具短 4mm，说明如何处理。

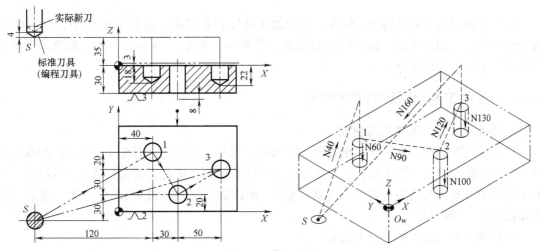

图 5-42　例 5-9 图

1）工艺说明：孔的加工顺序为 1→2→3。采用 G55 工件坐标系，主轴转速 500r/min，进给速度 60mm/min。换刀点位置为图中 S 点，刀具补偿存储器编号取 H01，对于短 4mm 的刀具加工，必须在程序执行前将 -4 输入 H01 号存储器中。

2）加工程序：

O0509；	程序名
N10 G90 G55 G00 X -80. Y -10. Z35.；	G55 建立工件坐标系，快速定位至换刀点 S
N20 S500 M03；	主轴正转，转速 500r/min
N30 G43 H01；	刀具长度补偿，补偿距离取决于 H01 里的补偿值
N40 G00 X40. Y70. M08；	快速定位至 1 号孔，开切削液

N50 Z3. ;	快速下刀
N60 G01 Z – 18. F60. ;	钻 1 号孔
N70 G04 P2000;	暂停 2s
N80 G00 Z3. ;	快速提刀
N90 X70. Y20. ;	快速定位至 2 号孔
N100 G01 Z – 38. ;	钻 2 号通孔
N110 G00 Z3. ;	快速提刀
N120 X120. Y50. ;	快速定位至 3 号孔
N130 G01 Z – 22. ;	钻 3 号孔
N140 G04 P2000;	暂停 2s
N150 G49 G00 Z35. M09;	快速提刀，取消长度补偿，关切削液
N160 X – 80. Y – 10. Z35. ;	快速返回换刀点 S
N170 M30;	程序结束，返回程序头

5.3　孔加工固定循环指令及其应用

孔是机械制造中常见的加工特征，孔的加工动作相对固定，但若用基本指令 G00/G01/G02/G03 等进行编程的话，程序将变得很长、很繁琐。为此，FANUC 0i MC 系统提供了专用的孔加工固定循环指令。

5.3.1　孔加工固定循环问题的引出

1. 各类孔特征与加工特点分析

按孔特征不同分为光圆孔、螺纹孔、阶梯孔、沉孔、不通孔、通孔等；按孔的深度不同分为定位孔窝、浅孔、深孔等；按加工方式的不同有钻孔、扩孔、铰孔、锪孔、镗孔等。孔加工用到的刀具包括钻头（常见的是麻花钻）、扩孔钻、铰刀（机用）、中心钻、锪钻（平底和锥面等）、镗刀等。

数控铣床上孔加工常见的工艺有：

1）钻孔—铰孔，用于小尺寸的孔加工。

2）钻孔—扩孔—铰孔，用于中等尺寸的孔加工。

3）钻孔—扩孔—镗孔，用于较大尺寸的孔加工。

4）粗镗孔—精镗孔，用于尺寸较大，毛坯上已经预制了底孔的孔加工。

虽然孔加工形式、深度、刀具多样，各种孔加工有一定的要求，但其也有很多固定的特点，如加工动作的典型化、趋同性等，都为简化编程指令的出现留有可能。下面详细讨论孔类特征加工的固定循环指令。

2. 孔加工固定循环动作分析

在讨论固定循环指令格式之前，需用到以下几个基本概念。

1）一个钻孔平面及钻孔轴：钻孔平面又称为定位平面或加工平面，由代码 G17、G18或 G19 指定。立式数控铣床默认的钻孔平面是 XY 平面（G17）。与钻孔平面垂直的坐标轴称为钻孔轴，显然立式铣床的钻孔轴是 Z 轴。

2）二个定位轴：定位轴是确定钻孔平面上孔位置的坐标轴，立式铣床为 X、Y 轴。

3）三个 Z 轴方向上的工艺点/平面：孔加工固定循环中，在 Z 轴方向上有三个必须引起重视的工艺点或平面（参见图 5-44），具体叙述如下。

① 初始平面：是 Z 轴方向上的一个安全平面，刀具首次的定位动作在这个平面中移动，其高度必须确保刀具横向移动定位过程中不与工件或夹具等相碰撞。刀具移动至初始平面高度的动作必须在固定循环指令之前通过其他移动指令获得。

② R 点或 R 平面：又称为参考点或参考平面，是钻孔快速下刀与进给钻孔进刀的转折点。对于多个钻孔而言，当工件表面为平面且表面平整度较好时，孔与孔之间的转换定位可以在 R 点所在的平面中进行，这时可称为 R 点平面。R 点与工件表面之间的距离一般取 2 ~ 5mm，粗糙毛坯表面可取 5 ~ 10mm，攻螺纹时该距离还可适当增大。

③ 工件表面：对应工件物理表面的平面，也是初始平面与参考平面的参照基准，并且还是孔深度的基准，工件坐标系原点常常取在此平面。

4）四个基本移动：指固定循环过程中用到的四个基本移动。包括快速移动、切削加工移动、刀具暂停和横向偏移退刀。

5）六个图解符号：描述孔加工固定循环指令图解的六个基本图形符号，如图 5-43 所示。

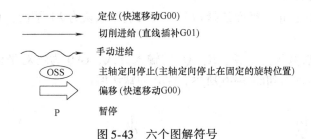

图 5-43　六个图解符号

3. 孔加工固定循环六个基本顺序动作

孔加工固定循环主要由六个基本的顺序动作组成，如图 5-44 所示。

动作 1：钻孔轴在初始平面中的孔中心定位动作，如立式铣床在 X 和 Y 轴的定位。

动作 2：快速下刀至 R 点/平面，即参考平面。

动作 3：孔的切削加工，一直切削加工至孔底。该动作可能是一次加工至孔底，也可能是分段加工至孔底。孔底的 Z 坐标要根据具体情况而定，对于通孔要考虑切出距离，一般可取 $0.3d + (1 ~ 2)\,\mathrm{mm}$（$d$ 为钻头直径），如图 5-45 所示。

动作 4：孔底位置的动作（如主轴暂停、主轴停转、主轴定向停止并刀尖反方向偏移、反方向旋转等）。

动作 5：返回到 R 点/平面，返回速度根据具体指令有所不同。

动作 6：快速提刀到初始平面，一个动作循环结束。

注意：以上六个基本顺序动作依照指令不同而略有差异。如有的指令没有孔底动作，有的指令动作 5 与动作 6 连续进行，一气呵成，给人感觉是仅有动作 5。另外，动作 1 之前，刀具必须预先通过之前的指令移动至初始平面的高度上。

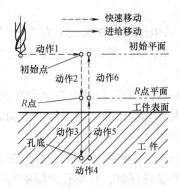

图 5-44　固定循环的基本动作

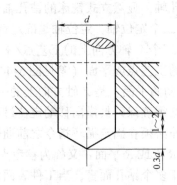

图 5-45　钻通孔的切出量

4. 孔加工固定循环指令的基本格式

孔加工固定循环指令能够在一个程序段中将孔加工的参数完全描述出来，其固定循环指令虽然复杂一点，但是整个程序看上去却是简化了许多。孔加工固定循环指令的基本格式为

$$\begin{Bmatrix} G17 \\ G18 \\ G19 \end{Bmatrix} \begin{Bmatrix} G90 \\ G91 \end{Bmatrix} \begin{Bmatrix} G98 \\ G99 \end{Bmatrix} \text{G\_ X\_ Y\_ Z\_ R\_ P\_ Q\_ F\_ K\_;}$$

指令中各代码的含义如下：

1）G17/G18/G19：钻孔平面选择指令。立式铣床默认为 XY 平面，可以不写。其隐含选择了钻孔轴 Z。

2）G90/G91：数值 X_、Y_、Z_、R_、Q_ 的输入方式，G90 为绝对坐标输入，G91 为增量坐标输入，R 和 Z 坐标值如图 5-46 所示，G90 为默认值。

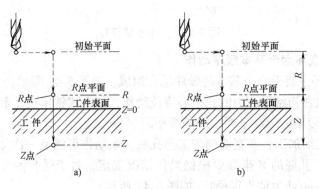

图 5-46　绝对坐标与增量坐标编程
a）绝对坐标（G90）　　　b）增量坐标（G91）

3）G98/G99：孔加工完成后的返回控制指令，如图 5-47 所示。G98 为返回至初始平面高度，G99 为返回至 R 点平面高度。G98 为默认指令。

4）G_：孔加工方式，表 5-1 中除 G80 之外的其他孔加工固定循环 G 指令。这些指令是同组的模态指令，可以相互注销。

5）孔加工数据：随不同的加工指令而略有不同，主要包括以下数据。

① 孔位数据 X_、Y_：确定孔加工的中心位置参数，可用绝对坐标或增量坐标指定，孔位之

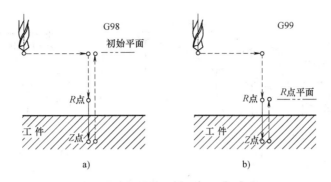

图 5-47　加工完成后自动退刀时的抬刀高度

a) G98 指令返回初始平面　b) G99 指令返回 R 点平面

间的移动为快速移动速度，若未指定孔位数据，则系统默认为刀具当前位置。

② 孔底数据 Z_：指定钻孔轴孔底位置数据，即孔的深度，可用绝对坐标或增量坐标指定。

③ R 点/平面数据 R_：指定 R 点/平面高度坐标值，可用绝对坐标或增量坐标指定，从初始平面至 R 点/平面或从 R 点/平面至初始平面之间的刀具移动速度均同 G00 的快速移动速度。

④ 暂停时间 P_：孔底暂停时间，指令格式同 G04。单位为 0.001 秒（ms），指令值范围为 1 ~ 99999999，例如 P1000 表示 1s。当需要指定暂停的指令中未指定暂停时间时，程序执行准确停止检查，即在接近孔底时进行减速，执行到位检查，然后转入下一个程序段。

⑤ Q_：在不同的固定循环中有所不同，深孔加工（G73、G83）时为每次下钻的进给深度，镗孔（G76、G87）加工时为刀具在孔底的横向偏置量。Q 值为无符号增量值，即其始终为正值。

⑥ F_：钻孔加工进给速度。对于攻螺纹加工，$F = ST$，其中，S 为主轴转速，T 为螺纹导程。

孔加工数据为模态值，不变的数据不必重复指令，一旦指令，只有被修改或执行 G80 指令或 01 组 G 代码指令时清除。

6) K_：指令程序段重复执行次数，K 的取值范围为 0 ~ 9999，其中 K1 为默认值，可以不写。指定 K0 则仅保存固定循环指令中孔加工的模态数据，如孔在初始平面中的定位动作，但不执行孔加工循环。当采用增量坐标输入（G91）时，可对等间距孔进行逐孔加工；当采用绝对坐标输入（G90）时，则是在同一位置执行重复钻孔加工。注意比较与体会以下两程序段的区别。

G91 G81 X_ Y_ Z_ R_ F_ K5；　　指令的执行动作如图 5-48a 所示，连续加工五个等距孔

G90 G81 X_ Y_ Z_ R_ F_ K5；　　指令的执行动作如图 5-48b 所示，仅在原地加工五次在固定循环执行过程中，如果按下 MDI 面板上的复位键，则孔加工方式、孔加工数据、孔位置数据、重复执行次数等均被取消。

5. FANUC 0i MC 系统孔加工固定循环指令组

FANUC 0i MC 系统在总结了各类孔加工的基础上开发出的一组专用的孔加工指令，见表 5-1。

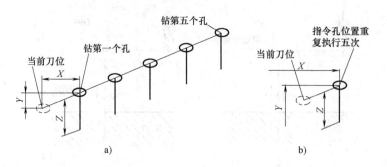

图 5-48　G90/G91 对参数 K 的影响

a）G91 指令加工五个等距孔　b）G90 指令原地重复加工五次

表 5-1　FANUC 0i MC 系统固定循环指令组

G 代码	切削动作（-Z 方向）	孔底动作	退回动作（+Z 方向）	功　　用
G73	间隙进给	—	快速退回	快速深孔钻削循环
G74	切削进给	停刀→主轴正转	切削进给	左旋螺纹攻螺纹循环
G76	切削进给	主轴定向停止	快速移动	精镗循环（不刮伤表面）
G81	切削进给	—	快速移动	钻孔循环，点钻循环
G82	切削进给	停刀	快速移动	钻孔循环，锪孔、阶梯孔循环
G83	间隙进给	—	快速移动	深孔钻削循环
G84	间隙进给	停刀→主轴反转	切削进给	右旋螺纹攻螺纹循环
G85	切削进给	—	切削进给	镗孔循环
G86	切削进给	主轴停止	快速移动	镗孔循环（刮伤一条线）
G87	切削进给	主轴正转	快速移动	背镗循环
G88	切削进给	停刀→主轴停止	手动移动	镗孔循环（手动操纵返回）
G89	切削进给	停刀	切削进给	镗孔循环
G80	—	—	—	取消固定循环

6. 取消孔加工固定循环

从表 5-1 中可以看到，系统专门设计了取消固定循环指令 G80，当系统执行了 G80 指令后，取消所有固定循环，返回正常的三坐标联动工作状态，此时，R 点和 Z 点也被取消，在增量方式中，$R = 0$、$Z = 0$。其他孔加工固定循环指令所保持的数据也被取消（清除）。另外，在固定循环指令执行期间，若执行了 01 组中的 G 指令（G00、G01、G02、G03 和 G60），系统也将取消固定循环。注意，取消固定循环指令时，指令中的 F 值不取消。

5.3.2　孔加工循环指令详述

1. 钻孔加工循环指令 G81/G83/G73

钻孔加工指用麻花钻和中心钻等刀具在实体材料上进行不通孔、通孔及定位孔窝等加工的方式。这类孔加工一般对孔底的质量没有要求，所以孔底不需要暂停动作。但要注意的是，深孔加工始终是孔加工中的一个难点，深孔加工的主要问题就是断屑、排屑和冷却。一般定义长径比大于 10 的孔为深孔，实际加工中还需考虑零件材料的加工性能和切削用量等参数的影响，如数控加工过程中，追求的是连续的自动化工作，所以长径比为 5 甚至更小的孔都会用到适合深孔加工的固定循环指令 G73 或 G83。

钻孔加工的固定循环指令主要有以下几个。

钻孔循环指令：　　　　G81 X_ Y_ Z_ R_ F_ K_；

断屑式深孔循环指令：G73 X_ Y_ Z_ R_ Q_ F_ K_；

排屑式深孔循环指令：G83 X_ Y_ Z_ R_ Q_ F_ K_；

（1）钻孔循环指令 G81　G81 指令主要用于常规的钻孔加工，其不过多的考虑断屑与排屑等问题，所钻孔的深度不宜太深。另外，还用于定心钻或中心钻等刚性较好的孔加工刀具加工定位孔（窝）。所谓定位孔（窝）就是一个很浅的孔，甚至仅仅只相当于麻花钻钻出的孔底的锥孔，其主要作用是钻孔时的引导孔，可有效保证孔加工的位置精度。另外，该指令还可用于扩孔、铰孔加工等。

钻孔固定循环 G81 指令的格式如下，其动作循环如图 5-49 所示。

$$\begin{Bmatrix} G90 \\ G91 \end{Bmatrix} \begin{Bmatrix} G98 \\ G99 \end{Bmatrix} \text{G81 } X\_ Y\_ Z\_ R\_ F\_ K\_;$$

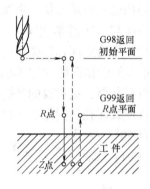

图 5-49　G81 钻孔循环动作

动作分析（图 5-49）：执行 G81 指令时，钻头首先在初始平面内快速定位至指令中的 X、Y 坐标位置，然后沿 Z 轴快速下刀至 R 点，在 R 点开始转为指令中指定的钻孔进给速度 F 执行切削进给钻孔，钻至孔底不做停留便快速退回。当返回指令为 G98 时，快速退回初始平面高度，当返回指令为 G99 时，快速退回 R 点平面，完成一个钻孔固定循环。如果重复次数大于 1 时，循环动作会按要求重复执行，对于多孔钻孔加工一般用增量坐标指令 G91 指定。

注意：

1）固定循环指令之前的程序指定初始平面高度坐标。

2）一般在 G81 指令之前用辅助指令 M03 指定主轴旋转。

3）当在固定循环中指定刀具长度补偿（G43 或 G44）时，在定位到 R 点的同时加补偿。

4）在不包含 X、Y、Z、R 其中之一的程序段上不执行钻孔。

5）在固定循环方式中，前面指定的刀具半径补偿被忽略。

（2）断屑式深孔钻循环指令 G73　机械制造工艺上，有一个深孔加工的概念，所谓深孔，一般指的是长径比大于 10 的孔。事实上，深孔加工的概念不是绝对的用长径比来定量描述，关键是要认识深孔加工可能出现的问题及解决问题的方法。

深孔加工存在几个问题。首先是断屑，如果钻孔过程中不断屑，则两条切屑较长，到一定程度上还是要断的，但这种断屑不可控，造成的后果不可预计；其次是排屑，随着钻孔深度的增加，切屑沿麻花钻上的螺旋槽自动排出的难度就逐渐增大，甚至无法排出来，其结果将造成切削液无法进入加工区，甚至憋断钻头；第三是冷却，如何有效地保证切削液进入加工区是要解决的关键问题。外冷却麻花钻的螺旋槽是常规的切削液通道，提刀出孔面可提高冷却性能，内冷却钻头是有效解决冷却与排屑的方式之一。

G73 指令就是为深孔加工而设计的固定循环指令，该指令基于麻花钻钻孔，当钻头在钻削一定深度后有一个回退动作，实现断屑，断屑动作可控，保证排屑可靠，切屑排除通畅，就意味着钻头上的螺旋槽没有堵住，因此切削液也就能进入加工区，解决冷却问题。

断屑式深孔钻固定循环指令 G73 的格式如下，其动作循环如图 5-50 所示。

$$\begin{Bmatrix} G90 \\ G91 \end{Bmatrix} \begin{Bmatrix} G98 \\ G99 \end{Bmatrix} G73\ X\_\ Y\_\ Z\_\ R\_\ Q\_\ \ F\_\ K\_;$$

与 G81 相比，该指令中多了一个参数 Q，它是断续钻削每次切削进给时的钻削深度，图中 d 是回退量或退刀量，由系统参数设定，指令中不指定。动作分析可根据图解自行理解，注意事项与 G81 基本相同。

（3）排屑式深孔钻循环指令 G83 G73 指令回退量 d 较短，仅仅解决了断屑问题，观察 G83 指令的动作图解（图 5-51）可以看出，其每次的回退动作一直退到了参考平面，因此其不仅是断屑，更重要的是提高了排屑和冷却效果，当然，加工效率有所下降。

排屑式深孔钻固定循环指令 G83 的格式如下，其动作循环如图 5-51 所示。

$$\begin{Bmatrix} G90 \\ G91 \end{Bmatrix} \begin{Bmatrix} G98 \\ G99 \end{Bmatrix} G83\ X\_\ Y\_\ Z\_\ R\_\ Q\_\ \ F\_\ K\_;$$

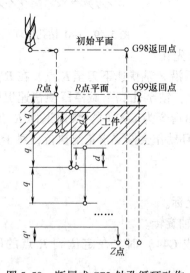

图 5-50 断屑式 G73 钻孔循环动作

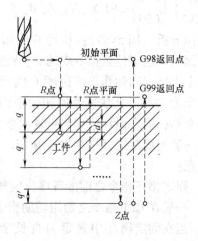

图 5-51 排屑式 G83 钻孔循环动作

2. 锪孔加工循环指令 G82

锪孔加工是孔加工中的常见孔型之一，锪孔的形式包括平底沉头孔、锥面沉孔、孔端平面的加工等，如图 5-52 所示。其特点是孔底表面是一个回转体表面，如平面或锥面，要想获得这样的加工效果，刀具在加工至孔底时必须有一个轴向进给暂停动作，保证刀具旋转一转以上。

比较 G81 指令可以看出，其仅仅是在孔底增加了一个暂停动作 P，正是这个暂停动作保证了孔底面是一个回转体表面。可以想象，若没有这个暂停动作，孔底表面将是一个螺旋面。

锪孔加工固定循环指令 G82 的格式如下，其动作循环如图 5-53 所示。

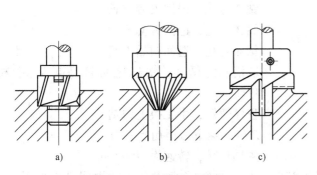

图 5-52　锪孔加工形式

a）平底锪孔　b）锥面锪孔　c）端面锪孔

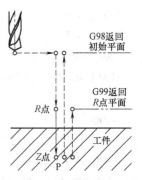

图 5-53　G82 锪孔循环动作

$$\begin{Bmatrix} G90 \\ G91 \end{Bmatrix} \begin{Bmatrix} G98 \\ G99 \end{Bmatrix} \text{G82 X\_ Y\_ Z\_ R\_ P\_ F\_ K\_ ;}$$

例 5-10：G81 与 G82 孔加工固定循环指令程序示例。图 5-54 所示为其零件图及刀具轨迹示意图，试编写程序加工其中四个孔，这四个孔包括钻孔和锪孔加工。

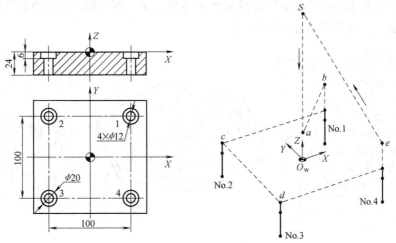

图 5-54　例 5-10 图

1）工艺分析　图中四个孔为 $4 \times \phi12mm$，沉头孔为 $\phi20mm \times 6mm$，就孔深 24mm 而言不算深，所以用 G81 钻孔循环指令加工，沉头孔属于锪孔加工，采用 G82 指令。工件坐标系建立在零件上表面几何中心位置，如图 5-54 所示，采用 $\phi12mm$ 钻头钻孔，$\phi20mm$ 锪钻加工沉孔。初始平面取工件表面 30mm 处，R 点平面取工件表面 3mm 处。

2）参考程序：

O0510；	程序名（程序执行前手工换上钻头）
N10 G40 G80 G49；	程序初始化
N20 G90 G55 G00 X0. Y0. Z150. ；	建立工件坐标系，快速定位至起刀点 S
N30 G43 Z30. H01；	快速下刀至初始平面
N40 M03 S600；	主轴正转，转速为 600r/min

N50 G99 G81 X50. Y50. Z－30. R3. F100;	钻1号孔，退回 R 点平面
N60 X－50. ;	钻2号孔，退回 R 点平面
N70 Y－50. ;	钻3号孔，退回 R 点平面
N80 G98 X50. ;	钻4号孔，退回初始平面
N90 G80 G00 X0 Y0 Z150. M05;	取消固定循环，快速退回起刀点 S，主轴停转
N100 M00;	程序暂停，手工换上锪钻
N110 G43 Z30. H02;	Z 轴快速下刀至初始平面
N120 M03 S500;	主轴正转，转速为 500r/min
N130 G99 G82 X50. Y50. Z－6. R3. P1000 F80;	锪1号孔，孔底暂停1s，退回 R 点平面
N140 X－50. ;	锪2号孔，孔底暂停1s，退回 R 点平面
N150 Y－50. ;	锪3号孔，孔底暂停1s，退回 R 点平面
N160 G98 X50. ;	锪4号孔，孔底暂停1s，退回初始平面
N170 G80 G00 X0 Y0 Z150. M05;	取消固定循环，快速退回起点 S，主轴停转
N180 M30;	程序结束，返回程序头（手工换上钻头）

例 5-11：固定循环程序段重复执行次数 K 应用示例。图 5-55a 为六边形孔板，拟采用数控铣床钻孔加工，试编写数控加工程序。

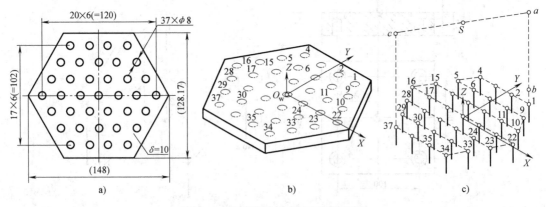

图 5-55 重复执行次数 K 应用示例
a) 零件尺寸　b) 工艺规划　c) 刀具轨迹

（1）工艺分析与规划　由图 5-55a 可见，其为横向均布的排孔，孔深较浅，用 G81 指令即可完整钻孔加工，但孔数量较多，因此拟应用循环重复执行功能简化编程。工件坐标系设置在工件上表面几何中心处，如图 5-55b 所示，为叙述方便，各孔按图示编号。

（2）加工程序　如下所述，刀具轨迹如图 5-55c 所示。

O5011;	程序名
N10 G00 G90 G54 X0 Y0 Z160;	G54 建立工件坐标系，快速定位至起刀点 S
N20 M03 S800;	主轴正转，转速为 800r/min
N30 X30 Y51;	快速定位至1号孔上方 a 点
N40 Z20 M08;	快速下刀至 b 点（初始平面）

N50 G81 G99 X30 Y51 Z – 15 R3 F60；	指定 G81 模态参数，并钻 1 号孔
N60 G91 X – 20 K3；	转增量坐标，钻 2 ~ 4 号 3 个孔
N70 X – 10 Y – 17；	钻 5 号孔
N80 X20 K4；	钻 6 ~ 9 号 4 个孔
N90 X10 Y – 17；	钻孔 10 号孔
N100 X – 20 K5；	钻 11 ~ 15 号 5 个孔
N110 X – 10 Y – 17；	钻孔 16 号孔
N120 X20 K6；	钻 17 ~ 22 号 6 个孔
N130 X – 10 Y – 17；	钻孔 23 号孔
N140 X – 20 K5；	钻 24 ~ 28 号 5 个孔
N150 X10 Y – 17；	钻孔 29 号孔
N160 X20 K4；	钻 30 ~ 33 号 4 个孔
N170 X – 10 Y – 17；	钻孔 34 号孔
N180 X – 20 K3；	钻 35 ~ 37 号 3 个孔
N190 G80 M09；	取消固定
N200 G90 G00 Z160；	转绝对坐标，快速提刀至 c 点
N210 X0 Y0 M05；	快速返回起刀点 S
N220 M30；	程序结束，返回程序头

（3）程序分析　　程序充分利用固定循环程序段重复次数 K 功能，简化编程。N50 程序段采用绝对坐标编程指定固定循环模态参数 Z 和 R，也可采用程序段 "N50 G91 G81 G99 X0 Z_18 R_17 F60；"增量坐标指定，参见图 5-46b 体会参数 Z 和 R 的增量指定方法。

3. 镗孔加工循环指令 G85 /G86 /G88 /G89 /G76 /G87

镗孔加工是孔加工中的常用方法之一。镗孔加工刀具常见的有单刃可调的精镗刀和两刃（甚至三刃）可调的粗镗刀，在数控铣床加工中一般是工件静止刀具运动。镗孔加工过程中，镗刀（或称镗杆）的旋转运动是主运动，镗刀的轴向直线移动是进给运动。镗孔加工主要用于等直径的孔加工，且孔直径尺寸的控制与数控机床无关，由镗刀自身的结构与调节控制。

镗孔加工之前必须要有预制孔，镗孔的过程仅是使孔扩大。镗孔加工不同于整体钻孔、扩孔、铰孔等定尺寸刀具的孔加工，单刃镗刀镗孔加工可以有效纠正并控制孔的位置精度，如垂直度、平行度和位置度等，同时镗孔加工中孔的尺寸精度和形状精度也较高，如孔的圆度和圆柱度。因此，镗孔加工常用于箱体类零件的孔系加工；某些大尺寸孔，不便用钻孔和扩孔等的孔加工；位置精度和尺寸精度要求较高的孔的加工等。镗孔加工可以是钻、扩孔以后孔的精加工，也可以是铸、锻件预制孔的粗镗扩孔和精镗孔等。

镗孔加工中除去机床自身精度外，影响镗孔加工精度的主要因素就是镗杆的刚度，镗孔加工过程中，镗杆的尺寸尽可能取大一点，这有助于控制孔的加工精度。

镗孔加工可以进行粗加工和精加工，其加工精度等级达 IT7 ~ IT8，表面粗糙度达 $Ra0.8 ~ 1.6\mu m$，基本能满足大部分孔加工的要求，或为后续的光整加工奠定基础。

由于实际中镗孔的孔型较多，如直通孔、阶梯孔、不通孔等。就镗孔加工而言，随着镗孔深度的增加，孔的直径尺寸呈单向减小时工艺性较好，但也不排除深度增加，孔径增大的情况，即通常所说的背镗。正是基于以上各种要求，FANUC 0i MC 系统的镗孔类固定循环指令还是比较多的，具体指令如下。

粗镗循环指令：　　　　　　　　　G85 X_ Y_ Z_ R_ F_ K_;
半精镗循环、快速返回指令：　　　G86 X_ Y_ Z_ R_ F_ K_;
镗削循环、手动返回指令：　　　　G88 X_ Y_ Z_ R_ P_ F_ K_;
镗阶梯孔、锪孔循环指令：　　　　G89 X_ Y_ Z_ R_ P_ F_ K_;
精镗循环指令：　　　　　　　　　G76 X_ Y_ Z_ R_ Q_ P_ F_ K_;
反（背）镗循环指令：　　　　　　G87 X_ Y_ Z_ R_ Q_ P_ F_ K_;

（1）粗镗循环指令 G85　粗镗，顾名思义就是镗孔的粗加工，主要用于镗孔、扩孔、铰孔加工，其主要任务是去除材料，为后续精加工做准备，由于后续还有精镗孔加工，所以其对孔的内壁表面质量没有特殊要求。另外，就其动作而言，较为适合铰孔加工。

粗镗固定循环的孔加工指令 G85 的格式如下，其动作循环如图 5-56 所示。

$$\begin{Bmatrix}G90\\G91\end{Bmatrix}\begin{Bmatrix}G98\\G99\end{Bmatrix}G85\ X\_\ Y\_\ Z\_\ R\_\ F\_\ K\_;$$

从图 5-56 中可以看出，G85 指令在孔底不暂停，在退回过程中仍然进行了一次镗削加工，其缺点是孔壁表面质量差，优点是返回时仍然是切削加工，加工效率较高，故其是粗镗、扩孔加工指令。而铰孔加工的铰刀是不能反转的，返回时加工更有利于孔加工质量。

（2）半精镗循环、快速返回指令 G86　半精镗孔加工，是粗镗孔加工和精镗孔加工的一种过渡性的镗孔加工，对其内孔的精度和表面粗糙度有一定要求，但是其后续可能还有精镗加工，所以孔内壁有少量的划伤还是允许的。

半精镗循环、快速返回的孔加工固定循环指令 G86 的格式如下，其动作循环如图 5-56 所示。

$$\begin{Bmatrix}G90\\G91\end{Bmatrix}\begin{Bmatrix}G98\\G99\end{Bmatrix}G86\ X\_\ Y\_\ Z\_\ R\_\ F\_\ K\_;$$

从图 5-57 中可以看出，G86 指令在孔底主轴停转，然后快速退回，但退回时刀尖并没有横向后退，因此会在孔壁上留下一条划痕。当然这条划痕对使用并无大碍，特别是后续还需精镗加工时。所以称其为半精镗加工。显然，这个动作也可用于粗镗刀扩孔加工。

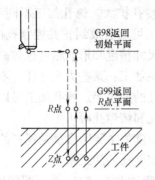

图 5-56　G85 粗镗孔循环动作

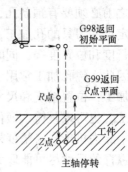

图 5-57　G86 镗孔循环动作

（3）镗削循环、手动返回指令 G88　G88 是一种通用性较强的镗孔固定循环指令，其可用于半精镗或精镗孔加工。

镗削循环、手动返回的孔加工固定循环指令 G88 的格式如下，其动作循环如图 5-58 所示。

$$\begin{Bmatrix} G90 \\ G91 \end{Bmatrix} \begin{Bmatrix} G98 \\ G99 \end{Bmatrix} G88 \ X\_\ Y\_\ Z\_\ R\_\ P\_\ F\_\ K\_ ;$$

从图 5-58 可以看出，G85 指令的镗孔至孔底后，主轴停转，用手工进给返回，操作者可以在手动返回之前，手动加入刀具按刀尖反方向的退刀动作，使刀具返回时不划伤工件表面，以适应孔的精镗加工。当然，手动退刀以及手动返回降低了镗孔加工的效率，所以其适用于单件、小批量加工。对于主轴无准停功能的数控铣床，其无法应用 G76 指令，只能用此指令精镗孔。

（4）镗阶梯孔、锪孔循环指令 G89　G89 固定循环指令与 G85 基本相同，唯一的差别是在该指令执行至孔底时多了一个暂停动作，正是这个暂停动作，使得其适用于镗削加工对孔底加工面有要求的型孔，常见的是阶梯孔或锪孔的加工，如各种紧固螺钉沉头孔的加工，可加工平底面和锥底面沉头孔。

镗阶梯孔、锪孔加工的固定循环指令 G89 的格式如下，其动作循环如图 5-59 所示。

$$\begin{Bmatrix} G90 \\ G91 \end{Bmatrix} \begin{Bmatrix} G98 \\ G99 \end{Bmatrix} G89 \ X\_\ Y\_\ Z\_\ R\_\ P\_\ F\_\ K\_ ;$$

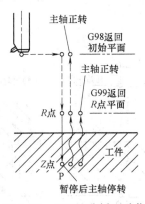

图 5-58　G88 镗孔循环动作

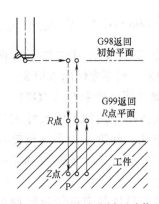

图 5-59　G89 镗孔循环动作

（5）精镗循环指令 G76　G76 是专为孔的精镗加工而设置的，其最大的特点是在孔底增加了一个沿刀尖相反方向的径向自动退刀动作，正是这样一个退刀动作，可有效保证刀尖在轴向退回时与已加工过的孔侧壁表面相接触，从而有效保证了孔的加工质量。

精镗孔加工的固定循环指令 G76 的格式如下，其动作循环如图 5-60 所示。

$$\begin{Bmatrix} G90 \\ G91 \end{Bmatrix} \begin{Bmatrix} G98 \\ G99 \end{Bmatrix} G76 \ X\_\ Y\_\ Z\_\ R\_\ Q\_\ P\_\ F\_\ K\_ ;$$

指令中的孔底偏移量 q 值必须指定为正值，其是模态值，并且也用作 G73 和 G83 的切削深度，使用时要注意。另外，若机床主轴无定向停止（准停）功能，则不能使用该指令。

动作分析：执行 G76 指令时，镗刀首先在初始平面内快速定位至指令中的 X、Y 坐标位置，然后沿 Z 轴快速下刀至 R 点，在 R 点开始转为指令中指定的镗孔进给速度 f，从 R 点到 Z 点执行切削进给镗孔，镗至孔底进给暂停指定的时间，然后主轴定向停转（OSS），并沿刀尖反方向移动指令 Q 指定的距离，接着轴向返回。当返回指令为 G98 时，镗刀快速地退回初始平面，然后沿刀尖方向移动指令 Q 指定的距离，使刀具回到指令中定位的孔的中心位置；当返回指令为 G99 时，镗刀快速退回 R 点平面，然后沿刀尖方向移动指令 Q 指定的距离，使刀具回到指令中定位的孔的中心位置。返回孔的中心位置后，主轴恢复正转，完成一个镗孔固定循环。如果重复次数大于 1 时，循环动作会按要求重复执行。对于多孔镗

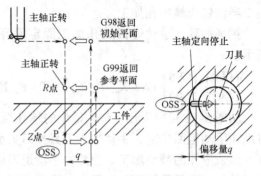

图 5-60 G76 精镗孔循环动作

孔加工，一般用增量坐标指定 G91 指令。G76 指令镗孔不仅表面质量好，而且效率高，但要求机床主轴有定向停止功能。

（6）背（反）镗循环指令 G87　背镗循环又称反镗循环，指的是镗孔过程中切削进给的方向与前述常规方向相反。对于立式铣床而言，其背镗孔进给方向为 +Z 方向。其主要用于阶梯孔且装夹方式不便或不能从孔的大头进刀镗孔的工件。该指令镗孔过程中，为保证镗刀能够可靠地退出，刀尖必须沿刀尖相反方向退出适当的距离。

背镗循环指令加工孔的固定循环指令 G87 的格式如下，其动作循环如图 5-61 所示。

$$\begin{Bmatrix} G90 \\ G91 \end{Bmatrix} \text{G98 G87 X\_ Y\_ Z\_ R\_ Q\_ P\_ F\_ K\_;}$$

同指令 G76，若机床主轴无定向停止（准停）功能，则不能使用该指令。

4. 攻螺纹循环指令 G84/G74

攻螺纹指用丝锥加工定尺寸内螺纹的一种工艺方法。丝锥分为手用丝锥与机用丝锥两种，数控铣床上攻螺纹加工一般用机用丝锥进行。

由于数控铣床具有进给运动精度高的特点，故可采用刚性攻螺纹的方法进行加工。其丝锥可采用弹簧夹头刀柄或刚性攻

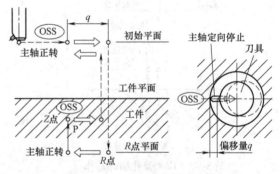

图 5-61 G87 背镗孔循环动作

螺纹卡簧（其装夹部分有与丝锥配套的圆孔与四方孔）与机床主轴相连，丝锥在机床主轴的带动下，在旋转的同时按一定的进给速度移动，实现攻螺纹。

攻螺纹加工一般用于尺寸不大的内螺纹加工，属定尺寸刀具加工。螺纹根据其旋向不同可分为右旋与左旋两种，因此攻螺纹加工也有右旋螺纹加工与左旋螺纹加工指令。

（1）右旋攻螺纹固定循环指令 G84　右旋攻螺纹固定循环指令 G84 的格式如下，其动作循环如图 5-62 所示。攻螺纹期间进给倍率无效。

$$\begin{Bmatrix} G90 \\ G91 \end{Bmatrix} \begin{Bmatrix} G98 \\ G99 \end{Bmatrix} \text{G84 X\_ Y\_ Z\_ R\_ P\_ F\_ K\_;}$$

指令中 F 的参数为攻螺纹加工进给速度，其计算式为：

$$\text{进给速度 } v_f(\text{mm/min}) = \text{主轴转速 } n(\text{r/min}) \times \text{螺纹导程 } L(\text{mm})$$

（2）左旋攻螺纹固定循环指令 G74　左旋攻螺纹固定循环指令 G74 的格式如下，其动作循环如图 5-63 所示，从图解中可以看出 G74 与 G84 的动作差别主要是旋向的不同。

$$\begin{Bmatrix} G90 \\ G91 \end{Bmatrix} \begin{Bmatrix} G98 \\ G99 \end{Bmatrix} G74\ X\_\ Y\_\ Z\_\ R\_\ P\_\ F\_\ K\_;$$

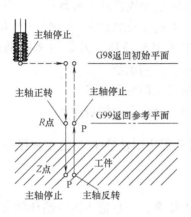

图 5-62　G84 攻螺纹循环动作

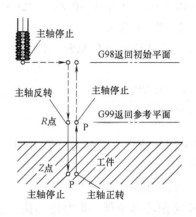

图 5-63　G74 攻螺纹循环动作

例 5-12：攻螺纹加工循环指令应用举例。图 5-64 所示图形，使用 G84 指令加工其中的 5 个螺纹孔。假设主轴转速为 100r/min，工件坐标系建在工件上表面左侧中心，初始平面距工件上表面 30mm，R 点平面取在距工件上表面 5mm 处。

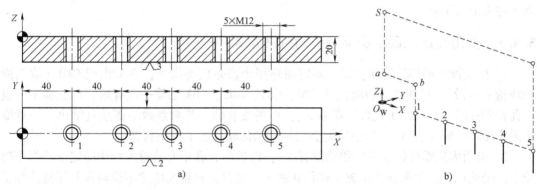

图 5-64　例 5-12 图

a）零件图尺寸与工艺设计　b）刀具轨迹示意图

1）工艺分析　图 5-64a 所示螺纹为普通粗牙右旋螺纹，M12 粗牙螺纹的螺距 $L = 1.75\text{mm}$，故攻螺纹加工的进给速度为：$v_f = 100 \times 1.75\text{mm/min} = 175\text{mm/min}$，因为是右旋螺纹，所以用 G84 指令。刀具轨迹如图 4-64b 所示。

2）加工程序如下所示：

O0512；	程序名
N10 G40 G49 G80；	系统初始化
N20 G90 G55 G00 X0. Y0 Z150. ；	G55 建立工件坐标系，刀具快速定位至起刀点

```
    N30 M03 S100;                          主轴正转，转速为 100r/min
    N40 G43 Z30. H01 M08;                  快速移动至初始平面，执行刀具长度补
                                           偿，开切削液
    N50 G99 G84 X40. Y0 Z-24. R5. P500 F175;   G84 指令攻螺纹 1 号螺孔
    N60 G91 X40. K4;                       G84 指令攻螺纹 2、3、4、5 号螺孔
    N70 G90 G80 G00 Z150 M09;              取消固定循环，刀具快速移动至起刀
                                           点，关切削液
    N80 X0 Y0;                             快速返回起刀点 S
    N90 M30;                               程序结束，返回程序头
```

3）程序分析：对照刀具轨迹图（图 5-64b）阅读此程序时注意 G84 指令和循环指令中 K 的用法。

5. 固定循环取消指令 G80

固定循环指令是一组专用的指令，且都是同组模态指令，一旦进入固定循环状态，其指令中的模态数据就一直有效，如 G98/G99、R、P、Q、K 等参数，若退出固定循环状态返回三轴插补控制状态，则称为取消固定循环，G80 指令便是取消固定循环指令，其

格式为 G80;

程序中一旦出现 G80 指令，则系统取消所有的固定循环，返回三轴插补运行状态，执行正常的操作，R 点 Z 点也被取消。这意味着，在增量方式中，$R = 0$，$Z = 0$，其他钻孔数据也被取消（清除）。

5.3.3　使用孔加工固定循环指令时的注意事项

1）固定循环的模态说明：以上固定循环指令都是模态指令，在未出现 G80（取消固定循环指令）及 01 组的准备功能代码 G00、G01、G02、G03 之前一直有效，故在加工一组相同孔径的孔时，只需给出孔位置参数 X_、Y_的变化值，其余参数不需重复给出。一旦取消了固定循环，则 X_、Y_、Z_值恢复到三轴联动的轮廓加工控制状态。

2）调用固定循环指令时，如果没有 X_、Y_值时，孔中心位置为调用固定循环指令时刀位点所处的位置。如果在此位置不进行孔加工，而只是希望孔位置定位动作并保持孔加工固定循环指令的模态参数，则可在指令中插入 K0，调用孔加工参数，这时，若后续程序段中一旦出现孔中心位置，即可按记忆的加工参数进行加工。

3）孔加工固定循环指令中的参数 K 必须在增量方式（G91）下使用，否则仅在同一位置重复钻孔。使用程序段重复调用可使程序大大简化。

4）工件表面条件若许可的话，在进行孔组加工时，除最后一个孔加工外，中间孔的加工尽可能用 G99 返回 R 点平面进行孔位置的切换，这样可以有效地提高加工效率。

5）所有固定循环指令使用时的注意事项基本相同，其规律如下：

① 初始平面由循环指令之前的其他程序指定。

② 固定循环指令不包含主轴起动指令，因此必须在循环指令之前起动主轴旋转。

③ 与固定循环指令在同一个程序段中的辅助指令，当重复次数 K 大于 1 时，仅对第一个孔加工固定循环指令起作用，后面的循环指令不执行辅助指令，但辅助指令具有模态特

性，仍然有效。

④ 固定循环指令中指定刀具长度补偿时，在移动至 R 点的同时加长度补偿。

⑤ 固定循环指令中指定 01 组的 G 代码时，固定循环被取消，这一点要特别注意。

⑥ 固定循环中的暂停 P、退刀 Q 数据必须与循环指令在同一个程序段中指定，否则，不能作为模态数据保存。

⑦ 固定循环指令与取消循环指令成对使用。

⑧ 固定循环方式中，刀具补偿指令无效。

6）在固定循环指令中，只要程序段中包含孔位数据 X、Y、Z、R 中的任意一个，则进行孔加工，否则不进行孔加工。

7）对具有控制主轴停转（G86）或正、反转切换（G74、G84）的固定循环指令时，如果孔位之间距离较短或从初始平面到 R 点平面的距离较短，则在进入孔加工动作之前，主轴可能达不到正常转速，这时，应在各加工孔动作之间插入暂停指令（G04），以延长时间。

8）在螺纹加工固定循环指令（G74 和 G84）中，进给速度倍率固定在 100% 上。

5.3.4　孔固定循环指令应用综合举例

例 5-13：使用刀具长度补偿和固定循环的编程举例。图 5-65 所示零件，需要加工其中三种尺寸的孔：六个 $\phi 10$mm 的通孔、四个 $\phi 20$mm 的沉孔和三个 $\phi 95$mm 的通孔。

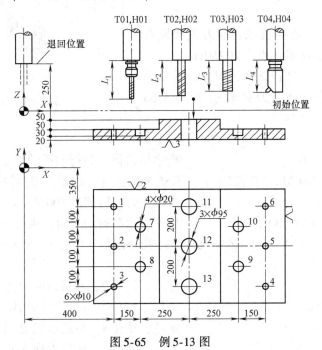

图 5-65　例 5-13 图

（1）工艺分析　具体分析如下。

1）钻孔工艺分析及刀具选择：对于 $\phi 10$mm 的通孔，可以采用 $\phi 10$mm 的麻花钻直接钻出；对于 $\phi 20$mm 的不通孔，可以采用 $\phi 20$mm 键槽铣刀直接钻出，键槽铣刀是一种两刃的立铣刀，不需钻预制孔直接轴向进给加工；对于 $\phi 95$mm 的孔，由于直径较大，直接钻孔不合理，一般采用的工艺是钻→扩→镗工艺，考虑到数控铣床具有螺旋插补功能，所以本例 $\phi 95$mm 的孔拟

采用钻孔 $\phi 10mm \rightarrow \phi 45mm$ 立铣刀螺旋铣削至 $\phi 94mm \rightarrow$ 精镗孔至尺寸（$\phi 95mm$），注意到孔的长径比较大，拟采用深孔加工指令 G83，其中钻孔与前面的钻孔共用一把刀具，因此还需要一把 $\phi 45mm$ 长型立铣刀（其切削刃的长度为 125mm）和一把单刃镗刀。

2）加工工艺与切削用量：本零件的孔加工工艺及切削用量如下。

工步一：钻 $\phi 10mm$ 孔，G81 指令加工 1、2、3、4、5、6，G83 指令加工 11、12、13 号孔，$\phi 10mm$ 麻花钻（T01，H01），$n = 500r/min$，$v_f = 120mm/min$。

工步二：钻 $\phi 20mm$ 孔，加工 7、8、9、10 号孔，$\phi 20mm$ 键槽铣刀（T02，H02），$n = 400r/min$，$v_f = 80mm/min$。

工步三：螺旋铣削扩孔至 $\phi 94mm$，螺旋扩孔加工 11、12、13 号孔，$\phi 45mm$ 长型立铣刀（T03，H03），采用逆铣方式，$n = 300r/min$，$v_f = 160mm/min$，轴向进给速度为 3mm/r。

工步四：镗 $\phi 95mm$ 孔，G76 指令，镗孔加工 11、12、13 号孔，单刃镗刀（T04，H04），$n = 500$，$v_f = 50mm/min$。

3）工件坐标系选取：工件坐标系定在工件上表面 50mm，水平位置在工件左上角，如图 5-65 所示。

4）起刀点与换刀点的选取：起刀点和换刀点重合，选在工件坐标系原点上方 250mm。

（2）加工程序　以数控铣床为对象，采用手动换刀，加工程序如下，刀路轨迹如图 5-66 所示。

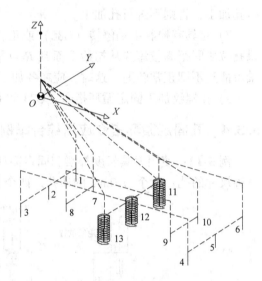

图 5-66　刀路轨迹

O0513；	程序名
N10 G40 G49 G80；	程序初始化（执行前手动换 T01 号刀）
N20 G90 G55 G00 X0. Y0 Z250.；	G55 建立工件坐系，刀具快速定位至起刀点
N30 M03 S500；	主轴正转，转速为 500r/min
N40 G43 Z50. H01 M08；	快速移动至初始平面，执行长度补偿，开切削液
N50 G99 G81 X400. Y－350. Z－155. R－97. F120；	G81 指令定位，钻孔 1，然后返回 R 点
N60 Y－550.；	定位，钻孔 2，然后返回 R 点
N70 G98 Y－750；	定位，钻孔 3，然后返回初始平面
N80 G99 X1200；	定位，钻孔 4，然后返回 R 点
N90 Y－550；	定位，钻孔 5，然后返回 R 点
N100 G98 Y－350；	定位，钻孔 6，然后返回初始平面
N110 G99 G83 X800. Y－350. R－47. Q10.；	G83 指令定位，钻孔 11，然后返回 R 点
N120 Y－550；	定位，钻孔 12，然后返回 R 点
N130 G98 Y－750.；	定位，钻孔 13，然后返回初始平面

N140 G80 G00 X0 Y0 M09;	取消固定循环，XY 平面返回换刀点，关切削液
N150 G49 G00 Z250. M05;	取消长度补偿，Z 轴返回换刀点，主轴停转
N160 M00;	程序暂停，手动换 T02 号刀
N170 G90 G55 G00 X0. Y0 Z250.;	建立工件坐标系，刀具快速定位至起刀点
N180 M03 S400;	主轴正转，转速为 400r/min
N190 G43 Z50. H02 M08;	快速移动至初始平面，执行长度补偿，开切削液
N200 G99 G82 X550. Y −450. Z −130. 　　R −97. P500 F80;	定位，钻孔 7，然后返回 R 点
N210 G98 Y −650.;	定位，钻孔 8，然后返回初始平面
N220 G99 X1050;	定位，钻孔 9，然后返回 R 点
N230 G98 Y −450.;	定位，钻孔 10，然后返回初始平面
N240 G80 G00 X0 Y0 M09;	取消固定循环，XY 平面返回换刀点，关切削液
N250 G49 G00 Z250. M05;	取消长度补偿，Z 轴返回换刀点，主轴停转
N260 M00;	程序暂停，手动换 T03 号刀
N270 G90 G55 G00 X0. Y0 Z250.;	建立工件坐标系，刀具快速定位至起刀点
N280 M03 S300;	主轴正转，转速为 300r/min
N290 G43 Z50. H03 M08;	快速移动至 11 号孔上，执行长度补偿，开切削液
N300 G00 X800. Y −350. Z −47.;	快速定位至 11 号孔上表面 3mm 处
N310 M98 P1513;	调用 O1513 螺旋扩孔子程序
N320 G90 Y −550.;	快速定位至 12 号孔上表面 3mm 处
N330 M98 P1513;	调用 O1513 螺旋扩孔子程序
N340 G90 Y −750.;	快速定位至 13 号孔上表面 3mm 处
N350 M98 P1513;	调用 O1513 螺旋扩孔子程序
N360 G90 G00 Z50. M09;	快速提刀至安全平面，关切削液
N370 G00 X0 Y0;	水平面返回换刀点
N380 G49 G00 Z250. M05;	取消长度补偿，Z 轴返回换刀点，主轴停转
N390 M00;	程序暂停，手动换 T04 号刀
N400 G90 G55 G00 X0. Y0 Z250.;	建立工件坐标系，刀具快速定位至起刀点
N410 M03 S500;	主轴正转，转速为 500r/min
N420 G90 G43 Z50. H04 M08;	快速移动至初始平面，执行长度补偿，开切削液
N430 G99 G76 X800. Y −350. Z −155. 　　R −47. Q1. P500 F50;	定位，精镗孔 11，然后返回 R 点
N440 Y −550.;	定位，精镗孔 12，然后返回 R 点
N450 G98 Y −750.;	定位，精镗孔 13，然后返回初始平面
N460 G80 G00 X0 Y0 M09;	取消固定循环，水平面返回换刀点，关切削液
N470 G49 G00 Z250.;	取消长度补偿，Z 轴返回换刀点
N480 M30;	程序结束，返回程序头

```
O1513；                          子程序 O1513
N10 G91 G00 X24. 5；            快速定位至螺旋加工起点
N20 G03 I -24. 5 Z -3. F100；   螺旋下刀
N30 M98 P0342512；              调用子程序 O2513 34 次螺旋加工 φ90mm 孔
N40 G91 G00 X -24. 5；          快速返回圆心
N50 G90 G00 Z -47. ；           快速提刀参考平面
N60 M99；                        子程序结束，返回主程序

O2513；                          子程序 O2513
N10 G91 G03 I -24. 5 Z -3. F200；  螺旋加工一个循环
N20 M99；
                                子程序结束，返回主程序
```

（3）程序分析与说明

1）程序采用 G55 指令建立工件坐标系，执行程序时对刀具的当前位置没有特殊要求。

2）程序执行之前，机床主轴上必须事先装上 T01 号刀，程序采用 M00 暂停指令进行换刀。

3）φ95mm 孔粗加工通过一个 2 级嵌套的螺旋加工子程序执行，简化了程序编制。

4）φ95mm 孔精加工采用了精镗指令 G76，若机床不具有主轴准停功能，则可换用其他镗孔指令，如 G88 或 G86。

5.4　坐标变换指令

坐标变换类指令主要对加工对象进行比例缩放、旋转和镜像加工等，其实质是数控系统对所编写程序的尺寸进行了一个坐标变换操作。

5.4.1　比例缩放指令 G50/G51

比例缩放是指编程的加工轨迹被按一定的比例放大或缩小。比例缩放指令包括缩放开始指令 G51 和缩放取消指令 G50。比例缩放功能可实现等比例缩放、各轴不等比例缩放以及镜像等。关于镜像放到 5.4.3 节一并讨论。

1. 各轴等比例缩放

各轴等比例缩放是指各轴按相同的比例对加工程序所规定的图形进行缩放，等比例缩放必须指定比例缩放中心和缩放比例因子。

各轴等比例缩放的指令格式为

G51 X_ Y_ Z_ P_；　　　　　缩放开始

……　　　　　　　　　　　　缩放有效，移动指令按比例缩放

G50；　　　　　　　　　　　取消缩放方式

其中　X_、Y_、Z_——比例缩放中心坐标值，绝对坐标指定；

　　　　　　P_——缩放比例（比例因子）。

说明：

1）比例缩放的最小输入增量单位由系统参数设定，一般设置为 0.001。缩放比例的取值范围为 1～999999。

2）比例缩放指令 G51 必须在单独的程序段内指定。缩放之后必须用指令 G50 取消比例缩放方式。

3）若指令 G51 中未指定缩放中心，则刀具的当前位置被作为缩放中心。

4）比例缩放对刀具半径补偿值和长度补偿值无效。如图 5-67 所示，仅缩放编程图形，刀具半径补偿值不变。

5）比例缩放期间，显示屏上显示的是缩放以后的坐标值。

例 5-14：如图 5-68 所示零件，第二层三角形凸台 ABC 的顶点坐标为 A（10，10），B（90，10），C（50，90），若第一层三角形凸台是在第二层三角形凸台基础上以（50，30）的点为比例缩放中心，比例缩放系数为 0.5。

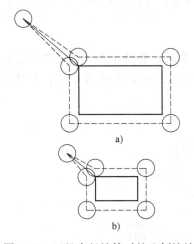

图 5-67　刀具半径补偿时的比例缩放

a) 编程形状　b) 缩放后的形状

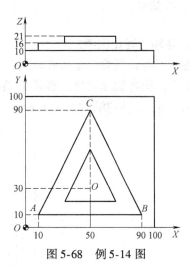

图 5-68　例 5-14 图

图 5-68 所示等比例缩放的参考程序如下：

O0514；	程序名（主程序）
N10 G54 G90 G00 X0 Y0 Z100；	选择 G54 坐标系，快速移动至起刀点
N20 M03 S1000；	主轴正转，转速为 1000r/min
N30 G00 X – 20. Y10.；	快速移动至加工起点
N40 Z30. M08；	快速下刀，开切削液
N50 G01 Z16. F100；	进给下刀第一层三角形凸台深度
N30 G51 X50. Y30. P500；	启动比例缩放，指定缩放中心缩放比例 0.5
N40 M98 P1514；	调用子程序 O1514 加工第一层三角形凸台
N50 G50；	取消比例缩放
N60 G00 X – 20. Y10.；	快速移动至加工起点
N70 G01 Z10. F100；	进给下刀第二层三角形凸台深度

N80 M98 P1513;	调用子程序 O1513 加工第二层三角形凸台
N90 G00 Z100.;	快速提刀
N100 G40 X0 Y0;	取消刀具半径补偿, 快速返回起刀点
N110 M30;	程序结束, 返回程序头
O1514;	程序名 (子程序)
N10 G42 G01 X0 D01;	启动刀具半径右补偿, 切削接近工件
N20 X90.;	切削三角形底边 AB
N30 X50. Y90.;	切削三角形右边 BC
N40 X10. Y10.;	切削三角形左边 CA
N50Y – 10.;	切削切出工件
N60 G00 Z30.;	快速提刀
N70 M99;	子程序结束, 返回主程序

2. 各轴不等比例缩放

各轴不等比例缩放是指各轴按不同的比例因子进行缩放。各轴不等比例缩放也必须指定缩放中心, 但各轴缩放比例必须单独指定。如图 5-69 所示, P 点为缩放中心, X 轴的缩放比例为 a/b, Y 轴的缩放比例为 c/d。

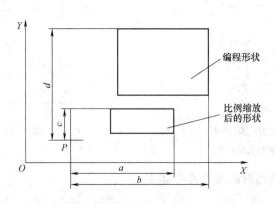

图 5-69　各轴不等比例缩放

各轴不等比例缩放的指令格式为

G51 X_ Y_ Z_ I_ J_ K_;	缩放开始
……	缩放有效, 移动指令按比例缩放
G50;	取消缩放方式

其中　X_、Y_、Z_——比例缩放中心坐标值, 绝对坐标指定;

　　　 I_、J_、K_——分别为 X、Y、Z 各轴所对应的缩放比例 (比例因子)。

说明:

1) 各轴不等比例缩放功能必须通过系统参数设置才能生效, 其与等比例缩放共用一个参数, 一般默认设置为等比例缩放功能有效。

2) 小数点编程不能用于指定比例 I、J、K。

3）不等比例缩放中有关 Z 轴移动缩放无效，刀具半径补偿值不缩放。

4）圆弧插补时的不等比例缩放，其缩放轨迹与圆弧插补编程方式有关：

① 当圆弧插补采用圆弧半径 R 编程时，其 X、Y 同时乘以缩放比例，半径 R 的比例按 I、J 中的较大值缩放。如图 5-70a 所示，X 轴的比例因子为 2，Y 轴的比例因子为 1。以下两程序等效。

G90 G00 X0 Y100. Z0；　　　　⟷　　　　G90 G00 X0 Y100. Z0；

G51 X0 Y0 Z0 I2000 J1000；　　　　　　　　G02 X200. Y0 R200. F500；

G02 X100. Y0 R100. F500；　　　　　　　　……

……

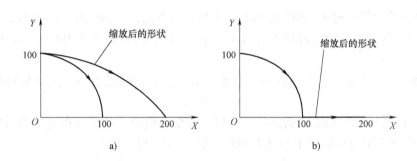

图 5-70　圆弧插补各轴不等比例缩放

a）圆弧半径 R 编程　　b）圆心坐标 I、J、K 编程

② 当圆弧插补采用圆心坐标 I、J、K 编程时，其缩放后的图形如图 5-68b 所示，X 轴的比例因子为 2，Y 轴的比例因子为 1，缩放后的终点不在半径上，多走出了一段直线。以下两程序等效。

G90 G00 X0 Y100.；　　　　⟷　　　　G90 G00 X0 Y100.；

G51 X0 Y0 Z0 I2000 J1000；　　　　　　　　G02 X200. Y0 I0 J − 100. F500；

G02 X100. Y0 I0 J − 100. F500；　　　　　　……

……

通过以上分析可以看出，各轴不等比例缩放时，缩放后的图形会发生变化，使用时要慎重。

5.4.2　坐标系旋转指令 G68 /G69

坐标系旋转是指编程的加工轨迹能够按指定的旋转中心及旋转方向旋转一定的角度，如图 5-71 所示。坐标系旋转指令包括坐标系旋转开始指令 G68 和坐标系旋转取消指令 G69。

坐标系旋转指令包含指定旋转中心和旋转角度参数，如图 5-71 所示，同时坐标系旋转还必须指定工作平面。坐标系旋转指令的格式如下：

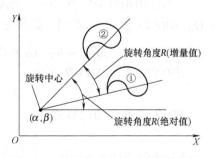

图 5-71　旋转角度的绝对与增量坐标

G17/G18/G19……;　　　　　　　指定坐标旋转工作平面

G68 α_β_ R_;　　　　　　　　坐标系旋转开始，指定旋转中心和旋转角度

……　　　　　　　　　　　　坐标系旋转方式

G69;　　　　　　　　　　　　坐标系旋转取消

其中　α_、β_——旋转中心的坐标值，绝对坐标值指定。

　　　　R_——旋转角度，逆时针方向为正值方向。

说明：

1）工作平面的选择指令（G17/G18/G19）必须在旋转指令 G68 之前的程序段指定。

2）旋转角度可由系统参数设置为两种指定方式。即绝对坐标指定（G90）或增量坐标指定（G91）。

3）旋转角度的最小输入单位为 0.001°，有效数据范围为 −360.000°~360.000°。

4）若 G68 指令中未指定旋转中心（α_，β_）时，则系统默认刀具的当前位置为旋转中心。

5）坐标系旋转方式中，仍可执行刀具半径补偿、刀具长度补偿、刀具偏置和其他补偿操作。

6）坐标系旋转指令 G68 之后的第一个移动指令必须用绝对坐标指定。因为用绝对坐标指定和增量坐标指定时的旋转中心是不同的，如图 5-72 所示。

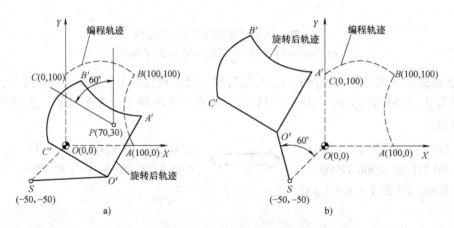

图 5-72　坐标旋转之后绝对/增量坐标指定

a）绝对坐标指定　b）增量坐标指定

① 当使用绝对坐标指定时，旋转中心的坐标值为程序中 G68 指令程序段中指定的旋转中心，如图 5-72a 中的 P 点，其参考程序如下：

N10 G92 X −50. Y −50. G69 G17;	建立工件坐标系
N20 G68 X70. Y30. R60.0;	坐标系旋转，设定旋转中心 P 点和旋转角度 60°
N30 G90 G01 X0 Y0 F200;	编程轨迹 S→O，G68 后第一个程序段采用绝对坐标编程
N40 G91 X100.;	编程轨迹 O→A

N50 G02 Y100. R100. ;	编程轨迹 $A \rightarrow B$
N60 G03 X − 100. I − 50. J − 50. ;	编程轨迹 $B \rightarrow C$
N70 G01 Y − 100. ;	编程轨迹 $C \rightarrow O$
N80 G69 G90 X − 50. Y − 50. ;	取消坐标系旋转，返回 S 点
N90 M30 ;	程序结束，返回程序头

② 当使用增量坐标指定时，旋转中心由刀具当前位置确定，如图 5-72b 中的 S 点，其参考程序如下：

N10 G92 X − 50. Y − 50. G69 G17 ；	建立工件坐标系，刀具当前位置在 S 点
N20 G68 X70. Y30. R60. 0 ；	坐标系旋转，设定旋转中心 P 点和旋转角度60°
N30 G91 G01 X50 Y50 F200 ；	编程轨迹 $S \rightarrow O$，G68 后第一个程序段采用增量坐标编程
N40 G91 X100. ；	编程轨迹 $O \rightarrow A$
N50 G02 Y100. R100. ；	编程轨迹 $A \rightarrow B$
N60 G03 X − 100. I − 50. J − 50. ；	编程轨迹 $B \rightarrow C$
N70 G01 Y − 100. ；	编程轨迹 $C \rightarrow A$
N80 G69 G90 X − 50. Y − 50. ；	取消坐标系旋转，返回 S 点
N90 M30 ；	程序结束，返回程序头

例 5-15：坐标系旋转指令应用举例。图 5-73 所示的 3 个极坐标分布的半个太极图形，试编写其加工程序。假设刀具起点距工件上表面 50mm，切削深度 5mm。

1）工艺分析：图中共有三个相同的图形，按极坐标规律分布，两图形之间的极角为 45°，由此可见其可以采用坐标系旋转指令编程。同时，考虑到有三个相同的图形，故可以采用子程序调用的方式，将基本图形编写成子程序调用。

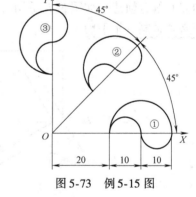

图 5-73　例 5-15 图

2）参考程序如下：

O0515 ；	主程序
N10 G92 X0 Y0 Z50. ；	建立工件坐标系
N20 M03 S600 ；	主轴正转，转速为 600r/min
N30 G00 G43 Z − 5. H02 ；	快速下刀，执行刀具长度补偿
N40 M98 P1515 ；	调用子程序，加工图形①
N50 G68 X0 Y0 R45. 0 ；	坐标系旋转开始，旋转中心为 O 点，旋转角度45°
N60 M98 P1515 ；	调用子程序，加工图形②

N70 G68 X0 Y0 R90.0;	坐标系旋转开始，旋转中心为 O 点，旋转角度90°
N80 M98 P1515;	调用子程序，加工图形③
N90 G49 Z50.;	取消刀具长度补偿，快速提刀
N100 G69;	坐标系旋转取消
N110 M30;	程序结束，返回程序头
O1515	子程序（图形①的加工程序）
N10 G41 G01 X20. Y-5. D02 F80;	建立刀具半径左补偿，切削移动至轮廓延长线
N20 Y0;	切入图形
N30 G02 X40. R10.;	切削大圆弧
N40 X30. R5.;	切削小的凸圆弧
N50 G03 X20.0 R5.;	切削小的凹圆弧
N60 G00 Y-5.;	切出图形
N70 G40 X0 Y0;	取消刀具半径补偿
N80 M99;	子程序结束，返回主程序

在执行坐标系旋转指令时，要注意处理好坐标系旋转功能与刀具半径补偿、比例缩放指令的关系。

1）刀具半径补偿与坐标系旋转。刀具半径补偿期间，可以指定坐标系旋转指令 G68/G69，即坐标系旋转不影响刀具半径补偿和长度补偿，系统会根据坐标系旋转轨迹调整旋转后的刀心偏置轨迹，如图 5-74 所示。但必须注意，<u>坐标系旋转与刀具半径补偿指令的工作平面必须是同一个平面</u>。

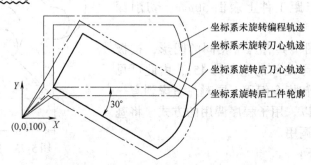

图 5-74　刀具半径补偿与坐标系旋转的关系

2）比例缩放与坐标系旋转。如果在比例缩放方式（G51 方式）中执行坐标系旋转指令，旋转中心的坐标值（α，β）也被缩放，但不缩放旋转角（R）。当发出移动指令时，比例缩放首先执行，然后坐标旋转。编程时按以下顺序组织程序：

G51;	比例缩放方式开始
G68;	坐标系旋转方式开始
……	
G69;	坐标系旋转方式取消

G50；　　　　　比例缩放方式取消

以下的程序示例说明了以上程序的结构。

O0574；	程序名
N10 G92 X0. Y0. G69 G17；	建立工件坐标系
N20 G51 X300. Y150. P500；	比例缩放开始，缩放中心为（300，150），缩放比例为 0.5
N30 G68 X200. Y100. R45.0；	坐标系旋转开始，旋转中心（200，100），旋转角度为 45°
N40 G01X400. Y100. F100；	切削进给 $O{\rightarrow}a$
N50 Y100.；	切削进给 $a{\rightarrow}b$
N60 X - 200.；	切削进给 $b{\rightarrow}c$
N70 X200.；	切削进给 $c{\rightarrow}d$
N80 G69 G50 G90 G00 X0 Y0；	取消坐标系旋转和比例缩放，切削进给 $d{\rightarrow}O$
N130 M30；	程序结束，返回程序头

图 5-75 说明了以上程序相关图形轨迹的关系。

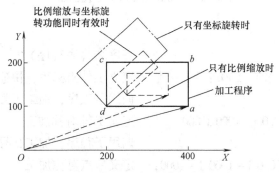

图 5-75　比例缩放与坐标系旋转的关系

3）比例缩放、刀具半径补偿与坐标系旋转　在缩放方式（G51）下，刀具半径补偿方式（G41/G42）不能发出坐标系旋转指令（G68）。此时坐标系旋转指令应该先于刀具半径补偿方式。编程时按以下顺序组织程序：

G51；　　　　　比例缩放方式开始

G68；　　　　　坐标系旋转方式开始

……

G41（或 G42）；　刀具补偿方式开始

5.4.3　镜像编程

镜像包括某坐标轴镜像和原点镜像。FANUC 0i MC 系统的各轴不等比例缩放指令 G51/G50 可以进行镜像加工，另外还有可编程镜像指令 G51.1/G50.1。

1. 基于各轴不等比例缩放的镜像编程

将各轴不等比例缩放加工指令的比例因子 I、J、K 按一定规律设置负值，就可以实现一定的镜像加工。镜像加工必须指定工作平面，下面以 *XY* 平面为工作平面进行分析。

1）当指令为 G51 X_ Y_ I-1000 J1000；时，为 *Y* 轴对称加工，对称轴通过缩放中心。

2）当指令为 G51 X_ Y_ I1000 J-1000；时，为 *X* 轴对称加工，对称轴通过缩放中心。

3）当指令为 G51 X_ Y_ I-1000 J-1000；时，为原点对称加工，对称原点为缩放中心。

如图 5-76 所示，1 号图形是编程图形，2、3、4 号图形是 1 号图形通过镜像加工获得，缩放中心为（50，50）。

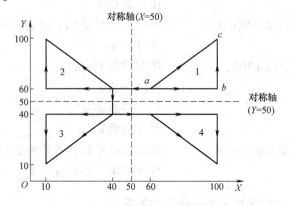

图 5-76　不等比例缩放对称镜像加工

参考程序如下：

O0576；	程序名（主程序）
N10 G55 G90 G00 X50. Y50. ；	建立工件坐标系，快速定位至比例缩放中心
N20 M98 P2151；	调用子程序，加工 1 号图形
N30 G51 X50.0 Y50.0 I－1000 J1000；	定义 *Y* 轴对称加工
N40 M98 P1576；	调用子程序，加工 2 号图形
N50 G51 X50.0 Y50.0 I－1000 J－1000；	定义原点对称加工
N60 M98 P1576；	调用子程序，加工 3 号图形
N70 G51 X50.0 Y50.0 I1000 J－1000；	定义 *X* 轴对称加工
N80 M98 P1576；	调用子程序，加工 4 号图形
N90 G50；	对称加工取消
N100 G00 X50.0 Y50.0；	快速返回比例缩放中心
N110 M30；	程序结束，返回程序头
O1576；	程序名（子程序，1 号图形的加工程序）
N10 G00 G90 X60.0 Y60.0；	快速定位至 *a* 点
N20 G01 X100.0 F100；	切削加工 *ab* 段
N30 G01 Y100.0；	切削加工 *bc* 段
N40 G01 X60.0 Y60.0；	切削加工 *ca* 段
N50 M99；	子程序结束，返回主程序

程序分析：以上程序未考虑主轴的旋转、下刀、提刀等问题，所以不能实际进行加工，仅是说明对称加工的原理。

2. 基于镜像编程指令 G51.1/G50.1 的编程

除了比例缩放指令可以镜像加工外，系统还提供了专用的可编程镜像指令 G51.1/G50.1，可进行镜像加工。

可编程镜像指令的格式为

G51.1 X_ Y_ Z_;　　设置可编程镜像

……

……　　　　　　　　根据 G51.1 X_ Y_ Z_; 指定的对称轴（或点）生成在这些程序段中指定的图形

……

G50.1 X_ Y_ Z_;　　取消可编程镜像

指令中，X_、Y_、Z_用于在 G51.1 指令中指定镜像的对称轴（点）的位置，也用于 G50.1 指令指定镜像的对称轴（点）的取消。例如 G51.1 X0 Y0 是关于坐标原点对称，相当于绕坐标原点旋转 180°。G51.1 X0 是关于 Y 轴镜像，G51.1 Y0 是关于 X 轴镜像，而 G51.1 X15 指令的是以过 $X = 15mm$ 处的一条平行于 Y 轴的竖直线为对称轴。对于 X0、Y0 或 Z0 可以不写。

说明：

1）在指定坐标平面对某个轴镜像时，某些指令会发生变化，见表 5-2。

表 5-2　镜像加工的变化

指　　令	说　　明
圆弧指令	G02 和 G03 互换
刀具半径补偿指令	G41 和 G42 互换
坐标系旋转指令	CW 和 CCW（旋转方向）互换

2）数控系统的数据处理顺序是从程序镜像到比例缩放和坐标系旋转。应按该顺序指定指令，取消时，按相反顺序。在比例缩放或坐标系旋转方式下，不能指定 G51.1 或 G50.1。

3）指定可编程镜像功能（G51.1）时，必须将 CNC 系统设置为镜像功能有效。

例 5-16： 可编程镜像指令应用举例。图5-77 所示零件，使用可编程镜像指令编程加工，要求铣削深度 5mm，主轴转速 500r/min，下刀进给量 40mm/min，切削进给量 60mm/min。

1）工艺分析：图 5-77 所示图形是一个典型的具有对称特性的图形，假设图形①为基本图形，则图形②、④、③可认为是图形①的 Y、X 轴和原心对称的图形。

2）编写加工程序：以图形①为基本图形编制子程序，再用主程序和可编程镜像指令 G51.1 调用子程序 3 次，子程序采用了 G42 刀具半径右补偿，切入、切出点延伸到轮廓线之

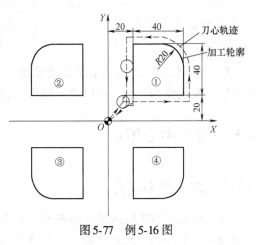

图 5-77　例 5-16 图

外 8mm 处，工件坐标系定在工件上表面，如图 5-77 所示的位置上。加工参考程序如下。

O0516；	程序名
G17 G55 G90 G00 X0 Y0 Z150.；	建立工件坐标系，快速定位至起刀点
S500 M03；	主轴正转，转速为500r/min
G43 Z3. H01 M08；	快速下刀至原点上方，调用刀具长度补偿，开切削液
M98 P1516；	调用子程序，加工图形①
G51.1 X0；	设置 Y 轴镜像开始
M98 P1516；	调用子程序，加工图形②
G50.1 X0；	取消 Y 轴镜像
G51.1 X0 Y0；	设置原点镜像开始
M98 P1516；	调用子程序，加工图形③
G50.1 X0 Y0；	取消原点镜像
G51.1Y0；	设置 X 轴镜像开始
M98 P1516；	调用子程序，加工图形④
G50.1Y0；	取消 X 轴镜像
G49 G00 Z150. M09；	快速提刀至起刀点，取消刀具长度补偿，关切削液
M30；	程序结束，返回程序头
O1516；	程序名（图形①加工程序）
G42 G00 X12. Y20. D01；	快速定位至轮廓起点延长线，调用刀具半径右补偿
G01 Z－8. F40；	切削下刀
X60. F60；	切削轮廓直线
Y40.；	切削轮廓直线
G03 X40. Y60. R20.；	切削轮廓圆弧
G01 X20.；	切削轮廓直线
Y12.；	切削轮廓直线
Z3.；	切削提刀
G40 G00 X0 Y0；	快速返回原点，取消刀具半径补偿
M99；	子程序结束，返回主程序

3）程序分析：本加工示例是镜像指令与子程序调用的组合，具有较高的实用价值，利用子程序及镜像加工指令可以简化程序结构。

5.5　加工中心编程

5.5.1　加工中心简介

加工中心与数控铣床最大的差异表现在刀库及其换刀装置，同时，加工中心的加工能力更加强大，工件经一次安装后，可根据加工程序的控制连续地对工件各加工表面自动进行铣、镗、钻、扩、铰、攻螺纹等多种工序的加工。一般在加工中心上能完成多台机床才能完成的工作，生产效率进一步提高。同时，加工中心也是柔性制造系统（FMS）中的核心机器。

加工中心刀库的常见形式有圆盘式刀库、斗笠式刀库和链式刀库，如图 5-78 所示。

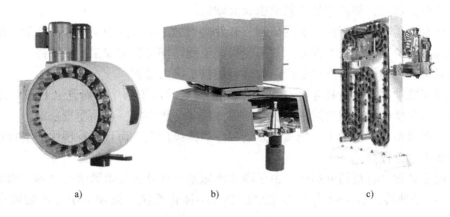

图 5-78　刀库的形式
a）圆盘式刀库　b）斗笠式刀库　c）链式刀库

加工中心的换刀方式有机械手换刀与主轴换刀两种，圆盘式刀库和链式刀库一般采用机械手换刀，而斗笠式刀库一般采用主轴换刀。

刀库的选刀方式有顺序选刀与任意选刀两种，前者是将加工所需要的刀具按照预先确定的加工顺序依次安装在刀座中，换刀时，刀库按顺序转位，这种方式的控制及刀库运动简单，但灵活性差，近年来已经不太采用。后者是对刀具刀柄或刀库中的刀座进行编码，数控机床根据编码地址选刀，这种方式应用广泛。

任意选刀刀库按刀具编码方式的不同又分为固定地址换刀刀库和随机地址换刀刀库两类。固定地址刀库中刀具存放位置是固定的，从刀库中取出的刀具使用后仍回到原来刀座，刀具号与刀座号始终一致，操作者可随时了解刀库中的装刀情况，可以根据刀具在刀库中的分布直接编写加工程序中的 T 指令。随机地址刀库中存放刀具的刀号和刀座号，仅在初次放置时可人为对应一致，随换刀过程的进行，刀具号和刀座号的一致关系将被打乱，呈随机对应状态，操纵者必须记住或通过数控系统中的刀具表查询和管理刀具号与刀座号的对应关系。

加工中心的装刀方式一般均借助主轴手工装刀，然后通过换刀指令将其装入刀库。

加工中心的刀库一般由专业厂家生产，其选刀与换刀方式及指令格式取决于刀库厂家的设计，因此刀库的选刀与换刀方式必须以机床厂家的操作手册为准。

加工中心的换刀过程一般包括两个动作——选刀与换刀，分别对应刀具指令T××和换刀指令 M06，选刀和换刀可以在一个程序段完成，也可以分散在不同的程序段完成，后者可以提高工作效率。

5.5.2　加工中心的特点

1. 加工中心的加工工艺特点

与普通数控机床相比，加工中心具有许多突出的工艺特点。

（1）工序集中　加工中心是带有刀库和自动换刀装置的数控机床，工件经一次装夹后，数控系统控制机床对工件进行连续、高效、高精度、多工序的加工。

（2）工艺范围宽，能加工复杂的曲面　与数控铣床一样，加工中心也能实现多轴联动以完成复杂曲面的加工，使机床的工艺范围大大增加。

（3）具有高柔性，便于新产品的研制、开发　当加工中心的加工对象改变后，除了更换相应的刀具和解决工件装夹方式外，只需变换加工程序即可自动加工出新零件，生产周期大大缩短，对新产品的研制开发以及产品的改型提供了极大便利。

（4）加工精度高且质量稳定　加工中心具有很高的加工精度，而且又是按程序自动加工，避免了人为操作误差，使同一批生产的零件尺寸一致性好，产品质量稳定。

（5）生产效率高　加工中心能实现多道工序的连续加工，而且具有很快的空行程运行速度，生产效率显著提高。

（6）便于实现计算机辅助制造　由于数控机床是与计算机技术紧密结合的，因而易于与CAD/CAM 系统连接，进而形成 CAD/CAM/CNC 一体化系统，而加工中心等数控设备正是CAM 的基础。

2. 加工中心的编程特点

1）首先进行合理的工艺分析和工艺设计。在加工中心上加工的零件工序多，刀具多，一次装夹后，要完成粗加工、半精加工及精加工，因此周密合理地安排各工序加工的顺序，可大大提高加工精度和生产效率。

2）确定采用自动换刀还是手动换刀。根据加工批量来确定，一般对加工批量在 10 件以上，且刀具更换频繁的情况，宜采用自动换刀；而当加工批量很小且用的刀具种类又少时，多采用手动换刀，若把换刀安排到程序中自动进行，反而会增加机床调整时间。

3）尽量采用刀具机外预调，这样可提高机床的利用率，将所测量的尺寸填写在刀具卡片中，以便操作者在运行程序前确定刀具补偿参数。

4）应把不同工序内容的程序分别安排在不同的子程序中。当零件加工工序较多时，可将各工序内容分别安排在不同的子程序中，以便于调试程序。主程序主要完成换刀与子程序的调用。这样便于按每一工序独立地调试程序，也便于调整加工顺序。

5）编好的程序必须认真检查和调试，在实际生产加工前要进行首件试切。

6）除换刀程序外，加工中心的编程方法与数控铣床基本相同。

5.5.3　加工中心编程的方法和特点

加工中心是在数控铣床基础上发展起来的数控机床，其编程方式基本相同，不同之处主要在于选刀与换刀程序，同时，加工中心的换刀程序较多，如何处理多把刀具的长度补偿也是必须掌握的。加工中心编程的常用指令如下。

1. 返回换刀点指令

在第 3 章曾经谈到机床参考点的概念，知道 FANUC 0i MC 系统最多可以设置四个参考点，其中第一参考点简称参考点，可由 G28 指令自动返回。此外，还可以设置第二、三、四参考点，用 G30 指令返回。第一参考点主要用于建立机床坐标系，第二、三、四参考点则根据具体需要可设置为换刀点、托板（工作台）交换点等。具体数控机床换刀点的选择取决于数控机床的生产厂家，这里假设用 G30 返回的第二参考点作为换刀点讨论，其指令格式如下：

G30 X_ Y_ Z_；

其中 X_、Y_、Z_——返回第二参考点途径的中间点的坐标值，坐标值可以是绝对值或增量值。

使用 G30 指令前，机床必须进行一次返回第一参考点的动作（即建立机床坐标系）。

对于立式机床，返回换刀点的指令更多的是用如下的写法：

G00 G91 G30 X0 Y0 Z0；

或 G00 G91 G30 Z0；

注意到这里的 G91 以及 X0Y0Z0（或 Z0）表达的是刀具从当前位置直接返回换刀点。

2. 刀具选择指令 T 和换刀指令 M06

加工中心的刀具指令 T 的作用有两个——刀具选择与刀具寿命管理。刀具选择指令的指令格式为

T××

地址符 T 之后的数字位数由系统设定，一般为两位。

刀具指令仅仅是选刀指令，机床的具体动作表现为刀库旋转，并将选定的刀具转至换刀位置，为机械手换刀做准备，此时，若执行 M06 指令，则换刀机械手动作，将主轴刀具与刀库中选中的工作位置处的刀具交换，实现换刀。

注意到加工中心的换刀动作包括"选刀 + 换刀"，其对应的换刀程序有两种写法。

方法一（选刀与换刀重合）：

| N10 G91 G30 Z10 T02； | 返回换刀点，选 T02 号刀 |
| N11 M06； | 主轴换上 T02 号刀 |

或

| N10 G91 G30 Z10； | 返回换刀点 |
| N11 T02 M06； | 选 T02 号刀并换刀 |

方法二（选刀与换刀分开）：

N10 G01 Z_ T02；	加工过程中选 T02 号刀
……	……
N017 G30 Z10 M06；	返回参考点，换 T02 号刀
N018 G01 Z_ T03；	加工过程中选 T03 号刀
……	……

阅读以上两种方法可以看出方法二将选刀动作与加工动作重叠，这样就不需选刀而直接换刀，提高了工作效率。

3. F、S、H、D 指令

加工中心的 F，S 功能与数控铣床大致相同，主要用于机床主轴转速和各坐标切削的进给量控制。在每把刀具使用前必须先执行刀具长度补偿指令 G43 Z_ H_；，然后再开始正式加工。是否使用刀具半径补偿指令主要取决于加工程序的需要。这几个指令的用法与数控铣床相同。

4. 加工中心程序举例

加工中心程序与数控铣床程序的区别主要表现在换刀，而换刀包括返回换刀点、选刀和换

刀三个动作，下面以例5-13的数控铣床加工程序为例，将其改造为加工中心程序，参考程序如下，读者可对照学习，其中部分程序段与子程序有所省略。

O0513；	程序名
N10 G40 G49 G80；	程序初始化
N15 G00 G91 G30 Z0；	**返回换刀点**
N18 T01 M06；	**选择 T01 号刀并换刀**
N20 G90 G55 G00 X0. Y0 Z250.；	G55 建立工件坐标系，刀具快速定位至起刀点
N30 M03 S500；	主轴正转，转速为 500r/min
N40 G43 Z50. H01 M08；	快速移动至初始平面，执行长度补偿，开切削液
……	……
N140 G80 G00 X0 Y0 M09；	取消固定循环，XY 平面返回换刀点，关切削液
N150 G49 G00 Z250. M05；	取消长度补偿，Z 轴返回换刀点，主轴停转
N155 G91 G30 Z0；	**返回换刀点**
N160 T02 M06；	**选择 T02 号刀并换刀**
N170 G90 G55 G00 X0. Y0 Z250.；	建立工件坐标系，刀具快速定位至起刀点
N180 M03 S400；	主轴正转，转速为 400r/min
N190 G43 Z50. H02 M08；	快速移动至初始平面，执行长度补偿，开切削液
……	……
N230 G98 Y –450. T03；	**定位，钻孔 10，然后返回初始平面，选择 T03 号刀**
N240 G80 G00 X0 Y0 M09；	取消固定循环，XY 平面返回换刀点，关切削液
N250 G49 G00 Z250. M05；	取消长度补偿，Z 轴返回换刀点，主轴停转
N260 G91 G30 Z0；	**返回换刀点**
N265 M06；	**换 T03 号刀**
N270 G90 G55 G00 X0. Y0 Z250.；	建立工件坐标系，刀具快速定位至起刀点
N280 M03 S300；	主轴正转，转速为 300r/min
N290 G43 Z50. H03 M08；	快速移动至 11 号孔上，执行长度补偿，开切削液
……	……
N380 G49 G00 Z250. M05；	取消长度补偿，Z 轴返回换刀点，主轴停转
N385 G91 G30 Z0；	**返回换刀点**
N390 T04 M06；	**换 T04 号刀**
N400 G90 G55 G00 X0. Y0 Z250.；	建立工件坐标系，刀具快速定位至起刀点
N410 M03 S500；	主轴正转，转速为 500r/min
N420 G90 G43 Z50. H04 M08；	快速移动至初始平面，执行长度补偿，开切削液
……	……
N460 G80 G00 X0 Y0 M09；	取消固定循环，水平面返回至换刀点，关切削液
N470 G49 G00 Z250.；	取消长度补偿，Z 轴返回至换刀点
N480 M30；	程序结束，返回程序头

说明：

1）以上加工程序有删减，删除部分参见例 5-13 中的相应内容，黑体标示的程序段为修改过的。

2）注意选刀与换刀动作，如 T01、T02 和 T04 号刀是选刀与换刀重合，这种写法比较明了，而 T03 是选刀动作（安排在 N230 程序段）与换刀动作分开。

3）加工中心的程序一般在使用每一把刀加工的第一次 Z 轴下刀时，使用刀具长度补偿指令 G43 Z_ H_；（如 N40、N190、N290 和 N420 程序段），这种用法主要解决多刀长度不等的问题，当然刀具加工完成后别忘了使用取消刀具长度补偿指令 G49（具体位置由读者自行查找）。

4）注意数控加工程序中有许多指令是成对出现的，本例中明显看到的有：G43 与 G49、M08 与 M09、M03 与 M05（有些程序是隐含在 M30 或 M02 中）、M98 与 M99、各种固定循环与 G80 等。另外，G41/G42 与 G40 也是常见的，读者平时阅读时可以体会一下。

下面再来看一个简单完整的例子。

例 5-17：图 5-79 所示零件，试编写程序加工其中四个孔，这四个孔包括钻孔和锪孔加工。

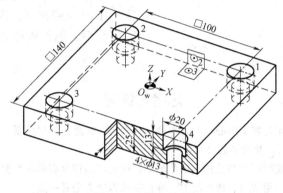

图 5-79　例 5-17 图

1）工艺分析。图中四个孔为 4 × φ13mm，沉头孔为 φ20mm × 13mm，就孔深 24mm 而言不算深，所以用 G81 钻孔循环指令加工，沉头孔属于锪孔加工，采用 G82 指令。工件坐标系建立在零件上表面中心位置处，平口钳装夹，如图 5-79 所示。采用 φ12mm 钻头（T01）钻孔，φ20mm 锪钻（T02）加工沉孔。初始平面取工件表面 30mm 处，R 点平面取工件表面 3mm 处。

2）参考程序如下所示：

O0517；	程序名
N10 G40 G80 G49；	程序初始化
N20 G91 G30 X0 Y0 Z0；	快速退回换刀点
N30 T01 M06；	换 T01 号刀（选刀与换刀重合）
N40 G90 G54 G00 X50. Y50.；	建立工件坐标系，快速定位至 1 号孔
N50 G43 Z30. H01 T02；	Z 轴快速定位至初始平面，选择 T02 号刀
N60 M03 S600；	主轴正转，转速为 600r/min
N70 G99 G81 Z−30. R3. F100；	钻 1 号孔，退回 R 点平面

N80 X – 50. ;	钻 2 号孔，退回 R 点平面
N90 Y – 50. ;	钻 3 号孔，退回 R 点平面
N100 G98 X50. ;	钻 4 号孔，退回初始平面
N110 G80 G91 G30 X0 Y0 Z0 M05 ;	取消固定循环，快速退回换刀点，主轴停转
N120 M06 ;	换 T02 刀（选刀与换刀分开）
N130 G90 G54 G00 X50. Y50. ;	快速定位至 1 号孔
N140 G43 Z30. H02 T01 ;	Z 轴快速定位至初始平面，选择 T01 号刀
N150 M03 S500 ;	主轴正转，转速为 500r/min
N160 G99 G82 Z – 13. R3. P1000 F80 ;	锪 1 号孔，孔底暂停 1s，退回 R 点平面
N170 X – 50. ;	锪 2 号孔，退回 R 点平面
N180 Y – 50. ;	锪 3 号孔，孔底暂停 1s，退回 R 点平面
N190 G98 X50. ;	锪 4 号孔，孔底暂停 1s，退回初始平面
N200 G80 G91 G30 X0 Y0 Z0 M05 ;	取消固定循环，快速退回换刀点，主轴停转
N210 M06 ;	换 T01 刀（麻花钻，为下一次加工做准备）
N220 M30 ;	程序结束，返回程序头

思考与练习

1. 名词解释：数控铣床与加工中心，刀具半径左补偿与右补偿，偏置矢量，编程轨迹与刀心轨迹，数控铣刀的刀位点，初始平面，参考平面（R 点平面）。

2. 试分析与归纳数控铣削系统与数控车削系统中存在差异的指令有哪些？差异何在？

3. 试叙述圆柱铣刀、圆角铣刀、球头铣刀、麻花钻的刀位点是哪一点？

4. 数控铣削过程中刀具半径补偿指令及其应用分析。

5. 试叙述刀具半径补偿指令建立、执行与取消三个阶段中刀具实际位置与编程位置的区别？

6. 数控铣削刀具半径补偿指令 G41/G42 与加工轮廓的内/外和顺/逆铣削的关系如何？

7. 为什么要设置刀具长度补偿指令，试分析其在数控铣床与加工中心加工过程中的重要性。

8. 试叙述孔加工固定循环指令中的六个动作及其作用。

9. 孔加工固定循环指令中的 G98 与 G99 有何区别？如何使用？

10. 试分析固定循环指令 G81/G83/G73 的动作区别？其分别适用什么场合？

11. 为什么说固定循环指令 G82 是锪孔加工循环指令，如果用 G81 指令锪孔加工，其孔有何差异？

12. 试分析固定循环指令 G85/ G86/ G88 / G89/ G76 / G87 的动作区别？其分别适用什么场合？为什么并不是所有的数控铣床都具有以上指令的功能？

13. 试分析攻螺纹循环指令 G84/G74 的动作区别？并说明其加工至孔底时为什么要先暂停再反转？

14. 数控铣床的对刀指令有哪些？试以试切法对刀为例说明其原理与方法。

15. 编制图 5-80 所示零件的数控铣削加工程序，假设零件材料为 45 钢，未注厚度为 10mm。

16. 编制图 5-81 所示零件的数控铣削加工程序，假设材料为 45 钢。

17. 图 5-82 所示是在一块六面体上加工 5mm 深的外轮廓和 3mm 深的某数字图案。假设外轮廓加工采用的 T01 刀具直径是 12mm，要求采用刀具半径补偿功能。加工数字图案采用的 T02 号刀具直径是 6mm，主轴转速为 600r/min，下刀速度为 100mm/min，横向切削速度 200mm/min，数字 8 的两个圆分别采用圆弧半径编程和圆心坐标编程编制。

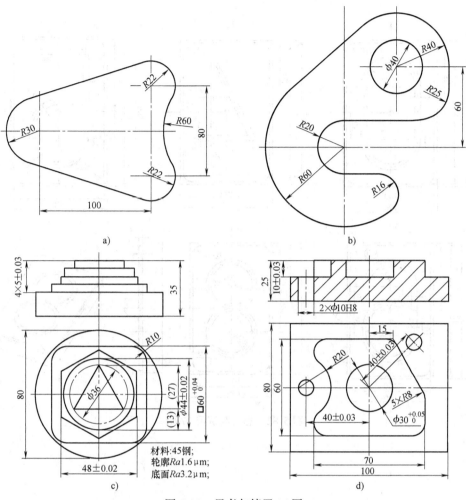

材料:45钢;
轮廓Ra1.6μm;
底面Ra3.2μm;

图 5-80　思考与练习 15 图

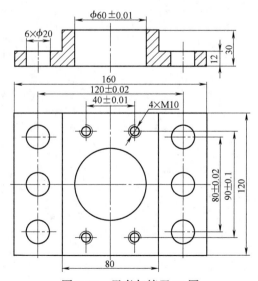

图 5-81　思考与练习 16 图

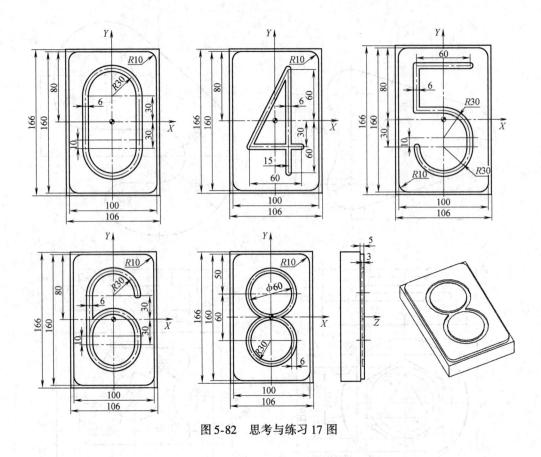

图 5-82　思考与练习 17 图

第6章 数控电火花线切割机床编程

6.1 数控电火花线切割机床的工作原理、分类与结构组成

数控电火花线切割机床简称线切割机床，是在电火花成形加工技术的基础上发展起来的一种专用电火花加工机床，其加工机理属于电火花放电加工（简称电加工），是基于浸在工作液中的工件与工具电极之间脉冲放电时产生的瞬时高温作用下金属的熔化甚至汽化蚀除材料。

6.1.1 数控电火花线切割机床的工作原理

电火花线切割加工中的工具电极是轴向移动的金属丝，数控电火花线切割机床是依靠数控装置控制电极丝与工件之间横向相对运动的。其工作原理如图6-1所示。

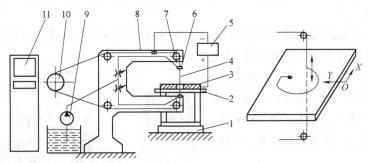

图 6-1 线切割加工原理

1—工作台 2—夹具 3—工件 4—电极丝 5—脉冲电源 6—喷嘴
7—导轮 8—丝架 9—供液系统 10—储丝筒 11—控制柜

线切割加工的工具电极是金属丝，加工过程中一般不考虑其损耗，工作液为乳化液，其电加工参数主要是脉冲高度、脉冲宽度和脉冲间隔三项。

数控电火花线切割加工具有以下特点：

1）可加工一般切削方法难以加工或无法加工的形状复杂的工件，如冲模、凸轮、样板、外形复杂的精密零件及窄缝等。

2）电极丝加工中作用力很小。

3）电极丝材料不需比工件材料硬。

4）加工参数（脉冲高度、脉冲宽度、脉冲间隔、走丝速度等）调节方便，便于实现加工过程的自动化控制。

5）与切削加工相比，线切割加工的效率低，加工成本高，不适合大批量生产。

数控电火花线切割机床可加工硬质合金、淬火钢等导电的金属材料，适合于加工形状复杂的细小零件和窄缝等，广泛用于模具零件、加工样板等切割。

6.1.2　数控电火花线切割机床的分类与结构组成

数控电火花线切割机床按照电极丝的走丝速度不同可分为快走丝线切割机床和慢走丝线切割机床两种。

快走丝线切割机床是以 $\phi0.08 \sim 0.2mm$ 的金属钼丝做电极丝，走丝速度在 $8 \sim 10m/s$，电极丝缠绕在储丝筒上往复运动。快走丝线切割机床的加工效率高、成本低，但加工精度（ $0.01 \sim 0.02mm$ ）和表面粗糙度（ $Ra2.5 \sim 5\mu m$ ）稍差，国内市场占有率极高，其大部分能够接受 3B 格式的加工程序。

慢走丝线切割机床是以 $\phi0.03 \sim 0.35mm$ 的金属铜丝做电极丝，走丝速度不大于 $0.2m/s$，电极丝是单向运动，一次性使用的。慢走丝线切割机床的加工精度高（可达 $0.001mm$ ），切割表面质量好（表面粗糙度可达到 $Ra0.2 \sim 1.25\mu m$ 及以上），但其加工成本高。其加工程序一般为 ISO 格式。

还有一种称之为中走丝线切割机床，其是在快走丝线切割机床基础上实现多次切割功能的线切割机床。所谓"中走丝"并非指走丝速度介于高速与低速之间，而是复合走丝速度，其走丝原理是粗加工时采用高速（ $8 \sim 12m/s$ ）走丝，精加工时采用低速（ $1 \sim 3m/s$ ）走丝，其电加工参数也相应地变化。中走丝线切割机床是一种兼顾快走丝成本低，慢走丝加工质量好的线切割机床。

一般具有数控铣削编程基础的人员能够非常方便地掌握 ISO 格式的线切割程序编制，因此本书以国内市场占有率极高的快走丝线切割机床及其 3B 格式加工程序为例讲解。

图 6-2 所示为快走丝线切割机床的外形结构，其组成部分主要包括机床床身、工作台、走丝机构、供液系统、脉冲电源和控制系统等。

床身是机械部分的基础件，支撑工作台、丝架、走丝系统等。

工作台用于装夹工件，是一个具有可沿 X 轴和 Y 轴移动的十字滑台，由驱动电动机（直流或交流电动机或步进电动机）、测速反馈系统、进给丝杠（一般使用滚珠丝杠）、纵向和横向拖板、工作液盘盘等组成。

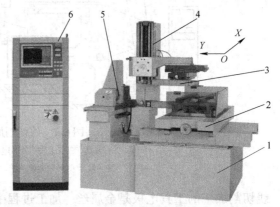

图 6-2　快走丝线切割机床外形结构
1—床身　2—工作台　3—丝架　4—立柱
5—储丝筒　6—控制柜

走丝机构用于控制电极丝连续不断的运动，包括走丝电动机、储丝筒、丝架、导轮等，快走丝线切割机床的储丝筒是往复旋转运动的。

供液系统（参见图 6-1）由工作液、工作液箱、工作液泵和循环导管等组成。具有迅速消电离、控制火花放电、排除电蚀产物和热量等功能。

脉冲电源（一般集成于控制柜中）为工件和电极丝之间的放电加工提供能量，对加工质量和加工效率有直接的影响。脉冲电源输出的是高频率的单向脉冲电流，线切割加工时电极丝接脉冲电源的负极，工件接正极。对脉冲电源的要求是：①脉冲峰值电流要适当；②脉冲宽度要窄；

③脉冲频率要尽量高；④电参数调节方便，适应性强；⑤有利于减少电极丝损耗。

控制系统用于控制电极丝相对于工件的运动轨迹与运动速度等，并实现整机控制。

机床坐标的确定原则：①钼丝相对于静止工件运动；②采用右手笛卡儿坐标系。具体为：面对机床，钼丝相对于工件左右运动为 X 坐标，且向右为正；钼丝相对于工件的前后运动为 Y 坐标，且向后为正。如图 6-1 或图 6-2 所示。

6.2　数控电火花线切割机床的工艺特点

6.2.1　电极丝材料与直径

电极丝应具有良好的导电性和抗电蚀性，抗拉强度高、材质均匀。常用电极丝有钼丝、钨丝、黄铜丝和镀层金属丝等。钨丝抗拉强度高，直径在 $0.03 \sim 0.1$ mm，一般用于各种窄缝的精加工，但价格昂贵。黄铜丝直径在 $0.1 \sim 0.3$ mm，适合于慢走丝加工，加工表面粗糙度和平直度较好，蚀屑附着少，但抗拉强度低，损耗大。钼丝抗拉强度高，适于快速走丝加工，直径在 $0.08 \sim 0.2$ mm 范围内。

钼丝直径的选择要综合考虑工件加工的切缝宽窄、工件厚度、拐角尺寸大小以及使用寿命等，在条件允许的情况下，可适当选择直径大一点的钼丝，如实际中用得较多的是 $\phi 0.18$ mm 电极丝。当钼丝损耗较大（如小于 $\phi 0.15$ mm），钼丝明显粗、细不一，易折断，或需加工较厚或较大的零件时最好换新钼丝。

6.2.2　偏移量

由于电极丝存在一定的直径和放电间隙，若按电极丝中心线编程则加工出来的工件必然存在偏差，所以在线切割编程时必须考虑加工轨迹的偏移量 f，如下所示。

$$f = \frac{d}{2} + \delta$$

式中　　d——钼丝直径；

　　　　δ——单边放电间隙，一般在 0.015 mm 左右。

偏移方向为待保留材料的另一侧，即加工外轮廓时向外偏移，而加工内轮廓时向内偏移，偏移量 f 与偏移方向的关系如图 6-3 所示。

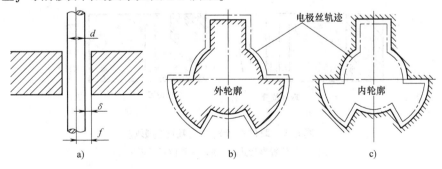

图 6-3　偏移量与偏移方向

a) 偏移量计算图　b) 外轮廓外偏　c) 内轮廓内偏

线切割加工在冲裁模制造中应用广泛，这里重点讨论有关冲裁模凸、凹模加工偏移量的计算原理。

冲裁工艺分为落料与冲孔两种。对于落料模，其凹模尺寸等于落料件外轮廓尺寸，凸模与凹模配作，保证冲裁间隙 z（单面间隙）；对于冲孔模，凸模尺寸等于零件内轮廓尺寸，凹模按凸模配作，保证冲裁间隙 z。而冲裁间隙是与材料性质和厚度有关的设计参数。它们之间的关系如图 6-4 所示。冲模设计时，一般习惯是，落料模以凹模标注的尺寸为准，冲孔模以凸模标注的尺寸为准。

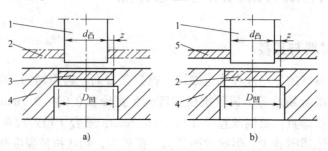

图 6-4　冲裁模凸、凹模尺寸与冲裁间隙的关系

a）落料模　b）冲孔模

1—凸模　2—废料　3—落料件　4—凹模　5—冲孔件

综合以上分析，冲裁模实际偏移量的计算见表 6-1。

表 6-1　冲裁模实际偏移量计算

	编程尺寸	凹模偏移量及方向	凸模偏移量及方向
落料模	$D_凹$	$(d/2)+\delta$，向内	$-z+(d/2)+\delta$，向外
冲孔模	$d_凸$	$z-(d/2)+\delta$，向内	$(d/2)+\delta$，向外

6.2.3　加工工艺规划

线切割加工的材料一般尽可能选择淬透性好，热处理变形小的合金工具钢。但即使这样，零件内部仍然存在内应力，切割加工后必然造成内应力的重新分布，因此在规划刀具路径时要考虑内应力的因素。

1. 取件位置的选取

取件位置尽可能靠近坯料的中部，以减小变形，如图 6-5 所示。

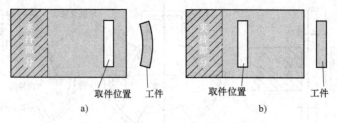

图 6-5　取件位置对加工精度的影响

a）取件位置靠近边缘　b）取件位置靠近中间

2. 走刀路径

在选择走刀路径时尽可能选择内应力变形影响小的路径，如图 6-6 所示。尽可能钻穿丝

孔来引入，如图 6-6c 所示。若要从外部切入，则尽可能从夹持部位的对面侧切入，并先切夹持部位对面的路径，如图 6-6b 所示，若按图 6-6a 所示的方式切入，可能造成较大的变形或夹丝现象。

a) b) c)

图 6-6 切入位置的选择

a) 差 b) 较好 c) 好

3. 程序的起始点与结束点

对凹模类零件，一般要钻穿丝孔，对凸模类的零件也尽可能钻穿丝孔来引入，程序从穿丝孔起始，并返回而成为结束点。引入点的位置一般选在直线段上，穿丝孔至引入点的引导程序一般垂直于工件的直线段且最好选在图形的对称面上，或直线部分切线切入，穿丝孔的直径一般为 3~10mm，引导长度一般为 5~10mm。

4. 多次切割的问题

如图 6-7 所示的孔类零件，若采用一次切割，由于内应力的存在，可能产生较大的加工误差，但若分两次切割，则加工精度可以提高很多。中走丝线切割机床便是基于这样的原理设计的。一般第一次粗加工型孔，留余量 0.1~0.5mm，以补偿材料被切割后由于内应力重新分布而产生的变形；第二次切割为精加工，这样可以达到比较满意的效果。当然，还可以三次及以上的切割。

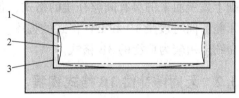

图 6-7 多次切割

1—第一次切割理论轨迹 2—第一次切割实际形状 3—第二次切割轨迹

5. 工件的装夹方式

线切割加工时工件的装夹方式有多种，包括悬臂式装夹、两端支撑装夹、桥式支撑装夹、板式支撑装夹和专用夹具装夹等。其中，悬臂式和桥式支撑装夹应用广泛，如图 6-8 所示。

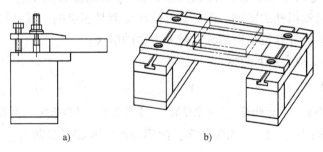

a) b)

图 6-8 工件常用的装夹方式

a) 悬臂式 b) 桥式支撑

6. 工件装夹时的调整

工件装夹时的调整包括水平面的找正（悬臂装夹时必须要做）、基准边的找正、电极丝起始位置的确定。

水平面的找正一般采用百分表找正，具体是用磁力表架将百分表固定在丝架或其他位置上，百分表的测量头与工件上表面接触，分别往复移动 X 轴和 Y 轴，调整至百分表指针的偏摆范围达到所要求的数值为止。

基准边的找正一般也是采用百分表找正，只是测量头是与工件基准边接触找正。

若调整精度要求不高时，也可以用划针找正。

电极丝起始位置的确定一般采用碰火花法找正，直边以碰撞出现火花位置为准，穿丝孔则从两个方向目测或两个方向碰火花，分别碰两点求平均值的方法找正，有的机床具有自动找正圆心的功能。

6.3　数控电火花线切割编程基础

6.3.1　数控电火花线切割机床程序格式

目前，国内市场数控电火花线切割机床编程常用的程序格式有 3B、4B 格式和 ISO 格式等。快走丝线切割机床一般采用 3B、4B 格式，而慢走丝线切割机床多采用 ISO 格式（G 代码）。3B 是无间隙补偿程序格式，不具有电极丝半径和放电间隙的自动补偿功能；4B 是 3B 基础上发展而来的具有间隙补偿的格式，各厂家的 4B 格式略有差异。近年来，某些线切割机床能够同时接受 3B 和 ISO 格式的程序。由于 ISO 格式类似于数控铣削编程，因此本书主要介绍应用较为广泛的 3B 格式。

6.3.2　无间隙补偿 3B 格式编程

无间隙补偿 3B 格式线切割程序广泛应用于国产快走丝线切割机床，虽然在其基础上发展出具有间隙补偿功能的 4B 格式，但由于其通用性差，限制了其使用范围。3B 格式线切割程序只用增量坐标编程，通俗易懂，针对性强，下面对 3B 格式编程作一介绍。

1. 3B 格式的程序段格式

3B 格式程序描述的是电极丝中心的运动轨迹，没有间隙补偿功能，但注意到线切割加工基本上不考虑电极丝损耗的影响，因此其补偿间隙值是固定的，其补偿后的运动轨迹可以通过编程，特别是借助计算机辅助编程可较为方便的解决。

3B 格式的程序段格式如下所示。

B	X	B	Y	B	J	G	Z
分隔符	X 坐标值	分隔符	Y 坐标值	分隔符	计数长度	计数方向	加工指令

1）分隔符 B：因为 X、Y、J 均为数字，故用分割符 B 将其分割开。B 后的数值为 0 时，此 0 可省略不写。

2）坐标值 X 和 Y：表示直线的终点坐标或圆弧起点相对于圆心的坐标，均为绝对值，

单位为 μm，1μm 以下四舍五入。

3）计数长度 J：指被加工图形在计数方向上的投影长度（即绝对值）的总和，单位为 μm。对于跨象限的圆弧，机器能自动修改指令，不用分段编写程序，只需求出各段在计数方向上投影长度的总和。

4）计数方向 G：是计数时选择作为投影的坐标轴方向，分为 GX、GY 两种，分别表示选取 X 坐标轴或选取 Y 坐标轴方向计数进给总长度。计数方向 G 的选择必须确保理论上不丢步。工作台在计数方向上每走一步（1μm），计算机中计数器的计数累减 1，当累减到计数长度 $J=0$ 时，程序段加工完毕。

5）加工指令 Z：表达被加工图形的形状、所在象限和加工方向等信息。其中，直线加工指令四个（L1 ~ L4），顺、逆圆弧加工指令各四个（SR1 ~ SR4 和 NR1 ~ NR4）。

注意到实际的工程图形主要由直线与圆弧构成，因此 3B 格式只有直线和圆弧编程指令。

2. 直线编程指令

指令格式　BX BY BJ G Z；

其中　X、Y——以直线起点为坐标原点，X、Y 为该直线终点相对于起点的坐标分量值，且为绝对值，单位为 μm，即直线增量坐标的绝对值；

J——计数长度，是加工直线在计数方向坐标轴上投影的绝对值（即投影长度），单位为 μm；

G——计数方向，终点靠近何轴，则计数方向取该轴，终点在 45°线上时，计数方向取 X 轴、Y 轴均可，如图 6-9 所示，将坐标系以 45°线划分为两个不同的区域，当直线终点落在阴影区域内时，取 Y 轴方向为计数方向，记作 GY；在阴影区域外时，取 X 轴方向为计数方向，记作 GX；当直线终点落在 45°线上时，计数方向可任意选取为 GY 或 GX，亦可表述为当 $|X| \geqslant |Y|$ 时，计数方向取 GX；当 $|X| \leqslant |Y|$ 时，计数方向取 GY；

Z——加工直线时共有 L1、L2、L3、L4 四种加工指令，如图 6-10 所示，当直线在第 I 象限内及 +X 轴上时，加工指令记作 L1；当直线在第 II 象限内及 +Y 轴上时，加工指令记作 L2；当直线在第 III 象限内及 -X 轴上时，加工指令记作 L3；当直线在第 IV 象限内及 -Y 轴上时，加工指令记作 L4。

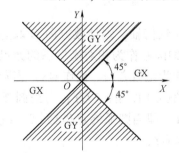

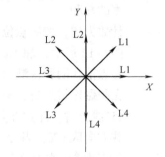

图 6-9　直线加工计数方向的确定　　　图 6-10　直线加工指令的确定

注意：加工斜线时，X、Y 值仅用来表示斜线的斜率，故 X、Y 值可按相同的比例缩放。当加工直线段与轴线重合时，在编程时取 $X=Y=0$，可以省略。

例 6-1：B17000 B5000 B17000 GX L1；

表示在第 I 象限切割一段直线，终点相对于起点增量坐标为 $X = 17mm$、$Y = 5mm$，在 $+X$ 轴上的计数长度为 17mm。

例 6-2：B B B20000 GX L3；

表示沿 $-X$ 轴方向切割 20mm 的一段直线。

例 6-3：B1 B1 B30000 GY L2；

表示在第 II 象限沿 45°斜线方向（$Y/X = 1/1$）切割一段直线，其在 $+Y$ 轴上的投影长度为 30mm。以下程序结果相同。

　　　　B2　　　B2　　　B30000 GY L2；

或　　B3000 B3000 B30000 GX L2；

例 6-4：切割一个边长 60mm 的等边三角形内腔，如图 6-11 所示，不考虑钼丝半径及放电间隙偏移量，按 $S \rightarrow A \rightarrow B \rightarrow C \rightarrow A \rightarrow S$ 轮廓路径编程。

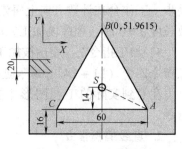

图 6-11　内三角形模板

1）工艺分析：计算交点坐标，如图 6-11 所示。

2）编写加工程序：如下所示。

B30	B14	B30000	GX L4；		$S \rightarrow A$
B30000	B51962	B51962	GY L2；		$A \rightarrow B$
B30000	B51962	B51962	GY L3；		$B \rightarrow C$
B	B	B60000	GX L1；		$C \rightarrow A$
B30	B14	B30000	GX L2；		$A \rightarrow S$
DD					停机码

3. 圆弧编程指令

指令格式：BX BY BJ G Z；

其中　X、Y——以圆弧的圆心为原点，X、Y 为圆弧起点相对圆心的坐标分量值，且为绝对值，单位为 μm，即圆弧起点相对于圆心的增量坐标的绝对值；

　　　　J——计数长度，是加工圆弧在计数方向坐标轴上投影的绝对值总和，即投影长度的总和；

　　　　G——计数方向，按终点位置确定，终点靠近何轴，则计数方向 G 取另一轴，如图 6-12 所示，加工圆弧时以该圆弧的圆心作为相对坐标系的原点，则圆弧终点落在阴影区域内时，取 X 轴方向为记数方向，记作 GX；当圆弧终点落在阴影区域外时，取 Y 轴方向为计数方向，记作 GY；而当圆弧终点落在 45°线上时，计数方向可取 GX 或 GY，即当圆弧终点坐标 $|X| \leqslant |Y|$ 时，计数方向取 GX；当 $|X| \geqslant |Y|$ 时，则取 GY；

　　　　Z——加工指令，包括顺时针圆弧与逆时针圆弧加工指令共八种，如图6-13所示。

加工顺时针圆弧时有四种加工指令：SR1、SR2、SR3、SR4。当加工圆弧的起点在第 I 象限内及 $+Y$ 轴上，且按顺时针方向进行切割时，加工指令用 SR1；当起点在第 II 象限内及 $-X$ 轴上时，加工指令用 SR2；加工指令 SR3、SR4 以此类推。

加工逆时针圆弧时也有四种加工指令：NR1、NR2、NR3、NR4。当加工圆弧的起点在第Ⅰ象限内及 +X 轴上，且按逆时针方向进行切割时，加工指令用 NR1；当起点在Ⅱ象限内及 +Y 轴上时，加工指令用 NR2；加工指令 NR3、NR4 以此类推。

综合以上分析可见，圆弧的加工指令取决于起点位置，计数方向取决于终点位置，可阅读图 6-14 品味一下。

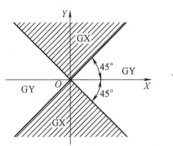

图 6-12　圆弧加工计数
　　　方向的确定

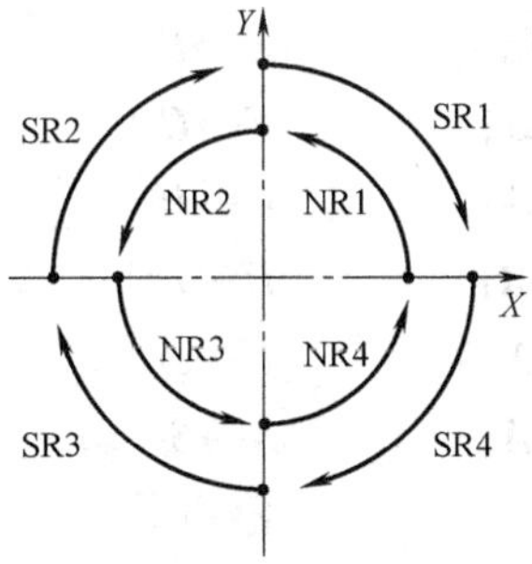

图 6-13　圆弧加工指令的确定

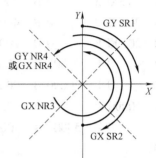

图 6-14　加工指令与计数
　　　方向的关系

例 6-5：图 6-15 所示圆弧，圆弧半径 $R = 50\text{mm}$，试编写 AB 和 BA 圆弧的加工程序。

首先，判断加工指令与计数方向，并计算计数总长度。然后编程，程序如下：

AB 段程序为

B30000 B40000 B130000 GY NR1；

其中，$J = J_{Y1} + J_{Y2} + J_{Y3} = 10\text{mm} + 100\text{mm} + 20\text{mm} = 130\text{mm}$。

BA 段程序为

B40000 B30000 B170000 GX SR4；

其中，$J = J_{X1} + J_{X2} + J_{X3} + J_{X4} = 40\text{mm} + 50\text{mm} + 50\text{mm} + 30\text{mm} = 170\text{mm}$。

例 6-6：切割一个含圆弧的凸模类零件，如图 6-16 所示，不考虑材料厚度、钼丝半径及放电间隙偏移量，按零件轮廓 $S \rightarrow A \rightarrow B \rightarrow C \rightarrow D \rightarrow E \rightarrow F \rightarrow G \rightarrow H \rightarrow I \rightarrow A \rightarrow S$ 编程。

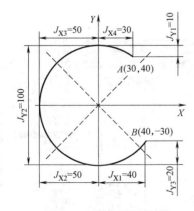

图 6-15　圆弧编程示例

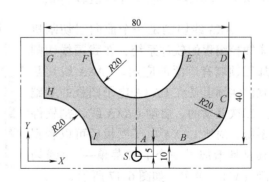

图 6-16　例 6-6 图

参考程序如下：

N01B	0 B	5000 B	5000 GY L2；	$S \rightarrow A$
N02B	20000 B	0 B	20000 GX L1；	$A \rightarrow B$
N03B	0 B	20000 B	20000 GY NR4；	$B \rightarrow C$
N04B	0 B	20000 B	20000 GY L2；	$C \rightarrow D$
N05B	20000 B	0 B	20000 GX L3；	$D \rightarrow E$
N06B	20000 B	0 B	40000 GY SR4；	$E \rightarrow F$
N07B	20000 B	0 B	20000 GX L3；	$F \rightarrow G$
N08B	0 B	20000 B	20000 GY L4；	$G \rightarrow H$
N09B	0 B	20000 B	20000 GY SR1；	$H \rightarrow I$
N10B	20000 B	0 B	20000 GX L1；	$I \rightarrow A$
N11B	0 B	5000 B	5000 GY L4；	$A \rightarrow S$
N12DD				停机码

注：以上程序中程序段 N01、N02、N04、N05、N07、N08、N10、N11 为与坐标轴重合的直线，其坐标 BXBY 的 X、Y 值可全写 0 或不写，即 B0B0 或 BB。

3B 格式线切割程序不具备补偿功能，若要考虑电极丝的偏移量 f，则其编程轨迹相关几何参数的计算变得较为复杂，因此若要考虑加工轨迹的补偿，除了采用 4B 格式外，更多的是借助计算机辅助编程和相关 CAD/CAM 软件编程。

6.4　数控电火花线切割机床的自动编程

作为线切割加工实用的编程方法——自动编程，在实际生产中应用广泛，常用的编程软件有 CAXA 线切割、AUTOP、YH 等，本书以 CAXA 线切割编程软件为例进行介绍。CAXA 线切割编程软件有几个代表性的版本，即 CAXA 线切割 V2、CAXA 线切割 XP 和 CAXA 线切割 2013，其中 V2 版的运行环境为 Window98，XP 版的运行环境为 WindowXP 等，而 CAXA 线切割 2013 版在 Windows7 环境下仍能够较好的运行，与当前主流的计算机运行环境兼容，因此本书以 CAXA 线切割 2013 版为基础进行介绍。

6.4.1　CAXA 线切割编程软件简介

CAXA 线切割是一个面向线切割机床数控编程的软件系统，在我国线切割加工领域有广泛的应用。CAXA 线切割软件实际上是在 CAXA 电子图板的基础上二次开发的。启动 CAXA 线切割软件系统，对比 CAXA 电子图板后可以看到其仅是增加了一个下拉菜单——"线切割（W）"菜单，如图 6-17 所示。

1. 加工模型的获取

CAXA 电子图板是一款二维的 CAD

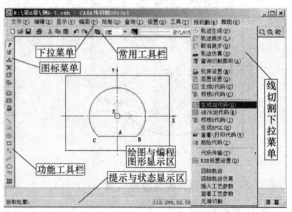

图 6-17　CAXA 线切割操作界面

软件，具有较为强大的绘图功能，用户可借助其"绘制"图标工具栏激活相应的功能工具栏绘制图形，如图 6-18a 所示。也可执行下拉菜单"绘制（D）"下的子菜单中的命令绘制图形，如图 6-18b 所示。注意，CAXA 电子图板生成的文件格式为 ∗.exb 文件，也就是说 CAXA 线切割编程软件的加工模型为 ∗.exb 格式文件。

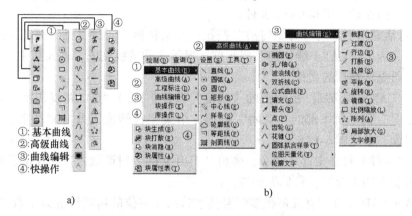

图 6-18　"绘制"图标菜单工具栏与下拉菜单
a) 绘制图标工具栏　b) "绘制"下拉菜单及其子菜单

除了自带的绘图功能外，CAXA 线切割还能导入其他格式的模型文件。图 6-19 所示为 CAXA 线切割 2013 自带的 DWG/DXF 批转换器，其能够将成批的 DWG/DXF 格式文件（AutoCAD 软件的文件格式）转变为 EXB 格式文件（CAXA 电子图板的文件格式）。

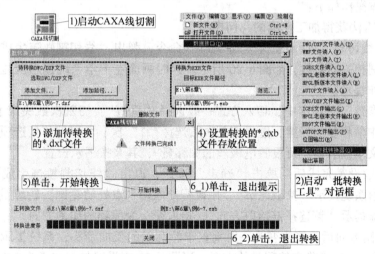

图 6-19　dxf 格式文件转化为 exb 格式文件

DWG/DXF 格式文件转换为 EXB 格式文件的操作步骤如下。鉴于 DXF 格式文件本身就是 AutoCAD 的数据交换文件格式，因此，建议转换前的文件格式为 ∗.dxf。

1）启动 CAXA 线切割。

2）执行"文件 | 数据转换 | DWG/DXF 批转换器"命令，弹出"批转换工具"对话框。

3）在左侧"待转换 DWG/DXF 文件"选项框中，单击"添加文件…"按钮，弹出

"打开"对话框（图中未示出），选择待转换的 *.dxf 文件，如图 6-19 中的例 6-7.dxf 文件。

4）单击右侧"转换为 EXB 文件"选项框中的"浏览…"按钮，弹出"浏览文件夹"对话框（图中未示出），选择转换后 *.exb 文件的存放位置（即目标 EXB 文件路径），如图 6-19 中的 E：\ 第 6 章 \ 例 6-7.exb 文件。

5）单击对话框中下部的"开始转换"按钮，开始转换，同时可见下部转换进度条向右滚动，结束后，弹出"CAXA 线切割"提示框，显示文件转换完成。进入第 4）步设置的存放文件位置，可见转换后的文件。

6）单击"CAXA 线切割"提示框的"确定"按钮，退出"CAXA 线切割"提示框。单击"批转换工具"对话框下部的"关闭"按钮，结束"批转换工具"对话框，返回 CAXA 线切割操作界面，参见图 6-17。

7）执行"文件 | 打开文件"命令，弹出"打开文件"对话框，找到转化后的 *.exb 文件，打开即可调入加工模型，参见图 6-17。

在使用 AutoCAD 软件建立几何模型时要注意将尺寸单位的精度设置为小数点后面 3 位，确保几何模型的精度，转换过程若存在问题，可通过"另存为"命令降低 AutoCAD 版本尝试。

2. 线切割程序的编制

CAXA 线切割的编程功能是本章主要介绍的内容，下面介绍几个主要的功能。

（1）轨迹生成功能　选定被加工的轮廓线，并设置相关参数，生成单轮廓图形的线切割加工轨迹。具体操作如下：

1）按以上方法获得加工轮廓的几何模型。

2）执行"线切割（W）| 轨迹生成（P）"命令，弹出"线切割轨迹生成参数表"对话框，设置线切割相关的参数，如图 6-20 所示。同时画面左下角系统提示区显示"请填写加工参数表"操作提示。

在"切割参数"选项卡中，切入方式一般选择"垂直"，切割次数决定了"偏移量/补偿值"选项卡中偏移量的设置，这里切割次数选择"1"次，所以偏移量选项中只有"第一次加工"后的文本框有效，可设置电极丝的偏移量 f，其余按图示设置。

3）切割参数设置完成后，单击"确定"按钮，退出"线切割轨迹生成参数表"对话框，界面左下角系统提示"拾取轮廓"，用鼠标拾取切入点处的轮廓，轮廓线上出现一对反向的箭头，系统提示"请选择链拾取方向"，拾取箭头为编程的切割方向。

4）拾取切割方向后，箭头变为一对垂直于轮廓线的反向箭头，系统提示"选择加工的侧边或补偿方向"，用于确定偏移量的方向。当图 6-20 中设置的偏移量为 0 时，直接跳过这一步。

5）拾取偏移方向后，偏移箭头消失，系统提示"输入穿丝点位置"，用鼠标捕捉穿丝点，或按空格键激活特征点捕捉菜单，拾取穿丝点。拾取穿丝点后系统提示"输入退出点（回车则与穿丝点重合）"，一般选择回车（或按鼠标右键）选择"退出点与穿丝点重合"。

6）选择完退出点后，屏幕上出现绿色的切割轨迹，完成加工轨迹的设置。同时系统提示"拾取轮廓"，回到第 3）步可以继续设置其他轮廓的加工轨迹。

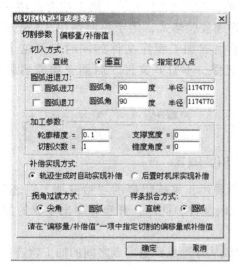

图6-20　线切割参数设置

轨迹生成是 CAXA 线切割编程的基础，其可对凸凹模的内外轮廓生成轨迹，也可对多个轮廓生成轨迹。

（2）轨迹跳步功能　拾取多个加工轨迹，轨迹与轨迹之间将按拾取的先后顺序生成跳步线，被拾取的轨迹将变成一个轨迹。生成加工代码时拾取该加工轨迹，可自动生成跳步模加工代码。注意，这里说的"跳步"对应级进模的"级进"含义。具体的操作步骤按系统提示即可完成。

（3）取消跳步功能　拾取跳步加工轨迹，系统将取消上一步生成跳步轨迹中跳步线，将一个跳步轨迹分解成轨迹跳步前的多个独立的加工轨迹。具体的操作步骤按系统提示即可完成。

（4）轨迹仿真功能　对已有的加工轨迹进行加工过程模拟，以检查加工轨迹的正确性。轨迹仿真分为连续仿真和静态仿真。连续仿真通过指定仿真步长控制仿真速度。静态仿真是显示加工轨迹各段的序号，并用不同的颜色将直线段与圆弧段区分开来。

（5）查询切割面积功能　切割面积指加工轨迹的长度和切割工件的厚度的乘积，即实际的切割面积。切割面积是计算切割成本的重要依据。切割面积的查询步骤为：

1）执行"线切割（W）|查询切割面积"命令，系统提示"拾取加工轨迹"。

2）鼠标拾取加工轨迹后，系统提示变为"输入工件厚度"，同时弹出输入厚度文本框，输入工件厚度，按回车，弹出一个提示框，内容包括：轨迹长度、工件厚度和切割面积值。单击"确定"按键退出。

以上内容介绍了与加工轨迹有关的设置与操作。下面再来看一下 3B 格式程序的生成与输出。

（6）生成 3B 代码功能　将以上生成的加工轨迹转化为 3B 格式线切割加工程序。操作步骤如下：

1）执行"线切割（W）|生成 3B 代码（B）"命令，系统弹出"生成 3B 加工代码"对话框，选择文件存盘位置，输入文件名，按"保存"按键，系统提示"拾取加工轨

迹"，同时提示上部弹出 3B 代码输出设置选项，如图 6-21 所示。第 1 项有四项——指令效验格式、紧凑指令格式、对齐指令格式和详细校验格式，用于控制输出 3B 格式代码的显示格式；第 2 项默认是"显示代码"，表示生成加工程序文件的同时打开这个程序文件，若选择"不显示代码"，则只生成程序文件，不打开文件。后面三项顾名思义即可理解。

图 6-21　输出代码设置

2）鼠标拾取加工轨迹后，选中的轨迹红色显示，系统仍提示"拾取加工轨迹"，若按回车（或按鼠标右键）完成轨迹选取并输出代码文件，同时，开启并弹出生成的加工程序文件。

注意：若拾取的是单个轮廓的轨迹，则生成从穿丝点到退出点之间的加工轨迹；若拾取的是跳步轨迹，则各个轮廓之间用一条直线程序连接，前后有一个暂停码"D"；若拾取了多个独立的加工轨迹，虽然图形显示上没有各轮廓的连接程序，但实际上生成的加工程序与跳步程序相同，这是因为同一个零件上的各个轮廓之间的过渡必须用程序实现，否则，加工误差可能太大，程序最后有一个停机码"DD 程序段"。

（7）校核 B 代码功能　校核 B 代码的功能是将已存在的 3B 格式代码等文件反读进来，并以图形显示出来，检查其代码的正确性。

在学习与使用 CAXA 线切割软件的编程时，多注意右下角的系统提示，可以很快学会软件操作。

6.4.2　CAXA 线切割软件编程实例

以下通过几个实例演示 CAXA 线切割软件编程。

1. 单轮廓轨迹编程

例 6-7： 图 6-22 所示零件，要求编写其内腔线切割加工程序，假设材料厚度 20mm，电极丝直径 d = 0.18mm，放电间隙 δ = 0.015mm，穿丝孔位置为圆心，编程轨迹为 $S \rightarrow A \rightarrow B \rightarrow C \rightarrow A \rightarrow S$。

编程步骤如下，编程图解如图 6-23 所示。

1）建立几何模型：可在 CAXA 中绘制或从外部导入，如图 6-23a 所示。

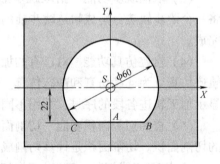

图 6-22　例 6-7 图

2）轨迹生成：①偏移量 f =（0.18/2）mm + 0.015mm = 0.105mm；②切割方向逆时针，向内侧偏移；③穿丝点和退出点均为 S 点；④注意图 6-23b 中的加工轨迹的偏移举例为放大显示的。

3）轨迹仿真：可动态或静态仿真，如图 6-23c、d 所示。

4）查询切割面积：①轨迹长度为 227.555mm；②工件厚度为 20.00mm；③切割面积为 4551.103m²，如图 6-23e 所示。

5）生成 3B 代码：生成代码格式为"对齐指令格式"。

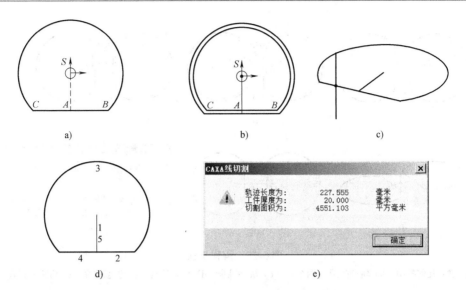

图 6-23　编程步骤

a) 建立几何模型　b) 生成加工轨迹　c) 动态仿真　d) 静态仿真　e) 查询切割面积

B		0 B	21895 B	21895 GY L4
B	20355 B	0 B	20355 GX L1
B	20355 B	21895 B	78870 GX NR4
B	20355 B	0 B	20355 GX L1
B		0 B	21895 B	21895 GY L2
DD				

2. 多型腔轨迹编程（跳步与取消）

例 6-8：图 6-24 所示零件，要求编写两个内腔跳步线切割程序，跳步顺序为 Ⅰ→Ⅱ，穿丝孔位置为 S 点，两腔编程轨迹均为 S→A→B→C→A→S。假设材料厚度为 20mm，电极丝直径 $d = 0.18$mm，放电间隙 $\delta = 0.015$mm。

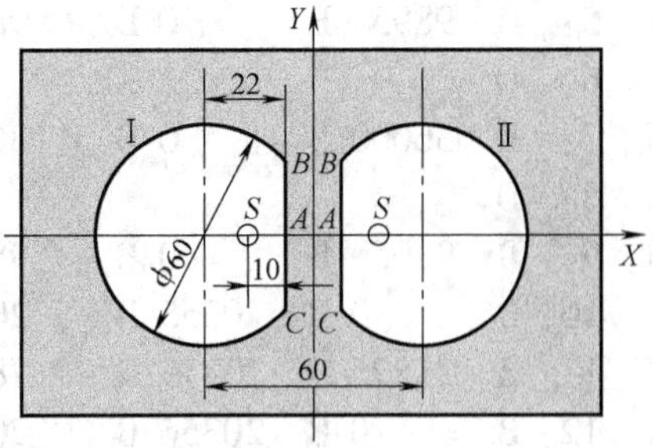

编程步骤如下，编程步骤图解如图 6-25 所示。

1) 建立几何模型：可在 CAXA 中绘制或从外部导入，如图 6-25a 所示。

2) 轨迹生成：分别对两型腔生成独立的加工轨

图 6-24　例 6-8 图

迹。①偏移量 $f = (0.18/2)$mm $+ 0.015$mm $= 0.105$mm；②切割方向左逆时针右顺时针，向内侧偏移；③穿丝点和退出点均为 S 点；④注意图 6-25b 中加工轨迹的偏移举例是放大显示的。

3) 轨迹跳步：按跳步顺序 Ⅰ→Ⅱ 生成跳步轨迹，如图 6-25c 所示。

4) 轨迹仿真：可动态或静态仿真，如图 6-25d、e 所示。

5) 查询切割面积：①轨迹长度为 443.110mm；②工件厚度为 20.00mm；③切割面积为 8862.206m^2，如图 6-25f 所示。

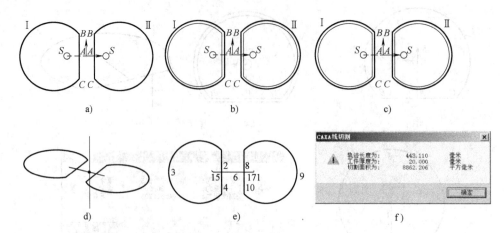

图 6-25　编程步骤

a）建立几何模型　b）轨迹生成（两个）　c）轨迹跳步　d）动态仿真　e）静态仿真　f）切割面积查询

6）生成 3B 代码：生成代码格式为"指令校验格式"，如下所示。

```
* * * * * * * * * * * * * * * * * * * * * * * * * *
CAXAWEDM- Version 2.0 , Name ：例 6-8. 3B
Conner R =   0.00000      , Offset F =      0.10500 , Length =      443.110 mm
* * * * * * * * * * * * * * * * * * * * * * * * * *
Start Point   =   -18.00000 ,     -0.00000  ;        X  ,              Y
N  1： B  9895  B       0 B    9895  GX  L1；     -8.105 ,       -0.000
N  2： B     0 B   20355 B   20355  GY  L2；     -8.105 ,       20.355
N  3： B  21895 B   20355 B   78870  GY  NR1；    -8.105 ,      -20.355
N  4： B     0 B   20355 B   20355  GY  L2；     -8.105 ,       -0.000
N  5： B  9895  B       0 B    9895  GX  L3；    -18.000 ,       -0.000
N  6： D
N  7： B  36000 B       0 B   36000  GX  L1；     18.000 ,       -0.000
N  8： D
N  9： B  9895  B       0 B    9895  GX  L3；      8.105 ,       -0.000
N  10： B     0 B   20355 B   20355  GY  L2；      8.105 ,       20.355
N  11： B  21895 B   20355 B   78870  GY  SR2；     8.105 ,      -20.356
N  12： B     0 B   20356 B   20356  GY  L2；      8.105 ,        0.000
N  13： B  9895  B       0 B    9895  GX  L1；     18.000 ,        0.000
N  14： DD
```

7）跳步程序分析：N7 程序段为跳步段，为从型腔 I 的退出点 S 到型腔 II 的开始点的加工轨迹，其前后各有一个暂停码 D。

程序加工过程为，首先装夹工件，从型腔 I 的穿丝点 S 穿电极丝，开始切割，切割完型腔 I 返回穿丝孔 S，程序暂停（N6 段），拆下电极丝，执行程序段 N7 空走至型腔 II 的穿丝点 S，再穿电极丝，继续切割完成型腔 II，程序结束（停机码 DD），拆下电极丝和工件，完成加工。

3. 凸、凹模零件轮廓编程

例 6-9：图 6-26 所示为某落料凹模的刃口轮廓线，要求编制凸模和凹模的线切割加工程序，已知电极丝直径 $d = 0.18$mm，放电间隙 $\delta = 0.015$mm，单面冲裁间隙 $z = 0.1$mm。

1）工艺分析：从图 6-26 可知图中标注的基本尺寸是最小极限尺寸，所有上偏差均为 +0.068，编程时可以不考虑公差，通过加工偏移量 f 控制这个公差。

首先，进入 AutoCAD 的标注样式管理器，单击"修改"按键，进入"修改标注样式"对话框，将"主单位"选项卡中的线性标注的精度修改为"0.000"（即小数点后三位）。然后按基本尺寸绘制凹模轮廓的几何模型，穿丝孔直径取 5~6mm，位置如图 6-27 所示。

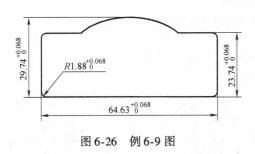

图 6-26　例 6-9 图

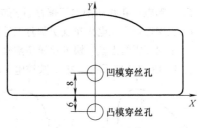

图 6-27　穿丝孔位置

2）偏移量的确定：由于本例为落料模，故凹模的偏移量为 $f = (d/2) + \delta = (0.18/2)$mm + 0.015mm = 0.105mm，向内偏移。凸模轮廓是在图 6-26 凹模轮廓基础上向内偏移得到，单面冲裁间隙 $z = 0.1$mm，所以凸模仍以凹模轮廓编程，但偏移量为 $f = -z + (d/2) + \delta = -0.1$mm + $(0.18/2)$mm + 0.015mm = 0.005mm，向外偏移。

注意：凹模偏移量计算时未考虑尺寸公差，若欲按尺寸中值加工编程，偏移量还应向内偏移公差 0.068mm 的一半，即 $f_d = (d/2) + \delta + (0.068/2)$mm = $(0.18/2)$mm + 0.015mm + 0.036mm = 0.141mm，向内偏移。这时凸模的计算偏移量也应作相应调整，即 $f_p = -z + (d/2) + \delta + (0.068/2)$mm = -0.1mm + $(0.18/2)$mm + 0.015mm + 0.036mm = 0.041mm，向外偏移。

3）线切割编程：参照例 6-7 的操作步骤，完成线切割程序的编制，如下所示。

凹模加工程序

B	0	B	7311	B	7311	GY	L4
B	30297	B	0	B	30297	GX	L1
B	0	B	1775	B	1775	GY	NR4
B	0	B	19980	B	19980	GY	L2
B	1775	B	0	B	1775	GX	NR1
B	11903	B	0	B	11903	GX	L3
B	0	B	1985	B	1163	GX	SR3
B	17369	B	24012	B	34738	GX	NR1
B	1163	B	1608	B	1163	GX	SR4
B	11903	B	0	B	11903	GX	L3
B	0	B	1775	B	1775	GY	NR2
B	0	B	19980	B	19980	GY	L4
B	1775	B	0	B	1775	GX	NR3
B	30573	B	0	B	30573	GX	L1
B	0	B	7311	B	7311	GY	L2
DD							

凸模加工程序

B	0	B	5995	B	5995	GY	L2
B	30435	B	0	B	30435	GX	L1
B	0	B	1885	B	1885	GY	NR4
B	0	B	19980	B	19980	GY	L2
B	1885	B	0	B	1885	GX	NR1
B	11903	B	0	B	11903	GX	L3
B	0	B	1875	B	1099	GX	SR3
B	17433	B	24101	B	34866	GX	NR1
B	1099	B	1519	B	1099	GX	SR4
B	11903	B	0	B	11903	GX	L3
B	0	B	1885	B	1885	GY	NR2
B	0	B	19980	B	19980	GY	L4
B	1885	B	0	B	1885	GX	NR3
B	30435	B	0	B	30435	GX	L1
B	0	B	5995	B	5995	GY	L4
DD							

思考与练习

1. 名词解释：电火花加工，线切割加工，数控电火花线切割加工，慢走丝线切割，快走丝线切割，中走丝线切割，多次切割，放电间隙。

2. 简述数控电火花线切割加工的工作原理。

3. 数控电火花线切割机床加工的特点及应用范围？

4. 影响数控电火花线切割机床加工精度的主要因素有哪些？

5. 影响电火花线切割加工偏移量 f 的因素有哪些？偏移量对线切割编程和加工有何影响？

6. 上网搜索数控电火花线切割时工件的装夹方式图解。

7. 上网搜索慢走丝、快走丝线切割机床的结构图与文字说明，分析其异同点。

8. 按 3B 格式编写图 6-28 的数控电火花线切割机床加工程序。

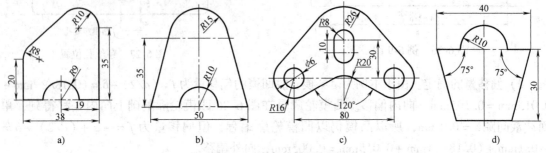

图 6-28　思考与练习 8 图

第 7 章　数控加工自动编程

7.1　概述

7.1.1　自动编程的概念

自动编程是相对手工编程而言的，准确地说应该是计算机辅助编程，其是 CAM（Computer Aided Manufacturing）的重要组成部分之一，它是借助计算机及相关的专用软件辅助完成数控程序的编制过程。自动编程时，编程人员只需输入加工零件的几何信息及工艺参数与加工要求，由计算机自动地进行数值计算及后置处理，自动地生成所需的加工程序。自动编程使得一些计算繁琐、手工编程困难甚至无法编写的程序能够顺利地完成。

手工编程是学习自动编程的基础，自动编程是实际生产数控编程的主流与趋势，两者相辅相成。

伴随着数控机床的出现，自动编程技术引起了人们的重视，1952 年，美国麻省理工学院研制出第一台数控机床时，为了充分发挥数控机床的加工能力，就着手进行自动编程技术的研究，并于 1955 年公布了其研究成果——APT（Automatically Programmed Tools）自动编程系统，奠定了 APT 语言自动编程的基础。随着计算机技术的发展，基于数控语言进行编程的 APT 系统由于其直观性差、编程过程复杂等原因逐渐被现代的基于图形交互式的 CAD/CAM 一体化的编程软件所替代。

7.1.2　自动编程的特点与发展

与手工编程相比，自动编程具有以下特点：

1）编程效率高。借助自动编程技术，一个编程人员可以负责多台数控机床的加工编程。

2）程序准确度高，差错少。自动编程时，编程人员将主要精力用于加工参数的设置，确保了加工程序的质量。

3）大大降低了编程人员的劳动强度。自动编程软件一般具有图形模拟功能，并通过后置处理程序自动地生成加工程序。

4）自动编程的程序一般由基本指令构成，程序过于冗长，但这一特征又表现为程序的通用性较好。

5）自动编程软件一般不能输出准确的具有固定循环指令的程序。

自动编程的应用主要集中在以下几种场合。

1）零件形状复杂，特别是三维空间曲线和曲面的零件编程。

2）虽然零件形状不复杂，但编程工作量大的零件，如有大量孔的零件。

3）虽然零件形状不复杂，但计算工作量大的零件，如不规则曲线或曲面。

7.1.3　自动编程技术的发展趋势

人类的探索是无穷无尽的，自动编程技术的发展趋势主要有以下几点：

1）与 CAD、CAE 等技术集成一体。近年来，从几大主流的 CAM 软件可明显地看出这一趋势。

2）逐渐融入特征识别功能和工艺处理功能。目前的自动编程软件较为成熟的部分是几何参数的计算，这仅仅解决了手工编程繁琐复杂的劳动，其工艺参数的设置与加工策略的确定仍然必须依靠编程人员的经验，使得编程质量不能得到稳定的保证。发展具有几何特征识别与工艺处理能力的自动编程系统是近年来的一个趋势。

3）实物模型自动编程技术。借助测量机，对无尺寸的图形或实物模型自动测量，并自动生成加工程序，快速准确地获得加工零件。

4）语音式自动编程系统。使用语音识别系统，编程人员用话筒输入指令，经计算机识别与翻译并经后置处理输出加工程序。

7.1.4　数控加工自动编程常用软件简介

数控加工自动编程技术经过不断的发展与完善，已先后出现了许多能够在 PC 上运行的编程软件。当前，国内外市场较为主流的商品化软件有以下几个。

（1）Siemens NX　其前身是 UG NX（Unigraphics NX），起源于美国麦道公司，后并入 EDS 公司，该公司旗下的 CAD/CAM 软件还有 I-DEAS 和 SolidEdge，该公司于 2007 年被西门子公司收购，成为 Siemens PLM Software（西门子产品生命周期管理软件）的一部分。Siemens NX 软件功能强大，属于 CAD/CAE/CAM 集成软件，支持 3~5 轴的数控加工和高速加工，在大型软件中综合能力处于强势。

（2）CATIA　是达索（Dassault System）公司旗下的 CAD/CAE/CAM 一体化软件，达索公司成立于 1981 年，CATIA 是英文 Computer Aided Tri-Dimensional Interface Application 的缩写，支持 3~5 轴的数控加工和高速加工，其集成解决方案覆盖所有的产品设计与制造领域，其曲面设计功能强大，在航空航天工业得到广泛使用。

（3）Mastercam　是美国 CNC Software Inc. 公司开发的基于 PC 平台的 CAD/CAM 软件。其价位适中，广泛应用于中小企业，是经济有效的全方位 CAD/CAM 系统，在国内有较多的用户。

（4）PowerMILL　是英国 Delcam Plc 公司出品的专业 CAM 软件，其加工策略丰富，功能强大，支持 3~5 轴的数控铣削加工和高速加工；能快速产生粗、精加工路径，并且任何方案的修改和重新计算几乎在瞬间完成，大大缩短了刀具路径的计算时间；具有 2~5 轴的包括刀柄、刀夹进行完整的干涉检查与排除功能；具有集成一体的加工实体仿真，方便用户在加工前了解整个加工过程及加工结果，节省加工时间。

（5）hyperMILL　是德国 OPENMIND 公司开发的一款集成化 NC 编程 CAM 软件，它完全整合在 hyperCAD 和 SolidWorks 中，提供了完整的集成化 CAD/CAM 解决方案。该软件出现的时间虽然不长，但其高起点的 5 轴联动优势以及 2.5~5 轴的全系列模块等，较好地适应了现代数控加工技术的发展趋势，逐渐得到了用户的青睐。

（6）Cimatron　是以色列 Cimatron 公司开发的面向制造业的 CAD/CAM 软件，其 CAM

模块支持 2.5 ~ 5 轴铣削加工和高速加工,在模具制造等行业广泛应用。

(7) CAXA 数控类软件 北京数码大方科技有限公司(即 CAXA)是中国领先的 CAD 和 PLM 供应商,是我国制造业信息化的优秀代表和知名品牌,拥有完全自主知识产权的系列化 CAD、CAPP、CAM、DNC、EDM、PDM、MES、MPM 等 PLM 软件产品和解决方案。其有适合于数控铣削加工编程的"CAXA 制造工程师",适合于数控车削加工编程的"CAXA 数控车"和适合于线切割加工编程的"CAXA 线切割"等数控加工编程软件,在国内数控加工领域有一定的应用市场。

7.1.5 数控加工自动编程的一般操作流程

1. 自动编程的一般流程

各种编程软件的编程步骤基本相同,大致可分为三大步骤,即几何造型(CAD)、加工设计(CAM)和后置处理(获得 NC 代码),图 7-1 所示为 Mastercam 软件的编程流程,其中对 CAM 部分进行了适当的展开。

(1) CAD 零件造型设计 这步可获得加工零件的几何参数,又称几何模型。几何模型可以在 Mastercam 软件的设计模块中获得,也可导入其他 CAD 软件造型的文件格式,如两维图形可用 AutoCAD 文件,三维模型常用通用的 IGES 或 STEP 格式文件等。

(2) CAM 设计 CAM 设计包括加工模型的设计、加工类型的选择、基本属性的设置、工艺规划与加工参数的设置、刀具轨迹的仿真与验证等。

CAM 设计首先要有一个加工模型,一般采用设计模型,必要时根据加工的需要增加装夹部位等工艺部分。这部分工作仍然在设计模块中进行。

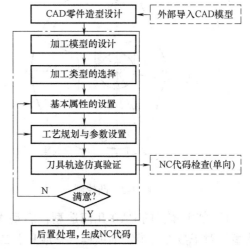

图 7-1 Mastercam 自动编程流程

Mastercam 软件的铣、车、线切割和雕刻等加工模块是分开的,CAM 设计必须选择相应的加工类型,具体可在"机床类型"下拉菜单中选择。

进入加工环境后,就可以进行基本属性的设置,包括工具(刀具)设置、材料毛坯设置、安全区域设置等,有些内容(如刀具设置)可以在后续的参数中再设置。

工艺规划设计包括加工工序的设置,如二维加工(如外形铣削、钻孔、挖槽、面铣、二维雕刻等),三维加工(如曲面粗加工、曲面精加工等),另外还有其他的加工方法(如全圆铣削、螺旋铣削、键槽铣削、螺旋钻孔、刀具路径转换等)。对于每一个具体的工序还要设置切削用量、加工路径、参考点等。

设计好的工艺规划可以图形化的形式静态或动态显示与仿真,并可进行加工验证仿真。在观察和仿真的过程中,对于不满意的设置,可以随时返回前面的参数设置进行编辑和修改。

在仿真的同时,还可以单独将某一道工序的加工代码输出进行观察。

仿真验证满意后,即可转入后置处理阶段。

（3）后置处理　后置处理的目的就是将图形化确定的工艺规划、设置的参数等生成数控机床可以接受的加工程序——NC 代码。

由于不同的数控系统其加工代码略有差异，另外，不同人在编程和操作机床时也有差异，因此很难用一个后置处理程序来满足这种差异化的需求，故编程人员还需对自动生成的数控程序进行必要的修改，特别是对程序头及程序尾部分的指令进行检查、修改和调整。

2. 自动编程的应用举例

例7-1：以图 7-2 所示凸轮零件为例，假设凸轮厚度 10mm，工件坐标系定在零件上表面 ϕ16mm 圆心处，仅需编写轮廓粗铣程序，留精铣余量 0.5mm，选取 ϕ16mm 立铣刀，逆铣加工，要求具有刀具半径补偿功能，主轴转速为 600r/min，进给速度为 200mm/min，利用中间 ϕ16mm 孔定位夹紧，装夹方案如图 7-3 所示，从直线段切线切入、切出，交接处重叠 5mm 左右。

下面以 Mastercam X6 为例详细讲解其编程步骤。

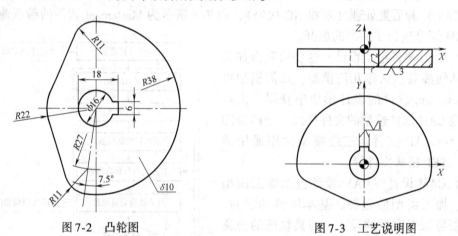

图 7-2　凸轮图　　　　　　　　　图 7-3　工艺说明图

1）加工零件的 CAD 几何造型：启动 Mastercam X6 编程软件，在绘图窗口中进行几何造型，对于数控二维铣削编程，一般只要二维轮廓线图形即可，图中的点画线等可以不用绘制，且尽可能使编程坐标系与系统的绘图坐标系重合，如图 7-4 所示。

2）CAM 设置：

① 加工模型设计。作为二维编程，必须保证编程坐标系与绘图坐标系重合（包括坐标原点与坐标轴）。必要时可通过"平移"功能进行调整。

② 加工类型的选择。执行下拉菜单"机床类型|铣削系统|默认"命令，进入数控铣削默认的编程环境，在绘图窗口左侧原先空白的刀具操作管理器的"刀具路径"选项卡中会出现一个加工群组（Machine Group-1），包括一个铣削属性设置组（属性-Mill Default MM）和一个空白的刀具路径组 Toolpath Group-1），单击属性前面的展开图标 ✚ 可展开属性列表树，如图 7-5 所示。

③ 基本属性的设置，包括工件毛坯等设置。在图 7-5 所示的属性组中，单击"素材设置"标签，弹出"机器群组属性"对话框，在"素材设置"选项卡中，单击"边界盒"设置按钮，弹出"边界盒选项"对话框，设置 X、Y 方向的加工余量 5mm，单击"边界盒选项"对话框中的"确认"按钮 ✔，返回"机器群组属性"对话框，填写 Z 轴材料厚度 10.0mm，设置参数如图 7-6 所示，单击"确认"按钮完成毛坯设置，如图 7-7 所示。

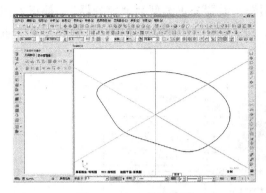

图 7-4　CAD 几何造型

图 7-5　加工类型（铣削模块）的选择

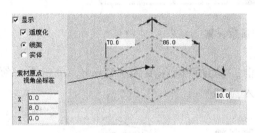

图 7-6　毛坯设置

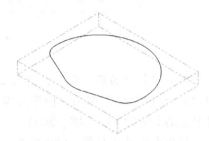

图 7-7　毛坯设置结果

④ 工艺规划与参数设置，包括加工方法、加工刀具的选取，切削用量、加工路径、参考点等的确定。

执行菜单"刀具路径 | 外形铣削"命令，弹出"输入新 NC 名称"对话框，输入新的名称或采用默认的名称，单击"确认"按钮，弹出"串连选项"对话框，选择串连"⬭⬭⬭"方式，用鼠标选取右下角直线靠左端，确保串连提示箭头在直线的左侧起点，逆时针方向，选择完成后，单击"确认"按钮，弹出"2D 刀具路径-外形铣削"对话框，图 7-8 截取了参数列表框供参考。

在参数列表中，单击"刀具"选项，进入刀具参数选项框，单击 从刀库中选择… 按钮，选择 φ16mm 平底刀，然后设置刀具号码、刀长补正、切削用量等参数，如图 7-9 所示。

图 7-8　"2D 刀具路径-外形铣削"对话框参数列表框

图 7-9　刀具参数设置

单击"切削参数"选项，进入切削参数选项框，设置补正类型为"控制器"，补正方向为"右"。单击下一级的"进退/刀参数"选项，进入进退/刀参数选项框，设置起刀点、重叠量、进/退刀参数等，如图7-10所示。

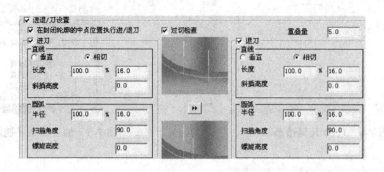

图7-10　进/退刀参数设置

单击"公同参数"选项，进入公同参数选项框，设置铣削深度为 −12mm。单击下一级的"原点/参考点"选项，设置参考点位置的进入点和退出点的坐标为（0, 100, 200）。

其余采用默认设置，设置完成后生成的刀具路径轨迹如图7-11所示。单击刀具路径管理器上部的"模拟已选择的操作"按钮≋，可以动态地模拟刀具切削运动，如图7-12所示。单击"验证已选择的操作"按钮，可动态验证切削加工过程，如图7-13所示。

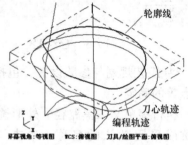

图7-11　刀具路径轨迹

3）后置处理，生成 NC 代码：后置处理是自动编程技术的一项重要内容，它是将前置处理文件生成的刀具路径数据转换成适合具体机床数据的数控程序，具体步骤如下：

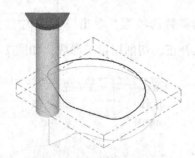

图7-12　切削加工模拟

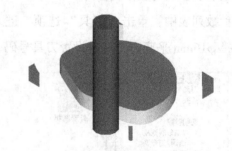

图7-13　切削加工验证

首先，单击"后处理已选择的操作"按钮 **G1**，弹出"后处理程序"对话框，如图7-14所示。采用默认的设置，单击"确认"按钮 ✓ ，弹出"另存为"对话框，提示设置 *.NC 文件的保存路径，文件名采用默认的即可，单击"保存"按钮，弹出后置处理进程条，进程完成后，弹出"Mastercam X 编辑器"对话框，如图7-15所示，同时保存生成的程序。

在"Mastercam X 编辑器"对话框中，可以对程序进行编辑和修改，如选择菜单"NC功能 | 重新编号"命令，在弹出的对话框中设置起始序号、增加序号等，单击"确认"按钮 ✓，可以看到图 7-15 对话框中的程序段号发生变化。对于生成的 *. NC 程序，还可根据个人的习惯用其他编辑器（如 Windows 自带的记事本文件）进行编辑。用记事本打开的程序可以进行任意编辑，以下是复制出来的数控程序。

图 7-14　"后处理程序"对话框

图 7-15　"Mastercam X 编辑器"对话框

%
O0000（例 7-1）
（*DATE = DD − MM − YY − 08 − 02 − 12TIME = HH*:*MM − 08*:15）
（*MCXFILE − D*:\数控加编程\第 7 章\例 7-1. *MCX − 6*）
（*NC FILE − D*:\数控加编程\第 7 章\例 7-1. *NC*）
（*MATERIAL − ALUMINUM MM −2024*）
（*T*1 | 16. *FLAT ENDMILL* | *H*1 | *D*1 | *CONTROL COMP* | *TOOL DIA. −16. *）
N100 G21
N102 G0 G17 G40 G49 G80 G90
N104 T1 M6
N106 G0 G90 G54 X0. Y0. A0. S600 M3
N108 G43 H1 Z200.

N126 G3 X37. 675 Y − 4. 96 I − 3. 132 J10. 545
N128 X38. Y0. I − 37. 675 J4. 96
N130 X0. Y38. I − 38. J0.
N132 X − 38. Y0. I0. J − 38.
N134 X − 31. 481 Y − 10. 046 I11. J0.
N136 G1 X − 8. 963 Y − 20. 091
N138 G3 X0. Y − 22. I8. 963 J20. 091
N140 X6. 264 Y − 21. 089 I0. J22.
N142 G1 X18. 082 Y − 17. 579
N144 X22. 875 Y − 16. 156
N146 G2 X27. 431 Y − 15. 494 I4. 556 J − 15. 337
N148 X42. 769 Y − 26. 938 I0. J − 15. 999
N150 G1 G40 X47. 324 Y − 42. 276

N110 X11. 856 Y −52. 81

N112 Z25.

N114 Z10.

N116 G1 Z −12. F100.

N118 G42 D1 X7. 3 Y −37. 472 F200.

N120 G2 X6. 638 Y −32. 917 I15. 338
　　J4. 555

N122 X18. 082 Y −17. 579I16. J0.

N124 G1 X29. 901 Y −14. 069

N152 G0 Z25.

N154 Z200.

N156 X0. Y0.

N158 M5

N160 G91 G28 Z0.

N162 G28 X0. Y0. A0.

N164 M30

%

注意：自动编程软件生成的程序往往存在一些多余的内容（如上面程序括号的注释和 N106 及 N162 中的 A0 字）及一些固定的指令（如 N100、N102、N104、N154 等）和结构形式（默认的 G54 和程序名 O0000 等），或者少了某些操作者需要的指令（如刀具路径选项卡中未设置切削液开/关指令），这都需要编程人员在生成程序之后根据前面所学的手工编程知识进行手工修改，否则可能出现意想不到的结果。

7.2　Mastercam X6 软件自动编程

7.2.1　Mastercam X6 编程软件简介

数控编程软件较多，各软件有其自身的特点。Mastercam 软件是美国 CNC 公司开发的基于 PC 平台的 CAD/CAM 软件，自 1984 年问世以来，以其强大的三维造型与加工功能闻名于世，市场占有率极高。Mastercam 具有对硬件的要求不高，操作灵活，界面友好，易学易用，性价比较高等特点，在国内外中小企业中得到了广泛的应用。

Mastercam X 版与 Windows 技术紧密结合，用户界面更为友好。该软件包括设计（CAD）和制造（CAM）两大部分。其设计模块具有二维几何图形设计、三维线框设计、多种实用的曲面和实体造型等功能。制造部分又分为铣削、车削、线切割和雕铣等模块，具有可对零件图形直接生成刀具路径、刀具路径模拟、加工实体模拟、后置处理以及较强的外界接口等功能。可提供 2～5 轴铣削、车削、线切割和雕铣等编程功能，具有较多机床的后置处理功能。为此，本书选择最新版的 Mastercam X6 进行讲解。

1. 操作界面与设计模块

启动 Mastercam X6 后默认进入的是设计模块，如图 7-16 所示，其界面具有 Windows 风格，如标题栏、菜单栏、下拉菜单、工具栏、绘图区等，另外还有临时工具栏、操作管理器、状态栏等。

在"机床类型"下拉菜单中可以看到铣削、车削、线切割、雕刻和设计命令，执行这些命令可进入相应的加工编程模块或设计模块。

1）标题栏：显示软件名称、版本、当前使用的模块和打开的文件路径与名称。

2）菜单栏：是一个下拉的多级菜单栏，包括文件、编辑、视图、分析、绘图、实体、转换、机床类型、刀具路径、屏幕、设置和帮助等。

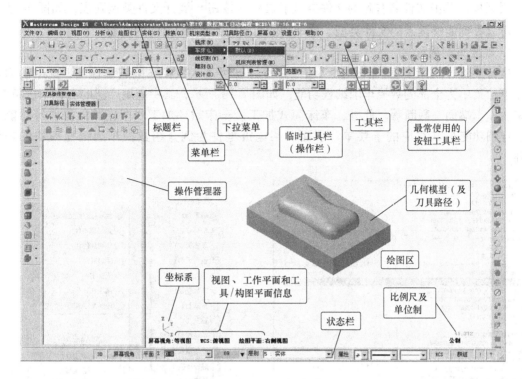

图 7-16　Mastercam X6 操作界面

3）工具栏：是以按钮形式对应菜单栏中的各项操作命令，其数量及形式可根据操作者的习惯进行调整。

4）临时工具栏：英文原文为 Ribbon bar，是根据操作需要临时出现，操作完成确认后会退出的操作工具栏，所以又称操作栏，其内容随不同操作而异，使用时较为灵活。

5）"绘图"菜单：二维图形的绘制，如各种点、直线、圆或圆弧、曲线、倒（圆）角、平面、曲面的绘制与编辑，矩形、多边形、椭圆、螺旋线等基本曲线的设计，曲面的编辑，圆柱、圆锥、立方形、球和圆环等基本曲面和实体的设计，尺寸标注等。

6）"实体"菜单：常用实体的造型，如挤出、旋转、扫描和举升造型的方法，实体倒角与倒圆角、抽壳、修剪、牵引等，结合、切割和交集等布尔运算等。

7）"转换"菜单：用于各种图素的变换，如平移、镜像、旋转、缩放、补正、投影、整列等；已有图素的查询与编辑等。

8）"机床类型"菜单：选择和进入各种设计或加工模块。

9）"刀具路径"菜单：设计模块下无效。各种加工模块其命令存在差异，主要用于选择各种加工方法。

限于篇幅，本书对 CAD 模块的几何造型不做具体展开，有兴趣的读者可参阅相关书籍学习。

2. 几何模型导入

Mastercam X6 除可以自身进行 CAD 工作外，还能导入其他多种常用软件的文件以及一些通用数据交换格式的文件，具体操作为：执行下拉菜单"文件|打开"命令，弹出"打

开"对话框，单击文件名右侧的文件类型下拉列表按钮▼展开文件类型列表，如图 7-17 所示，可以看到能够读入的文件类型。这个功能可更好地发挥 CAM 的功能。

3. 数控车削编程

执行菜单"机床类型|车削|默认值"命令，即可进入数控车削编程模块，此时的刀具路径下拉菜单为全部的数控车削编程功能，如图 7-18 所示，其中应用广泛的有粗车、精车、车螺纹、车端面、截断等。此外，车床简式加工、车床循环加工和车床其他操作等可能用到，详细功能见其对应的子菜单。下面以某电极零件为例介绍数控车削编程模块的操作步骤。

图 7-17　Mastercam X6 可读入的文件类型

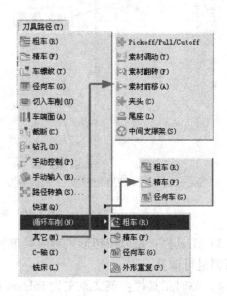

图 7-18　车削模块刀具路径下拉菜单

例 7-2： 图 7-19 所示电极零件，加工工艺为：粗车→精车→切断→调头→车端面→钻孔。工件坐标系取在零件右端面。

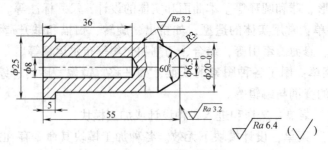

图 7-19　车削编程图例

数控车削模块的操作步骤如下：

1）绘制零件图及加工工艺图：启动 Mastercam X6，绘制零件图。若仅是编程，只需绘制图 7-20 所示的工艺图，且只需绘制出所需加工的零件轮廓线即可。

2）选择加工类型：执行菜单"机床类型|车削|默认值"命令，进入车削模块，操作管理器的"刀具路径"选项卡中会出现一个加工群组（Machine Group-1），包括车削属性设置

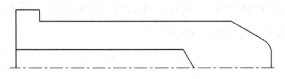

图 7-20　加工工艺图

组（属性-Lathe Default MM）和空白的刀具路径组（Toolpath Group-1）。

3）加工属性的设置：单击➕展开属性列表树，单击"材料设置"标签，弹出"机器群组属性"对话框，如图 7-21 所示。在"素材设置"选项卡的"素材"设置选项组中，单击"参数"设置按钮，弹出"机床组件管理-材料"对话框，设置毛坯尺寸为 $\phi28.0\text{mm} \times 80.0\text{mm}$，毛坯右端面留了 0.5mm 的加工余量，如图 7-22 所示。

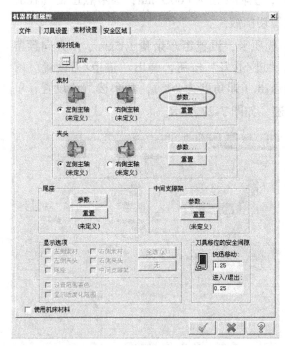

图 7-21　素材设置选项

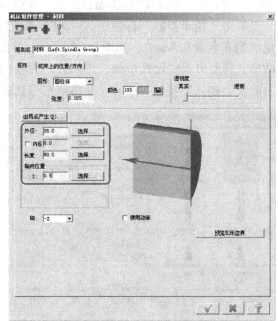

图 7-22　毛坯参数设置

"素材设置"选项卡可设置主轴方位、装夹方式、尾顶尖参数和中心架参数等。毛坯参数设置可直接输入参数确定或两点法鼠标拾取确定。设置完成后，单击两次"确认"按钮 ✔ 返回，完成毛坯设置，如图 7-23 所示。

4）工艺规划与参数设置：参数设置包括加工对象的选取和加工参数的设置。本例共有四个工步。

① 粗车工步：执行菜单"刀具路径 | 粗车"命令，弹出"输入新 NC 名称"对话框，输入新的名称或采用默认的名称，单击"确认"按钮 ✔ ，操作管理器的"刀具路径"选项卡中出现"车床粗加工"工步，同时弹出"串连选项"对话框，按下部分串连按钮 ⦾⦾⦾ ，选择外轮廓线，注意串连起点（绿色箭头）和终点（红色箭头）及方向，必要时

可按方向按钮 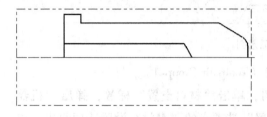 调整串连方向，选择结果如图 7-24 所示。单击 "确认" 按钮 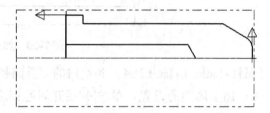，弹出 "车床粗加工 属性" 对话框，如图 7-25 所示。

图 7-23 毛坯设置结果

图 7-24 串连选择

图 7-25 所示 "车床粗加工 属性" 对话框默认选项卡是 "刀具路径参数" 选项卡，按图所示选择刀具 T0101，设置进给量为 0.5mm/r，主轴转速为 600r/min，参考点位置（100，100）（下同），单击 **Coolant...** 按钮设置切削液。

单击 "粗车参数" 标签进入 "粗车参数" 选项卡，设置粗车余量 1.5mm，X 方向预留量（精车余量 0.5mm），如图 7-26 所示。单击 "进/退刀" 按钮，弹出 "进退/刀设置" 对话框，将退出长度延长 6mm，退出方向为径向退出（即角度为 90°），其余按默认设置，单击两次 "确认" 按钮 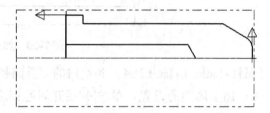，获得粗车刀具轨迹，如图 7-27 所示。

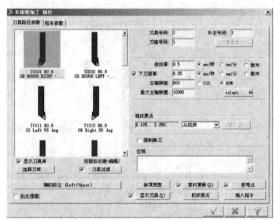

图 7-25 "车床粗加工 属性"
对话框的 "刀具路径参数" 选项卡

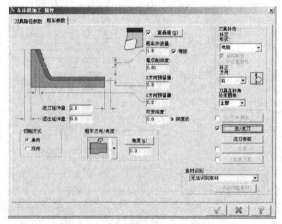

图 7-26 "车床粗加工 属性"
对话框的 "粗车参数" 选项卡

单击刀具路径管理器上部的 "模拟已选择的操作" 按钮 ≋，可以动态地模拟切削运动轨迹，如图 7-28 所示。单击 "验证已选择的操作" 按钮 ⬡，进行切削加工验证，如图 7-29 所示。

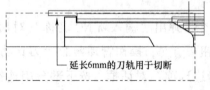

延长6mm的刀轨用于切断

图 7-27 粗车刀具轨迹

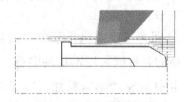

图 7-28 加工模拟仿真

为了后续观察方便，在设置完成一道工步后，可单击"切换刀具路径显示选择操作"
按钮◎，隐藏刀具路径，下同。

② 精车工步：执行菜单"刀具路径｜精车"命令，左侧
"刀具路径"选项卡中又出现一个"车床-精车"工步，同时
弹出"串连选项"对话框。单击选择上一次按钮 ，选
中粗车加工的串连轮廓，单击"确认"按钮 ，弹出
"车床-精车属性"对话框。在"刀具路径"选项卡中设置进

图 7-29　进行切削加工验证

给量为 0.2mm/r，主轴转速为 800r/min，仍采用 T01 号刀，但将刀补号改为 11 号，参考点
设置同粗加工。

切换到"精车参数"选项卡，单击"进/退刀"按钮，弹出"进退/刀设置"对话框，
在"进刀"选项卡中勾选并单击"进刀圆弧"按钮，弹出"进刀/退出圆弧"对话框，设
置扫描角为 90.0° 和半径为 5mm，如图 7-30 所示。退刀长度只需延长 2mm，其他设置同粗
车工步。设置完成后会自动生成精车刀轨，如图 7-31 所示，可看到刀具是圆弧切入工件端
面的。同样，也可以进行切削加工模拟与切削加工验证，如图 7-32 所示。

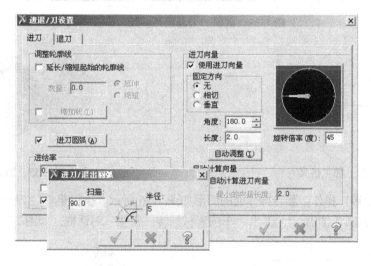

图 7-30　进刀圆弧设置

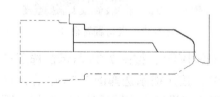

图 7-31　精车刀轨

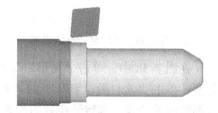

图 7-32　精车切削加工验证

③ 切断工步：首先，隐藏精车刀具轨迹。执行菜单"刀具路径｜截断"命令，按系统提
示选择截断边界点，选择后弹出"车床-截断属性"对话框，在"刀具路径参数"选项卡中选
择 4mm 宽的切断刀，刀具号和刀补号留着最后出程序修改，设置主轴转速为 300r/min、进给

量为 0.1mm/r。单击"截断参数"选项卡，可设置切断的参数，如图 7-33 所示，区域①用于
设置刀具切入和退出点；区域②设置切至中心处的参数（此处设置如图 7-33 所示）；区域③可
用于设置切断处的倒角，此处采用默认设置。设置完成后生成刀具路径。同样，可进行加工切
削模拟和加工切削验证，如图 7-34 和图 7-35 所示（工件设置为半透明显示）。

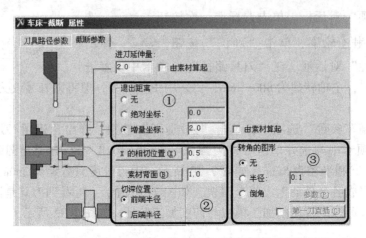

图 7-33　截断"刀具路径参数"设置

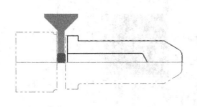

图 7-34　加工仿真

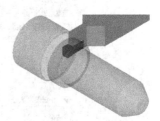

图 7-35　加工验证

④ 调头（翻转）操作：翻转操作前的图形如图 7-36 所示。执行菜单"刀具路径｜其他｜素
材翻转"命令，如图 7-37 所示，弹出"车削素材翻转　属性"对话框，如图 7-38 所示。

图 7-36　毛坯翻转设定说明

图 7-37　素材翻转命令

在图 7-38 中，单击"图形"下面的"选择"按钮（图中①），按图 7-36 所示窗选所有
图素；单击"素材的位置"下的"选择"按钮（图中②），按照提示选择图 7-36 中的 A 点
为翻转起始位置，翻转转换后的位置取默认值 0 点，即将 A 点设置为翻转后的工件坐标系原
点；单击"夹头的位置"选项组中"起始的位置"下的"选择"按钮（图中③），捕捉图
7-36 中 B 点上方线的中点，再单击"最后的位置"（即翻转后的位置）下的"选择"按钮
（图中④），这时可看到画面中的图形临时翻转，如图 7-39 所示。仍然捕捉线的中点，即定
位了翻转的位置，完成了翻转操作，如图 7-40 所示。

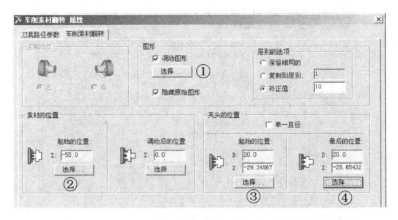

图 7-38　"车削素材翻转　属性"对话框

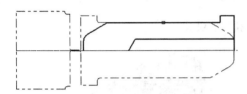

图 7-39　选择夹头最后位置的临时翻转图形

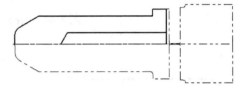

图 7-40　翻转后的图形

⑤ 车端面工步：执行菜单"刀具路径 | 车端面"命令，弹出"车床-车端面　属性"对话框，在"刀具路径参数"选项卡中仍选择粗车的 T01 号刀，将刀补号改为 21，设置进给量为 0.3mm/r、主轴转速为 600r/min。切换到"车端面参数"选项卡，勾选"进/退刀复选框"，其余采用默认设置。设置完成后的刀路轨迹、切削加工模拟和切削加工验证如图 7-41 ~ 图 7-43 所示。

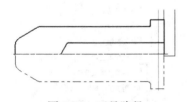

图 7-41　刀具路径

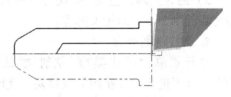

图 7-42　切削加工模拟

⑥ 钻孔工步：执行菜单"刀具路径 | 钻孔"命令，弹出"车床-钻孔　属性"对话框，默认为"刀具路径参数"选项卡，在刀具列表框中单击鼠标右键，弹出快捷菜单，选择"创建新刀具"命令，创建一把 φ8mm 的钻头，取名 T0303。设置进给量为 0.3mm/r、主轴转速为 400r/min，参考点 X0 和 Z100，开切削液。切换到"深孔钻-无啄孔"选项卡，如图 7-44 所示。单击"深度"

图 7-43　切削加工验证

按钮选择孔的深度，必要时单击增加深度计算按钮 ▦ 计算深度增加长度；单击"钻孔位置"按钮，捕捉端面圆心点，其余采用默认值。设置完成后单击"确认"按钮，完成钻孔设置，画面上可以看到一条与轴线重合的刀具轨迹。图 7-45、图 7-46是钻孔的切削加工模拟与加工验证。

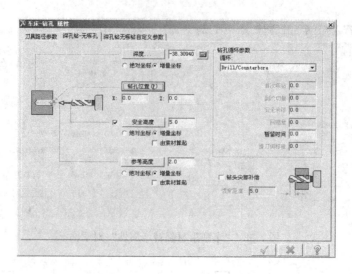

图 7-44　"深孔钻-无啄孔"选项卡

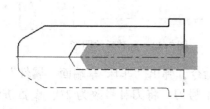

图 7-45　切削加工模拟

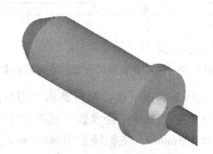

图 7-46　切削加工验证

5) 后置处理, 生成 NC 代码 (略)。具体可参见例 7-1 中的相关内容。

4. 数控铣削编程

执行菜单"机床类型|铣削|默认值"命令, 即可进入数控铣削编程模块, 此时的刀具路径下拉菜单为各种数控铣削编程功能, 如图 7-47 所示。其中包括二维铣削功能, 如外形铣削、钻孔、2D 挖槽、铣平面、雕刻等; 三维铣削加工主要有曲面粗加工和曲面精加工, 见图中对应的子菜单, 共有 8 种粗加工刀具路径和 11 种精加工刀具路径。另外, 还有全圆铣削路径 (有下一级子菜单) 和路径转换可能用得到。

关于二维铣削操作, 可参见前面的例子。下面以图 7-48 所示的某型腔为例介绍数控铣削模块三维铣削的基本操作。

图 7-47　铣削模块刀具路径下拉菜单

例 7-3：假设已有 STEP 格式的凹模文件，零件已完成六面加工，上表面留 2mm 的加工余量，加工完成后必须留 0.3mm 的平面磨削余量，型腔直接加工至尺寸，已知零件外轮廓尺寸为 120mm×80mm×20mm，型腔中最小的圆角半径为 8mm。

图 7-48　凹模几何模型

工件坐标系取在零件上表面分中处，加工工艺为：粗铣型腔→铣平面→精铣型腔。其操作步骤如下：

1）导入凹模几何模型：启动 Mastercam X6，执行菜单"文件 | 打开文件"命令，弹出"打开"对话框，将文件类型改为"STEP 文件（*.STP：*.STEP)"，找到图 7-48 所示模型的 STEP 格式凹模文件，单击"打开"按钮即可。

2）加工模型的设计：导入几何模型后按功能键 F9，调出绘图坐标系，如图7-49所示。建立一个辅助图层，执行"绘图 | 曲面曲线 | 所有曲线边界"命令，提取上平面的内外轮廓线。过上表面一对边的中心绘制一根中线，然后利用平移功能以中线中点为基准平移至绘图坐标系原点，平移完成后删除中线，保留轮廓线留作后面用，如图 7-50 所示，完成工件坐标系的设置。

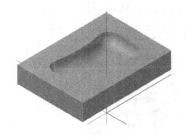

图 7-49　导入的几何模型

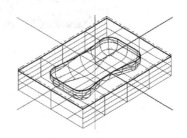

图 7-50　平移后的几何模型

3）选择加工类型：执行菜单"机床类型 | 铣削 | 默认值"命令，进入铣削模块，操作管理器的"刀具路径"选项卡中会出现一个加工群组(Machine Group-1)，包括一个铣削属性设置组（属性-Mill Default MM）和一个空白的刀具路径组（Toolpath Group-1）。

4）加工属性的设置：单击 ✚ 展开属性列表树，单击"材料设置"标签，弹出"机器群组属性"对话框，默认为"素材设置"选项卡，单击"边界盒"按钮，弹出"边界盒选项"对话框。单击"确认"按钮 ✓ ，返回"素材设置"选项卡，将毛坯高度 Z 和素材原点坐标 Z 均增加 2mm，如图 7-51 所示，单击"确认"按钮 ✓ 完成毛坯设置，如图 7-52 所示。

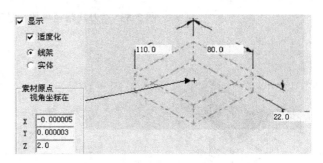

图 7-51　素材（毛坯）设置参数

5）工艺规划与参数设置：

①　粗铣型腔工步：执行菜单"刀具路径|曲面粗加工|粗加工挖槽加工"命令，弹出"输入新NC名称"对话框，输入新的名称或采用默认的名称，单击"确认"按钮 ✓，系统提示"选择加工曲面"，窗选所有型腔曲面，弹出"刀具路径的曲面选取"对话框，单击"确认"按钮 ✓，弹出"曲面粗加工挖槽"对话框，默认是"刀具路径参数"选项卡，如图7-53所示。单击"选择刀库…"按钮，弹出"选择刀具"对话框，选择一个D12R3的圆鼻刀。在"刀具路径参数"选

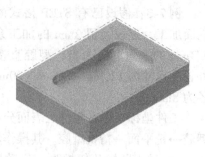

图 7-52　毛坯设置

项卡中，将刀具号和刀补号均改为1，设置进给速度为300mm/min、主轴转速为1200r/min、参考点为（0，60，100）。在"曲面参数"选项卡中，将精加工预留量设置为0.5mm。在"挖槽参数"选项卡中将切削方式设置为等距环绕。设置完成后的刀具轨迹如图7-54所示。图7-55是粗铣型腔的切削加工验证。

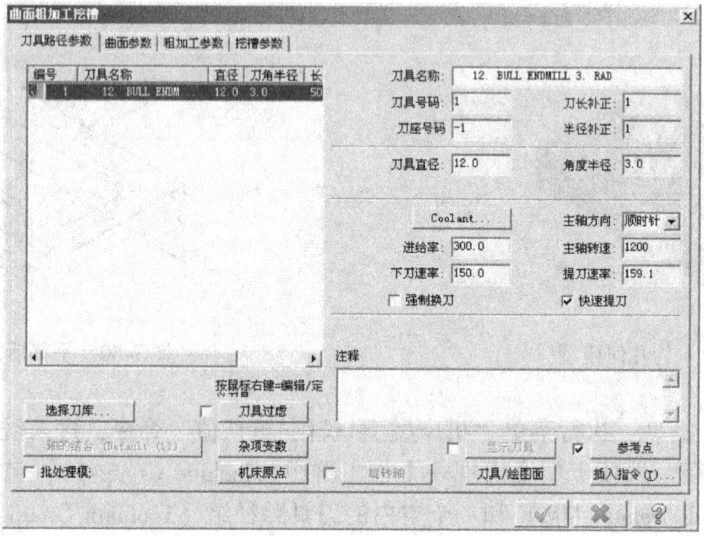

图 7-53　"刀具路径参数"选项卡设置

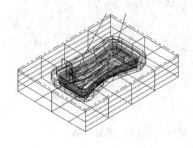

图 7-54　粗铣型腔刀具轨迹

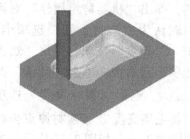

图 7-55　粗铣型腔的切削加工验证

②　铣平面工步：首先，隐藏粗铣刀具轨迹。然后，执行菜单"刀具路径|2D挖槽"命令，弹出"串连选项"对话框，用"串连"或"部分串连"方式，依次选择第2）步提取

的平面外侧是四根轮廓线和中间型腔的轮廓线，单击"确认"按钮 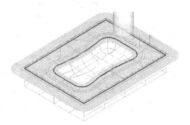，弹出"2D 刀具路径-2D 挖槽"对话框。在参数列表框中选择"刀具"选项，从刀库中选择一把 $\phi20mm$ 的平底刀，将刀具号和刀补号改为 2，设置主轴转速为 600r/min、进给速度为 200mm/min。选择"切削参数"选项，加工方向选为"逆铣"，将挖槽加工方式选为"平面铣"，将壁边预留量设置为 " –5"；选择下一级的"粗加工"选项，设置粗加工的切削方式为"等距环绕"。选择"共同参数"选项，设置深度为"0.3"，选择下一级的"原点/参考点"选项，设置参考点为（0，100，010）。设置完成后的切削加工模拟如图 7-56 所示。

③ 精铣型腔工步：隐藏前面的刀具路径，执行菜单"刀具路径|曲面精加工|精加工环绕等距加工"命令，按提示窗选整个型腔，按回车弹出"刀具路径的曲面选取"对话框。单击"干涉曲面"选项组中的选择按钮 ，选择型腔外的平面，回车后返回，可以看到对话框中显示

图 7-56　上表面铣削边界模拟

有一个干涉面，单击"确定"按钮 ，弹出"曲面精加工环绕等距"对话框。在"刀具路径参数"选项卡中选择一把 $\phi7mm$ 的球头铣刀，将刀具号和刀补号改为 3，设置主轴转速为 1600r/min、进给速度为 400mm/min，参考点同上。在"曲面加工参数"选项卡中设置干涉面预留量为 0.1mm。在"环绕等距精加工参数"选项卡中设置最大切削间距为 1，取消"限定深度"复选勾。设置完成后得到的刀具路径如图 7-57 所示，加工验证如图 7-58 所示。

6）后置处理，生成 NC 代码（略）。

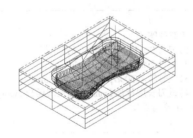

图 7-57　精铣型腔刀具轨迹

图 7-58　精铣型腔加工验证

7.2.2　Mastercam X6 编程举例

以上简单介绍了数控车削与数控铣削加工自动编程的方法，限于篇幅，未尽之处读者可参阅相关书籍学习。编程软件的操作是一个熟能生巧的过程，必须多动手，勤思考，多练习。下面以图解的形式给出几个编程示例，供学习参考。

1. 数控车削编程举例

例 7-4：数控车削编程的操作步骤示例，见表 7-1（供参考）。

2. 二维轮廓的铣削编程举例

例 7-5：某闭式圆盘凸轮数控铣削编程的操作步骤示例，见表 7-2（供参考）。

表 7-1　数控车削编程操作步骤

步骤	简　图	说　明
1	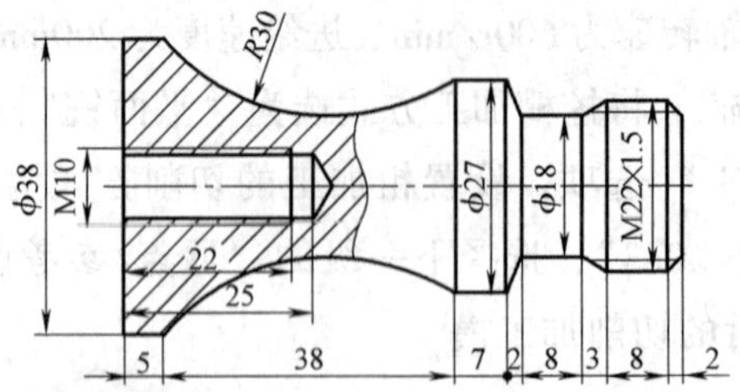	已知条件： 1）AutoCAD 图形电子文档 2）材料：45 3）M10 螺纹底孔为 $\phi8.5mm$ 4）加工工艺：车端面→粗车→精车→车螺纹→调头车端面→钻螺纹底孔
2	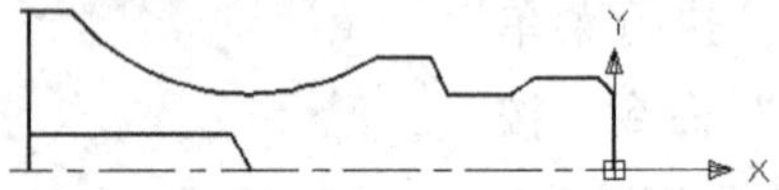	在 AutoCAD 环境下设计加工模型： 1）删除不必要的图素 2）以端面中点为基点将图形平移至绘图原点 3）将切断处延长 1mm 的车端面余量
3	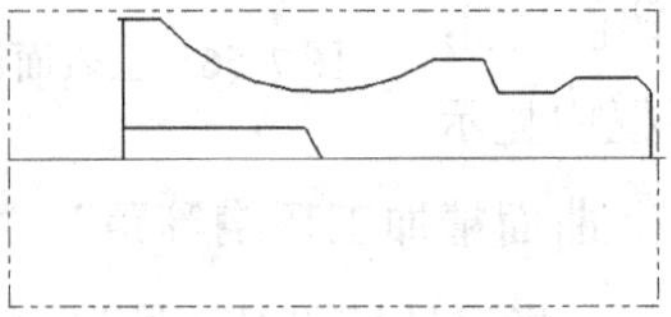	建立毛坯素材： 1）启动 MasterCAM X6，导入加工模型 2）进入数控车模块 3）建立毛坯素材 $\phi40mm \times 90mm$，端面留 1mm 加工余量
4	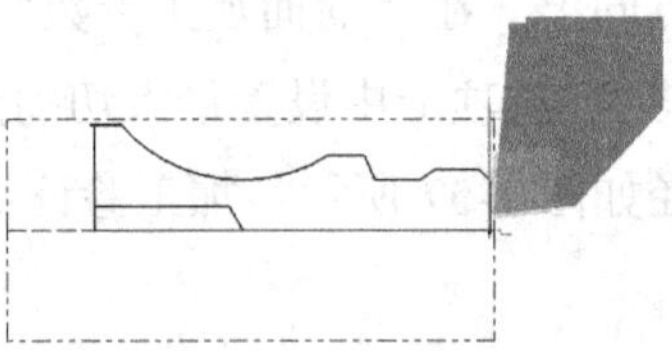	车端面： 1）刀具 T0101 2）主轴转速 500r/min，进给量 0.5mm/r 3）参考点 X100，Z100。下同
5	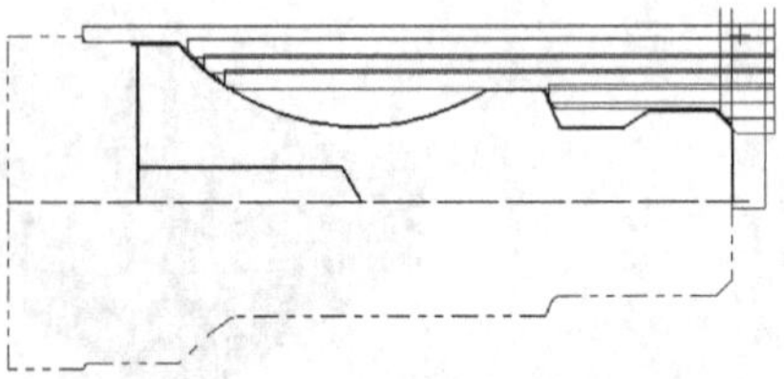	粗车外圆： 1）刀具 T0111，不考虑凹圆弧车削 2）留精车加工余量 0.5mm 3）主轴转速 600r/min，进给量 0.5mm/r 4）进刀长度延长 1mm，退出长度延长 5mm，退出向量 90°垂直切出
6	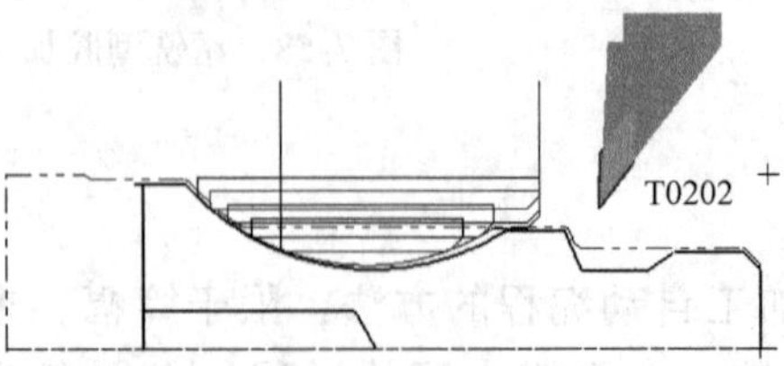	粗车外圆凹圆弧部分： 1）刀具命名 T0202，切削用量同上 2）退出长度缩短 2mm 3）在"粗车参数"选项卡中单击"进刀参数"按钮，设置第三种可车削凹陷的单选按钮
7	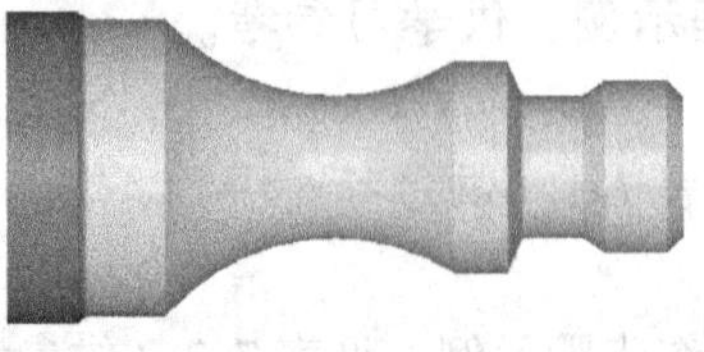	精车外圆： 1）刀具 T0212，控制器补正 2）加工余量 0，主轴转速 800r/min，进给量 0.3 mm/r 3）进刀、退出和凹陷车削设置同步骤6

（续）

步骤	简　图	说　明
8	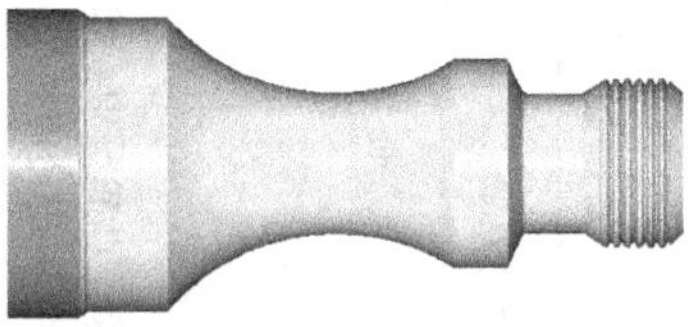	车螺纹： 1）刀具 T0303 2）主轴转速 200r/min，螺纹参数按表单设置
9	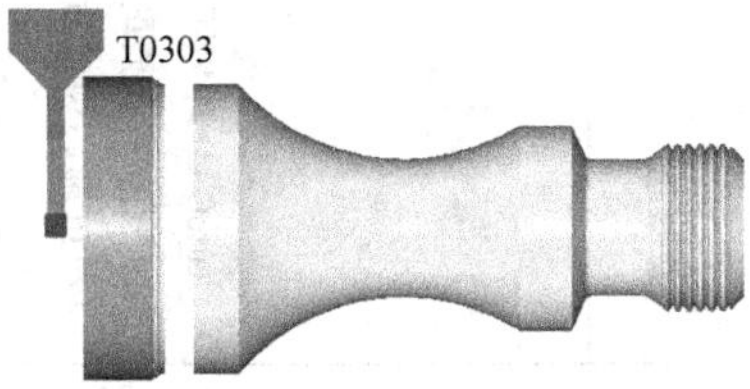	截断： 1）刀具 T0404，注意修改刀具切削部分长度 2）主轴转速 300r/min，进给量 0.2mm/r
10	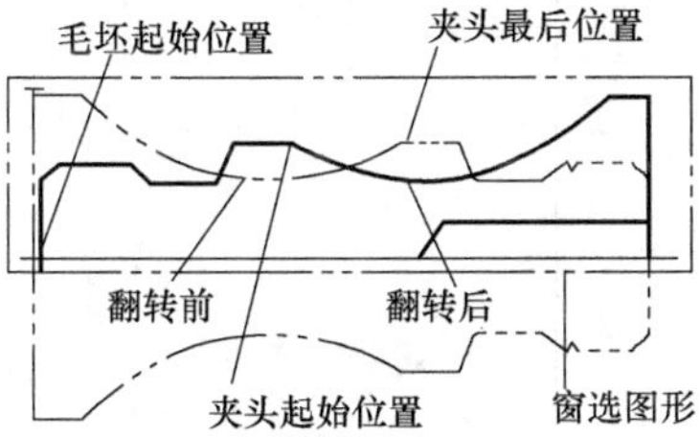	调头操作，参见左图执行
11	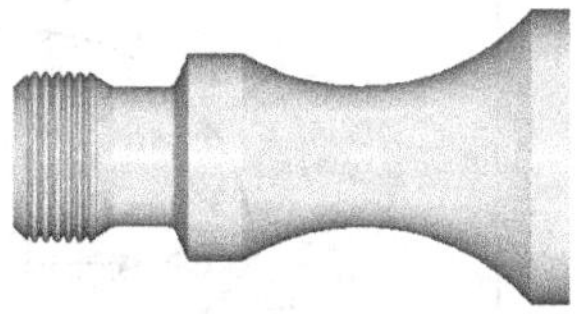	调头车端面： 1）刀具 T0121 2）其余同步骤 4
12	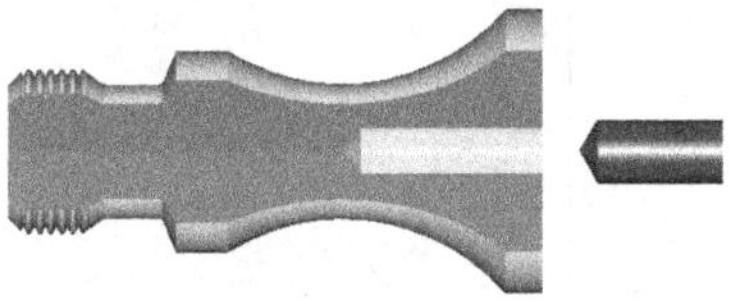	钻孔： 1）创建一把钻头，设置为 T0505 2）主轴转速 300r/min，进给量 0.3mm/r 3）左图工件四分之一剖切显示

以下为全过程的加工验证，试对照上面的介绍说明其是哪一个步骤

表 7-2 圆盘凸轮数控铣削编程步骤

步骤	简 图	说 明
1	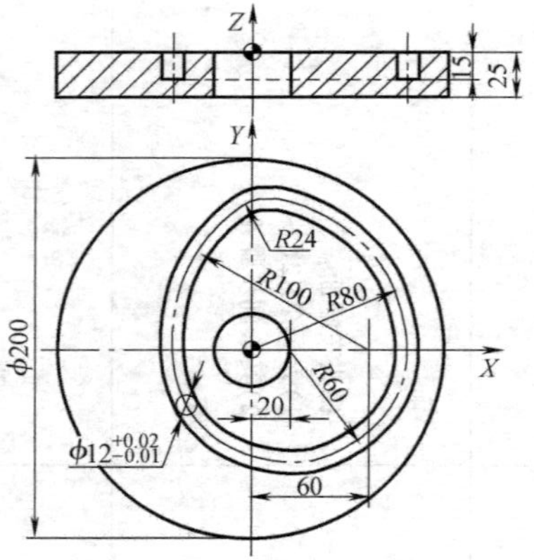	已知条件:零件已完成外圆、内孔及上下表面加工,用下表面及中间孔定位,内孔用螺纹压板夹紧,材料 HT200,要求完成凸轮槽加工,加工工艺为:粗铣→精铣 粗铣:φ10mm 粗铣立铣刀(3 齿),主轴转速 450r/min,进给速度 80mm/min,螺旋进刀,分层铣削,深度 3mm 精铣:φ12mm 细齿立铣刀(4 齿),主轴转速 800r/min,进给速度 100mm/min,一刀铣削 工件坐标系:工件上表面中心 参考点:(0,0,160)
2	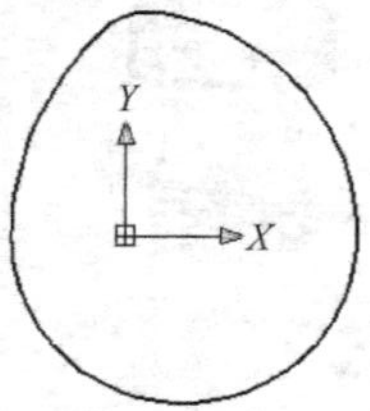	AutoCAD 环境下工艺设计: 1)删除不必要的图素,仅留下凸轮槽中心线 2)以圆心为基点将图形平移至绘图原点

（续）

步骤	简 图	说　明
3	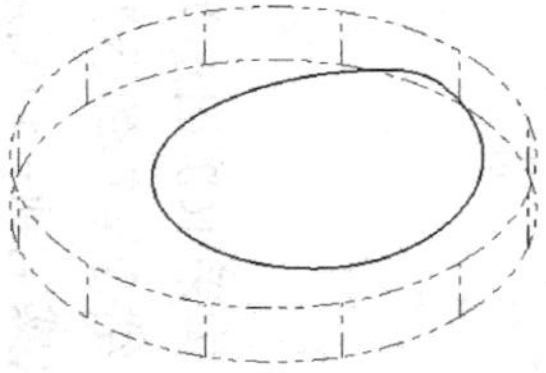	建立毛坯素材： 1) 启动 Mastercam X6，导入加工模型 2) 进入数控铣模块 3) 建立毛坯素材 φ200mm × φ25mm
4	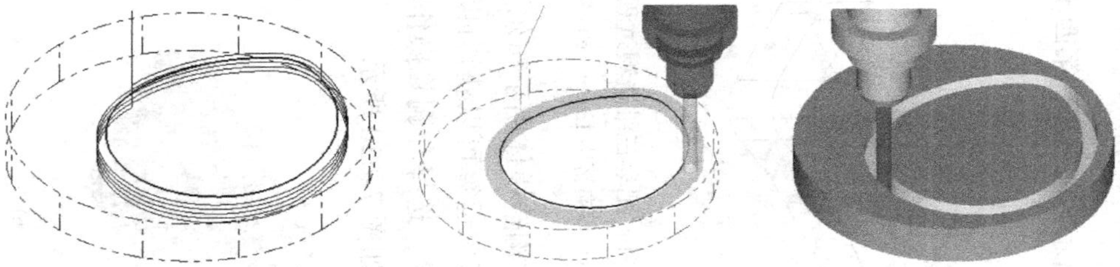	粗加工刀轨，切削模拟和加工验证。注意采取渐降斜插式铣削类型进刀
5	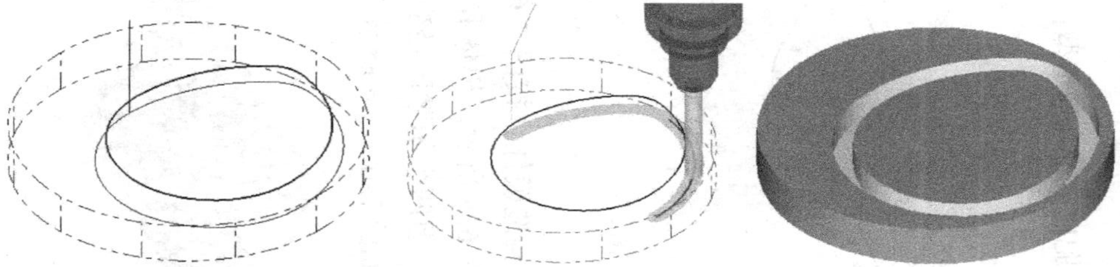	精加工刀轨，切削模拟和加工验证。深度方向直接进刀至深度，然后横向切削

3. 三维曲面的铣削编程举例

例7-6：已知肥皂三维几何参数如图 7-59 所示，其中倒圆角参数为变半径倒圆角，基本圆角 $R8mm$，两长边中点圆角 $R13mm$。构造模体的三维几何参数为 $120mm \times 80mm \times 20mm$，如图 7-60 所示。

编程步骤如下：

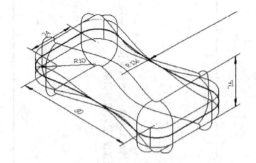
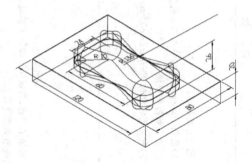

图 7-59　肥皂三维造型及几何参数　　　图 7-60　肥皂及模体三维造型及几何参数

1）肥皂三维几何造型：如图 7-61 所示为前三步，第四步另一面倒角后即为图 7-59。

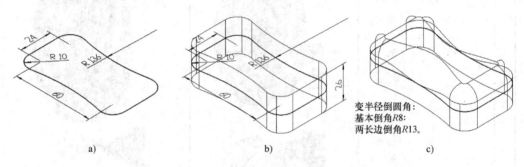

图 7-61　肥皂三维造型过程

a）构造截面线　b）双向挤出 13mm　c）变半径倒圆角

2）构造模体：按图 7-60 所示参数构造模体用于布尔运算。模体采取挤出造型，构造结果如图 7-62a 所示。模体和肥皂经过布尔运算可以获得四种造型。结合运算的造型表面看不出变化，但两个图素已经变为一个图素，选择和删除操作时就可以感觉到；切割运算有两种结果，如图 7-62b、c 所示，交集运算如图 7-62d 所示。

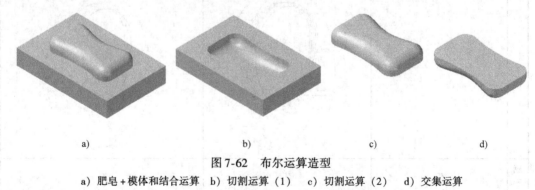

图 7-62　布尔运算造型

a）肥皂 + 模体和结合运算　b）切割运算（1）　c）切割运算（2）　d）交集运算

3）加工练习：见表7-3。

表7-3 例7-6加工练习

简 图	说 明
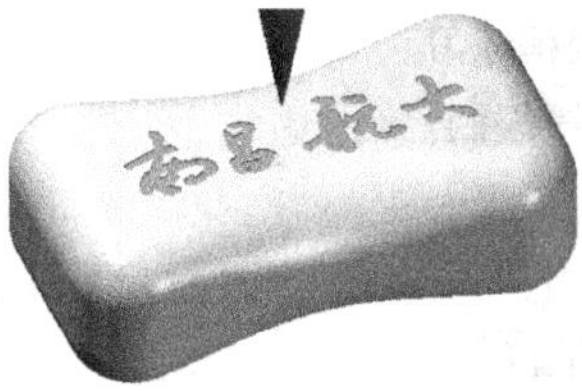	练习一：在肥皂上刻凹字。其可用于电火花成形加工的电极,加工的凹模有凸字,压出的肥皂有凹字,符合使用要求。字体可自行选择
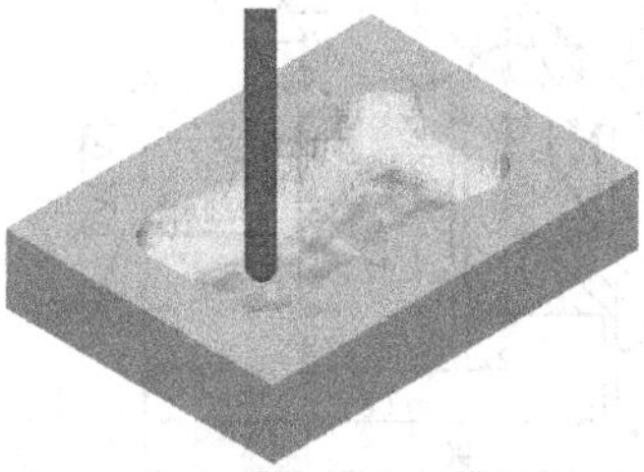	练习二：型腔加工练习。参照例7-3
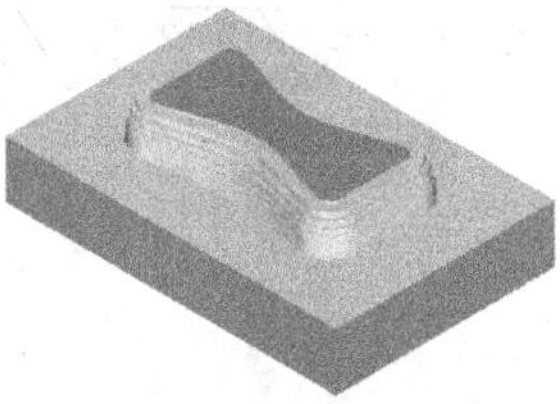	练习三：型芯加工练习。以下步骤仅供参考 　第一步：曲面粗加工挖槽。D16平底刀
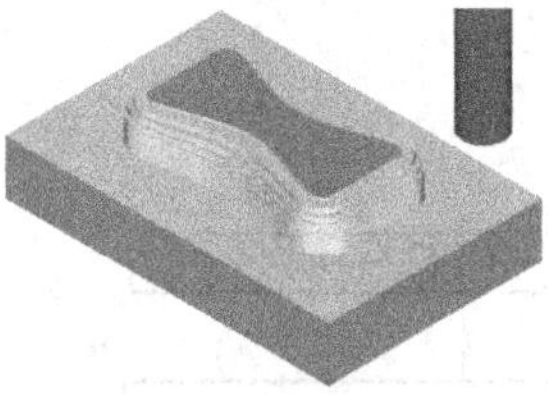	第二步：曲面精加工环绕等距加工,仅加工平面部分,注意选择两个边界。D16平底刀
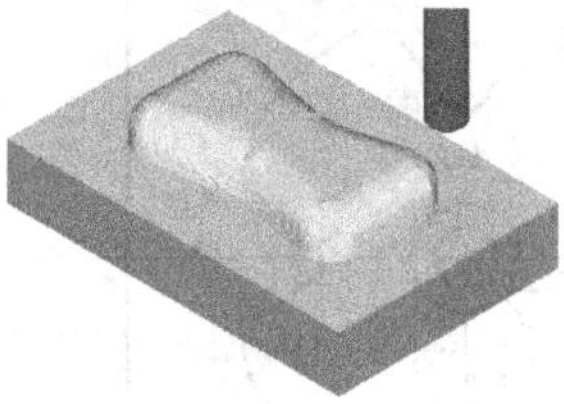	第三步：曲面精加工平行铣削加工,仅加工突出部分,长度方向走刀。D12R2圆鼻刀
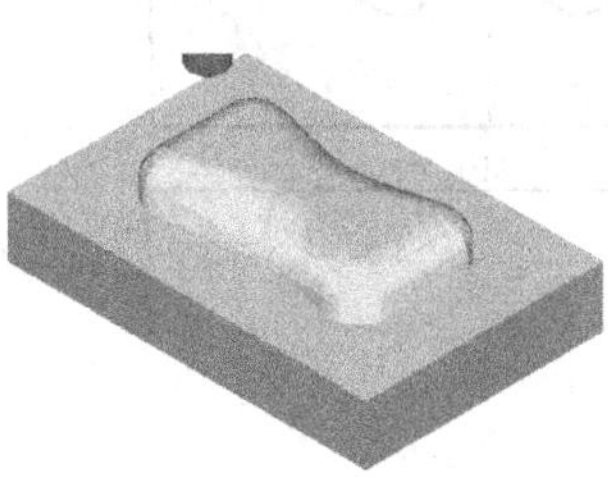	第四步：曲面精加工平行铣削加工,仅加工突出部分,宽度方向走刀。D12R2圆鼻刀

思考与练习

1. 名词解释：CAD，CAM，手工编程，自动编程。
2. 简答题：简述自动编程的步骤。
3. 上网搜索题：搜索若干三维实体模型，导入 Mastercam 软件进行编程练习。
4. 编程题：基于 Mastercam 软件完成图 7-63 ~ 图 7-65 所示零件的程序编制。

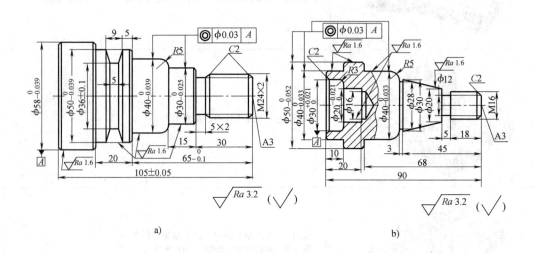

图 7-63　数控车削编程练习图例

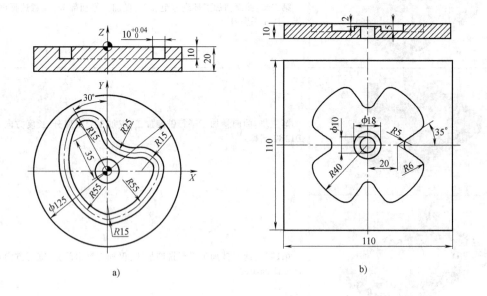

图 7-64　数控二维铣削练习图例

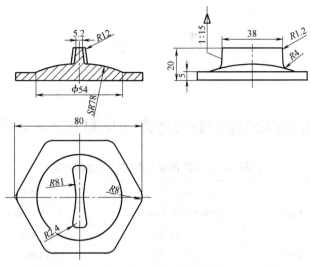

图 7-65 数控三维铣削练习图例

附　　录

附录 A　数控车削加工切削用量参考表（见附表 A-1 ~ 附表 A-5）

附表 A-1　硬质合金刀具切削用量参考值

| 工件材料 | 热处理 | $a_p = 0.3 \sim 2mm$ | $a_p = 2 \sim 6mm$ | $a_p = 6 \sim 10mm$ |
| | | $f = 0.08 \sim 0.3mm/r$ | $f = 0.3 \sim 0.6mm/r$ | $f = 0.6 \sim 1mm/r$ |
		$v_c/(m/min)$	$v_c/(m/min)$	$v_c/(m/min)$
低碳钢、易切钢	热轧	$140 \sim 180$	$100 \sim 120$	$70 \sim 90$
中碳钢	热轧 调质	$130 \sim 160$ $100 \sim 130$	$90 \sim 110$ $70 \sim 90$	$60 \sim 80$ $50 \sim 70$
合金结构钢	热轧 调质	$100 \sim 130$ $80 \sim 110$	$70 \sim 90$ $50 \sim 70$	$50 \sim 70$ $40 \sim 60$
工具钢	退火	$90 \sim 120$	$60 \sim 80$	$50 \sim 70$
灰铸铁	$<190HBW =$ $190 \sim 225HBW$	$90 \sim 120$ $80 \sim 110$	$60 \sim 80$ $50 \sim 70$	$50 \sim 70$ $40 \sim 60$
高锰钢 $(w_{Mn} = 13\%)$	—	—	$10 \sim 20$	—
铜及铜合金	—	$300 \sim 250$	$120 \sim 180$	$90 \sim 120$
铝及铝合金	—	$300 \sim 600$	$200 \sim 400$	$150 \sim 200$
铸铝合金	—	$100 \sim 180$	$80 \sim 150$	$60 \sim 100$

注：切削钢及灰铸铁时，刀具寿命为60min。

附表 A-2　数控车床切削用量简表

工件材料	加工方式	背吃刀量 a_p/mm	切削速度 $v_c/(m/min)$	进给量 $f/(mm/r)$	刀具材料
碳素钢 $\sigma_b > 600MPa$	粗加工	$5 \sim 7$	$60 \sim 80$	$0.2 \sim 0.4$	YT 类
		$2 \sim 3$	$80 \sim 120$	$0.2 \sim 0.4$	
	精加工	$0.2 \sim 0.3$	$120 \sim 150$	$0.1 \sim 0.2$	
	车螺纹	—	$70 \sim 100$	导程	
	钻中心孔	—	$500 \sim 800r/min$	—	W18Cr4V
	钻孔	—	$1 \sim 30$	$0.1 \sim 0.2$	
	切断 （宽度 $<5mm$）	—	$70 \sim 110$	$0.1 \sim 0.2$	YT 类

（续）

工件材料	加工方式	背吃刀量 a_p/mm	切削速度 v_c/(m/min)	进给量 f/(mm/r)	刀具材料
合金钢 $\sigma_b = 1470\text{MPa}$	粗加工	2 ~ 3	50 ~ 80	0.2 ~ 0.4	YT 类
	精加工	0.1 ~ 0.15	60 ~ 100	0.1 ~ 0.2	
	切断（宽度 <5mm）	—	40 ~ 70	0.1 ~ 0.2	
铸铁 200HBW 以下	粗加工	2 ~ 3	50 ~ 70	0.2 ~ 0.4	YG 类
	精加工	0.1 ~ 0.15	70 ~ 100	0.1 ~ 0.2	
	切断（宽度 <5mm）	—	50 ~ 70	0.1 ~ 0.2	
铝	粗加工	2 ~ 3	600 ~ 1000	0.2 ~ 0.4	
	精加工	0.2 ~ 0.3	800 ~ 1200	0.1 ~ 0.2	
	切断（宽度 <5mm）	—	600 ~ 1000	0.1 ~ 0.2	
黄铜	粗加工	2 ~ 4	400 ~ 500	0.2 ~ 0.4	
	精加工	0.1 ~ 0.15	450 ~ 600	0.1 ~ 0.2	
	切断（宽度 <5mm）	—	400 ~ 500	0.1 ~ 0.2	

附表 A-3　按表面粗糙度选择进给量的参考值

工件材料	表面粗糙度 Ra/μm	切削速度范围 v_c/(m/min)	刀尖圆弧半径 r_ε/mm		
			0.5	1.0	2.0
			进给量 f/(mm/r)		
铸铁、青铜、铝合金	>5 ~ 10	不限	0.25 ~ 0.40	0.40 ~ 0.50	0.50 ~ 0.60
	>2.5 ~ 5		0.15 ~ 0.25	0.25 ~ 0.40	0.40 ~ 0.60
	>1.25 ~ 2.5		0.10 ~ 0.15	0.15 ~ 0.20	0.20 ~ 0.35
碳素钢及合金钢	>5 ~ 10	<50	0.30 ~ 0.50	0.45 ~ 0.60	0.55 ~ 0.70
		>50	0.40 ~ 0.55	0.55 ~ 0.65	0.65 ~ 0.70
	>2.5 ~ 5	<50	0.18 ~ 0.25	0.25 ~ 0.30	0.30 ~ 0.40
		>50	0.25 ~ 0.30	0.30 ~ 0.35	0.30 ~ 0.50
	>1.25 ~ 2.5	<50	0.10	0.11 ~ 0.15	0.15 ~ 0.22
		50 ~ 100	0.11 ~ 0.16	0.16 ~ 0.25	0.25 ~ 0.35
		>100	0.16 ~ 0.20	0.20 ~ 0.25	0.25 ~ 0.35

注：r_ε = 0.5mm，12mm × 12mm 以下刀杆。

　　r_ε = 1.0mm，30mm × 30mm 以下刀杆。

　　r_ε = 2.0mm，30mm × 45mm 以下刀杆。

附表 A-4 按刀杆尺寸和工件直径选择进给量的参考值

工件材料	车刀刀杆尺寸 $B/mm \times H/mm$	工件直径 d_w/mm	背吃刀量 a_p/mm				
			≤3	>3~5	>5~8	>8~12	>12
			进给量 $f/(mm/r)$				
碳素结构钢、合金结构钢及耐热钢	16×25	20	0.3~0.4	—	—	—	—
		40	0.4~0.5	0.3~0.4	—	—	—
		60	0.6~0.9	0.4~0.6	0.3~0.5	—	—
		100	0.6~0.9	0.5~0.7	0.5~0.6	0.4~0.5	—
		400	0.8~1.2	0.7~1.0	0.5~0.8	0.5~0.6	—
	20×30 25×25	20	0.3~0.4	—	—	—	—
		40	0.4~0.5	0.3~0.4	—	—	—
		60	0.5~0.7	0.5~0.7	0.4~0.6	—	—
		100	0.8~1.0	0.7~0.9	0.5~0.7	0.4~0.7	—
		400	1.2~1.4	1.0~1.2	0.8~1.0	0.6~0.9	0.4~0.6
铸铁及铜合金	16×25	40	0.4~0.5	—	—	—	—
		60	0.5~0.9	0.5~0.8	0.4~0.7	—	—
		100	0.9~1.3	0.8~1.2	0.7~1.0	0.5~0.7	—
		400	1.0~1.4	1.0~1.2	0.8~1.0	0.6~0.8	—
	20×30 25×25	40	0.4~0.5	—	—	—	—
		60	0.5~0.9	0.5~0.8	0.4~0.7	—	—
		100	0.9~1.3	0.8~1.2	0.7~1.0	0.5~0.8	—
		400	1.2~1.8	1.2~1.6	1.0~1.3	0.9~1.1	0.7~0.9

注：1. 加工断续表面及有冲击的工件时，进给量应乘以系数 $k=0.75~0.85$。

2. 在小批量生产时，进给量应乘以系数 $k=1.1$。

3. 加工耐热钢及合金钢时，进给量不大于 $1mm/r$。

4. 加工淬硬钢时，进给量应减小，当钢的硬度为 $44~56HRC$ 时，乘以系数 $k=0.8$；当钢的硬度为 $57~62HRC$ 时，乘以系数 $k=0.3$。

附表 A-5 切断及切槽的进给量

工件直径	切刀宽度	加工材料	
		碳素结构钢、合金结构钢及钢铸件	铸铁、铜合金及铝合金
		进给量 $f(mm/r)$	
≤20	3	0.06~0.08	0.11~0.14
>20~40	3~4	0.10~0.12	0.16~0.19
>40~60	4~5	0.13~0.16	0.20~0.24
>60~100	5~8	0.16~0.23	0.24~0.32
>100~150	6~10	0.18~0.26	0.30~0.40
>150	10~15	0.28~0.36	0.40~0.55

注：1. 在直径大于 60mm 的实心材料上切断，当切刀接近零件轴线 0.05mm 时，表中进给量应减少 40%~50%。

2. 加工淬硬钢时，表内进给量应减小 30%（当硬度 <50HRC 时）或 50%（当硬度 >50HRC 时）。

附录 B　数控铣削加工切削用量参考表（见附表 B-1～附表 B-4）

附表 B-1　硬质合金面铣刀的进给量

		粗　铣							
机床功率 /kW	铣削 方式	碳素钢 σ_b/GPa				铸铁 HSB			
		≤0.588		>0.588		≤180		>180	
		硬质合金牌号							
		YT5	YT15	YT5	YT15	YG8	YG6	YG8	YG6
		铣刀每齿进给量 f_z/(mm/z)							
5～10	对称铣	0.15～ 0.18	0.12～ 0.15	0.12～ 0.14	0.09～ 0.11	0.24～ 0.29	0.19～ 0.24	0.20～ 0.24	0.14～ 0.18
	不对称铣	0.30～ 0.36	0.22～ 0.30	0.24～ 0.28	0.18～ 0.22	0.48～ 0.56	0.38～ 0.48	0.38～ 0.45	0.28～ 0.36
>10	对称铣	0.20～ 0.24	0.14～ 0.18	0.16～ 0.20	0.12～ 0.15	0.32～ 0.38	0.22～ 0.28	0.25～ 0.32	0.18～ 0.24
	不对称铣	0.40～ 0.48	0.28～ 0.36	0.32～ 0.40	0.24～ 0.30	0.65～ 0.80	0.45～ 0.56	0.50～ 0.64	0.38～ 0.48

主偏角改变时每齿进给量的修正系数

主偏角 κ_r/(°)	90	45～60	30	15
修整系数	0.7	1.0	1.5	2.8

精　铣

工 件 材 料		负偏角 κ_r'/(°)	已加工表面粗糙度 Ra/μm		
			5	2.5	1.25
			每齿进给量 f_z/(mm/z)		
碳素钢 σ_b/GPa	≤0.686	5	0.5～0.8	0.4～0.5	0.2～0.25
		2	1.0～1.6	0.8～1.1	0.44～0.5
	>0.686	5	0.7～1.0	0.45～0.6	0.2～0.3
		2	1.4～2.0	0.9～1.2	0.4～0.6

注：1. 装有刮光刀片的面铣刀，精铣时的每转进给量 f 可增大。
　　2. 加工耐热钢时，每齿进给量 f_z = 0.1～0.35mm/z。

附表 B-2　高速钢圆柱立铣刀的进给量

工件材料	铣刀		背吃刀量 a_p/mm				
	直径 d_0/mm	齿数 Z	5	10	15	20	30
			每齿进给量 f_z/(mm/z)				
钢	8	5	0.01～0.02	0.008～0.015	—	—	—
	10	5	0.015～0.025	0.012～0.02	0.01～0.015	—	—
	16	3	0.035～0.05	0.03～0.04	0.02～0.03	—	—
		5	0.02～0.04	0.015～0.025	0.012～0.02	—	—

（续）

工件材料	铣刀直径 d_0/mm	齿数 Z	背吃刀量 a_p/mm 5	10	15	20	30
			每齿进给量 f_z/(mm/z)				
钢	20	3	—	0.05~0.08	0.02~0.03	0.025~0.05	—
	20	5	—	0.015~0.025	0.012~0.02	0.02~0.04	—
	25	3	—	0.06~0.12	0.06~0.1	0.04~0.06	0.025~0.05
	25	5	—	0.06~0.10	0.05~0.08	0.04~0.06	0.02~0.04
	32	4	—	0.07~0.12	0.06~0.10	0.05~0.08	0.04~0.06
	32	6	—	0.07~0.10	0.06~0.09	0.04~0.06	0.03~0.05
铸铁、铜合金	8	5	0.015~0.025	0.012~0.02	—	—	—
	10	5	0.03~0.05	0.015~0.03	0.012~0.02	—	—
	16	3	0.07~0.10	0.05~0.08	0.04~0.07	—	—
	16	5	0.03~0.08	0.04~0.07	0.025~0.05	—	—
	20	3	0.08~0.12	0.07~0.12	0.06~0.09	0.04~0.07	—
	20	5	0.06~0.12	0.06~0.10	0.05~0.08	0.035~0.05	—
	25	3	—	0.10~0.15	0.08~0.12	0.07~0.10	0.06~0.07
	25	5	—	0.08~0.14	0.07~0.10	0.04~0.07	0.03~0.06
	32	4	—	0.12~0.18	0.08~0.14	0.04~0.12	0.06~0.08
	32	6	—	0.10~0.15	0.08~0.10	0.07~0.10	0.05~0.07

附表 B-3　硬质合金立铣刀的进给量

加工性质	铣刀种类	直径 d_0/mm	齿数 Z	背吃刀量 a_p/mm 1~3	5	8
				每齿进给量 f_z/(mm/z)		
粗、精铣削	装螺旋刀片立铣刀	16	3	0.05~0.08	0.04~0.07	—
		20	4	0.07~0.10	0.05~0.08	—
		25	4	0.08~0.12	0.06~0.10	0.05~0.10
		32	4	0.10~0.15	0.08~0.12	0.06~0.12
		40	6	0.10~0.18	0.08~0.12	0.06~0.12
		50	6	0.10~0.20	0.10~0.15	0.08~0.12
	带整体刀头的立铣刀	10~12	6	0.025~0.03	—	—
		16	6	0.04~0.06	0.03~0.04	—
		20	8	0.05~0.08	0.04~0.06	0.03~0.04

附表 B-4　常见工件材料铣削速度参考值

工件材料	硬度 HBW	铣削速度 v_c/(m/min) 硬质合金铣刀	高速钢铣刀	工件材料	硬度 HBW	铣削速度 v_c/(m/min) 硬质合金铣刀	高速钢铣刀
低、中碳钢	<220	80~150	21~40	高碳钢	<220	60~130	18~36
	225~290	60~115	15~36		225~325	53~105	14~24
	300~425	40~75	8~20		325~375	36~48	9~12

（续）

工件材料	硬度 HBW	铣削速度 v_c/(m/min)		工件材料	硬度 HBW	铣削速度 v_c/(m/min)	
		硬质合金铣刀	高速钢铣刀			硬质合金铣刀	高速钢铣刀
高碳钢	375～425	35～45	6～10	灰铸铁	230～290	45～90	9～18
合金钢	<220	35～120	15～35		300～320	21～30	5～10
	225～325	40～80	10～24	可锻铸铁	110～160	100～200	42～50
	325～425	30～60	5～9		160～200	83～120	24～36
工具钢	220～225	45～83	12～23		200～240	72～110	15～24
灰铸铁	100～140	110～115	24～36		240～280	40～60	9～21
	150～225	60～110	15～21	铝镁合金	95～100	360～600	180～300

注：1. 粗铣时，切削负荷大，v_c 应取小值；精铣时，为减小表面粗糙度值，v_c 取大值。
2. 采用可转位硬质合金铣刀时，v_c 可取较大值。
3. 铣刀结构及几何参数等改进后，v_c 可超过表中所列值。
4. 实际铣削后，如发现铣刀寿命太低，应适当降低 v_c 值。
5. v_c 的单位如为 m/s 时，表中所列值除以 60 即可。

附录 C　FANUC 0i Mate-TC 数控车削系统的 G 指令表

G 指令			组	功　能
A	B	C		
◤G00	◤G00	◤G00	01	定位(快速运动)
G01	G01	G01		直线插补(切削进给)
G02	G02	G02		顺时针圆弧插补(切削进给)
G03	G03	G03		逆时针圆弧插补(切削进给)
G04	G04	G04	00	暂停
G07.1 (G107)	G07.1 (G107)	G07.1 (G107)		圆柱插补
G10	G10	G10		可编程数据输入
G11	G11	G11		可编程数据输入方式取消
G12.1 (G112)	G12.1 (G112)	G12.1 (G112)	21	极坐标插补方式
◤G13.1 ◤(G113)	◤G13.1 ◤(G113)	◤G13.1 ◤(G113)		极坐标插补取消方式
◤G18	◤G18	◤G18	16	ZpXp 平面选择
G20	G20	G70	06	英寸输入
G21	G21	G71		毫米输入
◤G22	◤G22	◤G22	09	存储行程检测功能有效
G23	G23	G23		存储行程检测功能无效

（续）

G 指令			组	功　能
A	B	C		
G27	G27	G27		返回参考点检测
G28	G28	G28	00	返回参考点
G30	G30	G30		返回第 2、3、4 参考点
G31	G31	G31		跳转功能
G32	G33	G33	01	螺纹切削
▸G40	▸G40	▸G40		刀尖圆弧半径补偿取消
G41	G41	G41	07	刀尖圆弧半径补偿左
G42	G42	G42		刀尖圆弧半径补偿右
G50	G92	G92		坐标系设定或最大主轴转速钳制
G50.3	G92.1	G92.1	00	工件坐标系预设
G52	G52	G52		局部坐标系设定
G53	G53	G53		机床坐标系选择
▸G54	▸G54	▸G54		选择工件坐标系 1
G55	G55	G55		选择工件坐标系 2
G56	G56	G56	14	选择工件坐标系 3
G57	G57	G57		选择工件坐标系 4
G58	G58	G58		选择工件坐标系 5
G59	G59	G59		选择工件坐标系 6
G65	G65	G65	00	宏程序调用
G66	G66	G66	12	宏程序模态调用
▸G67	▸G67	▸G67		宏程序模态调用取消
G70	G70	G72		精加工循环
G71	G71	G73		车削中刀架移动
G72	G72	G74		端面加工中刀架移动
G73	G73	G75	14	图形重复
G74	G74	G76		端面深孔钻
G75	G75	G77		外径/内径钻
G76	G76	G78		多头螺纹循环
▸G80	▸G80	▸G80		固定钻循环取消
G83	G83	G83		平面钻孔循环
G84	G84	G84		平面攻螺纹循环
G85	G85	G85	10	正面镗循环
G87	G87	G87		侧钻循环
G88	G88	G88		侧攻螺纹循环
G89	G89	G89		侧镗循环

（续）

G 指令			组	功　能
A	B	C		
G90	G77	G20		外径/内径切削循环
G92	G78	G21	01	螺纹切削循环
G94	G79	G24		端面车循环
G96	G96	G96	02	恒表面速度控制
▼G97	▼G97	▼G97		恒表面速度控制取消
G98	G94	G94	05	每分钟进给
▼G99	▼G95	▼G95		每转进给
—	▼G90	▼G90		绝对值编程
—	G91	G91	03	增量值编程
—	G98	G98		返回到初始点
—	G99	G99		返回到 R 点

说明：

1）表中有三种 G 指令系统：A、B、C。数控系统可通过参数（参数号3401）设置来进行选择，默认的选择是 G 指令系统 A，本书主要介绍系统 A。这种系统的绝对/增量坐标分别采用（X、Z）/（U、W）表示，适用于单一刀架的机床。

2）表中除了 G10 和 G11 外，00 组的 G 指令都是非模态 G 指令，而其余组的 G 指令都是模态代码。

3）不同组的 G 指令，在同一程序段中可指定多个。如果在同一程序段中指定了两个或两个以上同组的模态指令，则只有最后的 G 指令有效。如果在程序中指定了 G 指令表中没有列出的 G 指令，则系统显示报警。

4）表中指令左上角带有"▼"符号的 G 指令为初始状态 G 指令，又称默认 G 指令，即数控系统的电源接通或复位时，CNC 进入清除状态时的 G 指令。一般情况下，每一组 G 指令中只有一个。G20 和 G21 初始状态为断电前的状态。是否保持初始状态 G 指令，可以通过参数（参数号3402）设置改变，表中所列为出厂状态的默认状态。而 G00 和 G01、G22 和 G23、G91 和 G90 可以单独用参数（参数号3402和3401）设置。

5）如果在固定循环中指定了 01 组的 G 指令，就像指定了 G80 指令一样取消固定循环。指令固定循环的 G 指令不影响 01 组 G 指令。

6）当 G 指令系统 A 用于钻孔固定循环时，返回点只有初始平面。即直接返回初始平面，不存在参考平面（R 点平面），这实际上是符合车床钻孔特点的。

7）表中 G 指令按组号编排显示。

附录 D　FANUC 0i MC 数控铣削系统的 G 指令表

G 指令	组	功　能
▼G00		定位（快速移动）
▼G01	01	直线插补（切削进给）
G02		顺时针圆弧插补/螺旋线插补 CW
G03		逆时针圆弧插补/螺旋线插补 CCW

（续）

G 指令	组	功　　能	
G04	00	停刀,准确停止(又称暂停)	
G05.1		AI 先行控制	
G08		先行控制(用于高速切削加工)	
G09		准确停止	
G10		可编程数据输入	
G11		可编程数据输入方式取消	
◤G15	17	极坐标指令取消	
G16		极坐标指令	
◤G17	02	选择 $X_P Y_P$ 平面	X_P:X 轴或其平行轴
◤G18		选择 $Z_P X_P$ 平面	Y_P:Y 轴或其平行轴
◤G19		选择 $Y_P Z_P$ 平面	Z_P:Z 轴或其平行轴
G20	06	英寸输入	
◤G21		毫米输入	
◤G22	04	存储行程检测功能有效	
G23		存储行程检测功能无效	
G27	00	返回参考点检测	
G28		返回参考点	
G29		从参考点返回	
G30		返回第 2、3、4 参考点	
G31		跳转功能	
G33	01	螺纹切削	
G37	00	自动刀具长度测量	
G39		拐角偏置圆弧插补	
◤G40	07	刀具半径补偿取消/三维补偿取消	
G41		左侧刀具半径补偿/三维补偿	
G42		右侧刀具半径补偿/三维补偿	
G43	08	正向刀具长度补偿	
G44		负向刀具长度补偿	
G45	00	刀具补偿值增加	
G46		刀具补偿值减小	
G47		2 倍刀具补偿值	
G48		1/2 倍刀具补偿值	
◤G49	08	刀具长度补偿取消	
◤G50	11	比例缩放取消	
G51		比例缩放有效	
◤G50.1	22	可编程镜像取消	
G51.1		可编程镜像有效	

（续）

G 指令	组	功　能
G52	00	局部坐标系设定
G53		选择机床坐标系
◢G54	14	选择工件坐标系 1
G54.1		选择附加工件坐标系
G55		选择工件坐标系 2
G56		选择工件坐标系 3
G57		选择工件坐标系 4
G58		选择工件坐标系 5
G59		选择工件坐标系 6
G60	00/01	单方向定位
G61	15	准确停止方式
G62		自动拐角倍率
G63		攻螺纹方式
◢G64		切削方式
G65	00	宏程序调用
G66	12	宏程序模态调用
◢G67		宏程序模态调用取消
G68	16	坐标旋转/三维坐标转换
◢G69		坐标旋转取消/三维坐标转换取消
G73	09	排屑钻孔循环
G74		左旋攻螺纹循环
G76		精镗循环
◢G80		固定循环取消/外部操作功能取消
G81		钻孔循环、锪镗循环或外部操作功能
G82		钻孔循环或反镗循环
G83		排屑钻孔循环
G84		（右旋）攻螺纹循环
G85		镗孔循环
G86		镗孔循环
G87		背镗循环
G88		镗孔循环
G89		镗孔循环
◢G90	03	绝对坐标编程
◢G91		增量坐标编程
G92	00	设定工作坐标系或最大主轴速度钳制
G92.1		工件坐标系预置

（续）

G 指令	组	功　　能
▼ G94	05	每分进给
G95		每转进给
G96	13	恒表面速度控制
▼ G97		恒表面速度控制取消
▼ G98	10	固定循环返回到初始点
G99		固定循环返回到 R 点

说明：

1）如果设定参数（3402 号参数的第 6 位 CLR = 1），使电源接通或复位时，CNC 进入清除状态，此时模态 G 指令的状态如下。

① 模态 G 指令的状态在表中用"▼"指示。

② 当电源接通或复位而使系统为清除状态时，原来的 G20 或 G21 保持不变。

③ 参数 3402 号的第 7 位（G23）设置电源接通时是 G22 还是 G23。另外，将 CNC 复位为清除状态时，原来的 G22 和 G23 保持不变［默认一般设为 0，即 G22 方式（进行存储行程检查）］。

④ 参数 3402 号第 0 号（G01）可以设定选择 G00 还是 G01（默认一般设为 0，即 G00）。

⑤ 参数 3402 号第 3 号（G91）可以设定选择 G90 还是 G91（默认一般设为 0，即 G90）。

⑥ 参数 3402 号第 1 号（G18）和第 2 号（G19）可以设定选择 G17、G18 或者 G19。立式铣床一般设定为 G17。

2）不同组的 G 指令，在同一程序段中可指定多个。如果在同一程序段中指定了两个或两个以上同组的模态指令，则只有最后的 G 指令有效。如果在程序中指定了 G 指令表中没有列出的 G 指令，则系统显示报警。

3）表中带有"▼"符号的 G 指令为初始状态 G 指令，又称默认 G 指令，即数控系统的电源接通或复位时，CNC 进入清除状态时的 G 指令。注意到上述第 1）条的叙述，即有些指令的初始状态可以通过参数 3402 设定。

4）如果在固定循环中指定了 01 组的 G 指令，就像指定了 G80 指令一样取消固定循环。指令固定循环的 G 指令不影响 01 组 G 指令。

5）G 指令按组号显示。

6）参数 5431 的第 0 位（MDL）可设定 G60 的组别转换。当 MDL = 0 时，G60 为 00 组 G 指令，即为非模态指令；当 MDL = 1 时，为 01 组 G 指令，即为模态指令。

参 考 文 献

[1] 全国有色金属标准技术委员会. GB/T 2076—2007 切削刀具用可转位刀片型号表示规则 [S]. 北京：中国标准出版社，2008.

[2] 全国刀具标准技术委员会. GB/T 5343.1—2007 可转位车刀及刀夹第 1 部分：型号表示规则 [S]. 北京：中国标准出版社，2007.

[3] 全国刀具标准技术委员会. GB/T 5343.2—2007 可转位车刀及刀夹第 2 部分：可转位车刀型式尺寸和技术条件 [S]. 北京：中国标准出版社，2007.

[4] 全国工业自动化系统与集成标准化技术委员会. GB/T 19660—2005 工业自动化系统与集成机床数值控制坐标系和运动命名 [S]. 北京：中国标准出版社，2005.

[5] 全国技术产品文件标准化技术委员会. GB/T 24740—2009 技术产品文件 机械加工定位、夹紧符号表示法 [S]. 北京：中国标准出版社，2009.

[6] 陈为国. FANUC 0i 数控车削加工编程与操作 [M]. 沈阳：辽宁科学技术出版社，2010.

[7] 陈为国，陈昊. FANUC 0i 数控铣削加工编程与操作 [M]. 沈阳：辽宁科学技术出版社，2011.

[8] 陈为国，陈昊. 数控车床操作图解 [M]. 北京：机械工业出版社，2012.

[9] 陈为国，陈为民. 数控铣床操作图解 [M]. 北京：机械工业出版社，2013.

[10] 陈为国，陈昊. 数控加工编程技巧与禁忌 [M]. 北京：机械工业出版社，2014.

[11] 陈宏钧，马素敏. 机械制造工艺技术管理手册 [M]. 北京：机械工业出版社，1998.

[12] 陈日曜. 金属切削原理 [M]. 2 版. 北京：机械工业出版社，1987.

[13] 邓建新，赵军. 数控刀具材料选用手册 [M]. 北京：机械工业出版社，2005.

[14] 徐洪海，等. 数控机床刀具及其应用 [M]. 北京：化学工业出版社，2009.

[15] 聂秋根，陈光明. 数控加工实用技术 [M]. 北京：电子工业出版社，2007.

[16] 杨丙乾. 数控加工与编程 [M]. 北京：电子工业出版社，2011.

[17] 顾京. 数控机床加工程序编制 [M]. 4 版. 北京：机械工业出版社，2009.

[18] 孙德茂. 数控机床铣削加工直接编程技术 [M]. 北京：机械工业出版社，2006.

[19] 孙德茂. 数控机床车削加工直接编程技术 [M]. 北京：机械工业出版社，2006.

[20] 吴晓光，等. 数控加工工艺与编程 [M]. 武汉：华中科技大学出版社，2010.

[21] 罗学科，谢富春，徐洪海. 数控铣削加工 [M]. 北京：化学工业出版社，2008.

[22] 于久清. 数控车床/加工中心编程方法、技巧与实例 [M]. 北京：机械工业出版社，2009.

[23] 黄华. 数控车削编程与加工技术 [M]. 北京：机械工业出版社，2008.

[24] 刘蔡保. 数控车床编程与操作 [M]. 北京：化学工业出版社，2009.

[25] 陈建军. 数控铣削与加工中心操作与编程训练及实例 [M]. 北京：机械工业出版社，2008.

[26] 余英良. 数控铣削加工实训及案例解析 [M]. 北京：化学工业出版社，2007.

[27] 刘文. MastercamX2 中文版数控加工技术宝典 [M]. 北京：清华大学出版社，2008.